Telecommunications

Veröffentlichungen des/Publications of the

Münchner Kreis

Übernationale Vereinigung für Kommunikationsforschung,
Supranational Association for Communications Research

Band/Volume 15

Benutzerfreundliche Kommunikation

User-Friendly Communication

Vorträge des am 12./13. März 1990
in München abgehaltenen Kongresses

Proceedings of the Congress
Held in Munich, March 12/13, 1990

Herausgeber/Editor: H. Ohnsorge

Springer-Verlag
Berlin Heidelberg NewYork London
Paris Tokyo Hong Kong Barcelona 1990

Münchner Kreis
Übernationale Vereinigung für Kommunikationsforschung
Supranational Association for Communications Research
Tal 70, D-8000 München 2, Telefon: (0 89) 22 32 38

Wissenschaftliche Leitung des Kongresses:

Dr.-Ing. Horst Ohnsorge
Standard Elektrik Lorenz AG
Lorenzstraße 10, D-7000 Stuttgart 40

ISBN 978-3-540-52536-3   ISBN 978-3-642-51146-2 (eBook)
DOI 10.1007/978-3-642-51146-2

CIP-Titelaufnahme der Deutschen Bibliothek

Benutzerfreundliche Kommunikation :
Vorträge des am 12./13. März 1990 in München abgehaltenen Kongresses =
User friendly communications / Hrsg.: H. Ohnsorge. –
Berlin ; Heidelberg ; New York ; London ; Paris ; Toyko ; Hong Kong ; Barcelona : Springer, 1990
  (Telekommunications ; Bd. 15)
  ISBN 978-3-540-52536-3

NE: Ohnsorge, Horst [Hrsg.]; PT; GT

2362/3020-543210 – Gedruckt auf säurefreiem Papier

Vorwort

Ziel des Kongresses "Benutzerfreundliche Kommunikation" war es, Wege zu einer anwendergerechten Kommunikationstechnik aufzuzeigen, deren Methodik darzustellen und dies an geeigneten Anwendungsbeispielen zu erläutern. Die zunehmende Vielfalt und Komplexität von Geräten und Kommunikationsdiensten birgt nämlich die Gefahr in sich, daß das Angebot nur unvollkommen genutzt wird, weil die Anwender überfordert sind.

Der Kongreß will die Hersteller von Geräten und die Betreiber von Diensten für eine möglichst benutzerfreundliche Gestaltung gewinnen und den Anwendern das Bemühen um dieses Ziel deutlich machen. Dabei sind Benutzer im geschäftlichen Bereich ebenso angesprochen wie solche im häuslichen Umfeld.

Das Programm war in sechs Blöcke gegliedert, die über das Gestalten benutzerfreundlicher Kommunikationssysteme, das dringend notwendige Messen und Bewerten der Benutzerfreundlichkeit und die Untersuchungen der Nutzungsaspekte bei verschiedenen Diensten bis zu beispielhaften Anwendungen führten. Der vorliegende Dokumentationsband enthält den Wortlaut der Referate.

Der MÜNCHNER KREIS dankt den Referenten und Diskussionsteilnehmern sowie den fachkundigen und diskussionsfreudigen Teilnehmern, die den Kongreß zu einem Forum regen Informations- und Meinungsaustauschs werden ließen.

Preface

The congress "User-Friendly Communication" intended to show ways of user-friendly communication, to present their methodology and to illustrate this by suitable examples. The increasing multiplicity and complexity of devices and communication services involve the danger that only limited use is made of the whole range of offers since the users are overburdened.

The purpose of the congress is to convince producers of equipment and suppliers of services of a design as user-friendly as possible and to make these efforts perfectly clear to the user. This is directed to the users in the office as well as to private users.

The program was divided into six blocks comprising the design of user-friendly communication systems, the indispensable measuring and evaluation of ease of use, the examination of the application of various services as well as selected examples. This book contains all the papers presented at this congress.

The MÜNCHNER KREIS wants to express his sincere thanks to all speakers, session chairmen and all participants for their active cooperation which made the congress a lively forum for the exchange of information and opinions.

Inhalt/Contents

IX

Eröffnung

W. Kaiser

Im Namen des MÜNCHNER KREISES begrüße ich Sie ganz herzlich. Mit dem Kongreß "Benutzerfreundliche Kommunikation" will der MÜNCHNER KREIS erneut interdisziplinäre Probleme ansprechen und mithelfen, das Bewußtsein für die Notwendigkeit und die Problematik einer benutzerfreundlichen Gestaltung der technischen Kommunikation zu schärfen. Telekommunikation soll dem Menschen dienen. Im Mittelpunkt aller Betrachtungen darf deshalb nicht die Technik, sondern müssen die Kommunikationsbedürfnisse der Menschen stehen. Die Entwicklung der Kommunikationstechnik sollte als Chance verstanden werden, diesen Bedürfnissen gerecht zu werden. Aber nicht die Benutzer sollen sich an die Technik anpassen, sondern die Technik muß den Wünschen der Benutzer entsprechen. Bei all den großen Innovationsschritten, die die Technik erzielt hat, sind es schließlich doch die Anwendungen und deren Akzeptanz, die den Erfolg eines neuen Dienstes ausmachen. Wir alle kennen genügend Beispiele aus der letzten Zeit, sowohl positive als auch weniger positive, bei denen sich gezeigt hat, daß die Anwendungen und deren Akzeptanz der eigentliche Schlüssel zum Erfolg sind. Die Akzeptanz wird aber in hohem Maße von der Benutzerfreundlichkeit bestimmt.

Dieser Kongreß versucht deshalb, den vielschichtigen Fragestellungen nachzugehen. Hersteller von Geräten auf der einen Seite und Anbieter von Diensten auf der anderen sollen dafür gewonnen werden, Geräte und Dienste trotz aller Komplexität möglichst benutzerfreundlich auszulegen. Es ist ja sehr schwierig, eine objektive Beurteilung der Benutzerfreundlichkeit vorzunehmen und es gibt eine Vielzahl brauchbarer Lösungen, aber mit Sicherheit kein absolutes Optimum. Deshalb haben wir bei diesem Kongreß auch den Bogen über zwei Tage gespannt. Die Thematik führt über Fragen des benutzerfreundlichen Gestaltens sowie des Messens und Bewertens der Benutzbarkeit bis hin zur Untersuchung von Nutzungsaspekten bei den verschiedenen Diensten und zu beispielhaften Anwendungen. Auch da mußten wir uns natürlich beschränken.

Wenn man einen solchen Kongreß zusammenstellt, muß man sich immer das eine oder andere Thema versagen. Dabei gäbe es so viele Themen, von denen man tagtäglich betroffen ist. So kann, wie ich glaube, jeder über Erfahrungen bei der Benutzung von Videorekordern in seiner Familie und bei sich selbst berichten. Man denke nur an die Piktogramme, die manchmal zu einer Art von neuem Analphabetentum führen. Man weiß nicht, was die Symbole bedeuten sollen, man liest in der Bedienungsanleitung nochmals nach und so fort. Hier ist noch sehr viel zu tun.

Der MÜNCHNER KREIS ist glücklich darüber, daß sich so viele prominente Persönlichkeiten bereit erklärt haben, durch einen Vortrag oder die Teilnahme an der Diskussionsrunde an diesem Kongreß mitzuwirken. Daher möchte ich im Namen des Vorstandes des MÜNCHNER KREISES bereits jetzt allen, die hier mitwirken, herzlich danken. Wir freuen uns natürlich auch, daß wir ein sehr reges Interesse bei der Presse gefunden haben. Denn es ist ein wichtiger Teil des Weitergebens der Gedanken zur benutzerfreundlichen Gestaltung und zur benutzerfreundlichen Kommunikation, daß die Presse darüber berichtet.

Die Problematik der
Mensch-Maschine-Kommunikation

H. Ohnsorge

1. Einleitung[*]

Was bedeutet eigentlich BENUTZERFREUNDLICHE KOMMUNIKATION - das Thema des Kongresses? Man kann dies z.B. so beantworten:

> "Benutzerfreundliche Kommunikation in der Technik ist Kommunikation mit Hilfe "benutzbarer" Endgeräte, für deren Nutzung ein "Bedürfnis" und "Bedarf" besteht, deren Benutzung "Freude bereitet" und "Zufriedenheit" hinterlässt." [Flohrer]

Diese Erklärung klingt gut und plausibel, ruft aber sofort eine Reihe weiterer Fragen hervor (siehe die mit Anführungszeichen gekennzeichneten Begriffe). Dies kennzeichnet die "Problematik der Mensch-Maschine-Kommunikation": Antworten auf Fragen zu diesem Thema initiieren ständig neue Fragen - es gibt nahezu keine allgemeingültigen und befriedigenden Antworten. Die Problematik selbst ist im Bewusstsein der Menschen noch gar nicht sonderlich verbreitet; dies gilt sicherlich bereits als eine Rechtfertigung des Kongresses. Bild 1 betont diese Aussagen durch einige Behauptungen, die vermutlich zur Diskussion anregen.

SEL
ALCATEL   **BEHAUPTUNGEN zur ERÖFFNUNG des KONGRESSES**

FAKTUM   : Der Umfang menschlicher **KOMMUNIKATION MIT** und/oder **DURCH "MASCHINEN"** mit Menschen oder "Maschinen" ist zumindest in der Erwachsenenwelt bereits größer als direkt zwischen Menschen – und zeigt steigende Tendenz.

IMPERATIV   : Die "MASCHINE" SEI DEM MENSCHEN UNTERTAN !
Also erfülle sie unsere Anliegen **FREUNDLICH** und zur vollen Zufriedenheit **FÜR** die **BENUTZER!**

STATUS   : Dieser Imperativ ist bei weitem noch nicht erfüllt.

FOLGERUNG : Die geforderte Qualität der Kommunikation mit und mit Hilfe von technischen Systemen ist eine **UNBEWÄLTIGTE AUFGABE VON WACHSENDER BEDEUTUNG :**

daher das Kongreß–Thema

BENUTZERFREUNDLICHE KOMMUNIKATION

Bild 1

---

[*] Die Bilder des Vortrages enthalten die wesentlichen Aussagen, so dass dieses Manuskript sich auf verbindende Texte dazu beschränkt.

Es gibt kaum ein schöneres Thema für eine interdisziplinäre Diskussion als
die "benutzerfreundliche Kommunikation", da hier Technik, Kunst, Psychologie, Pädagogik/Medizin, Soziologie - evtl. auch Politik - und sicherlich
auch Philosophie gemeinsam angesprochen sind. Dies veranschaulicht die Vielfalt der Begriffe zu dem Thema in Bild 2.

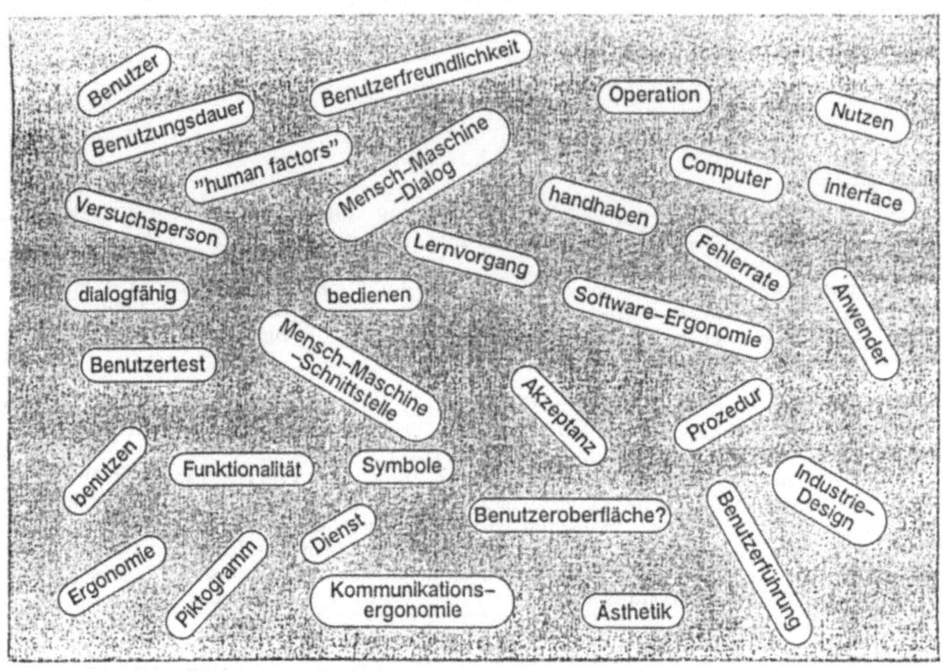

Bild 2

Vielfältige Begriffe werden allein für den Teil der "Maschine" verwendet,
der dem Menschen zur Kommunikation **mit** oder **durch** die Maschine dienen soll;
einige dieser Begriffe listet Bild 3 auf. Zu ergänzen ist der von Technikern
oft verwendete Begriff "Ein/Ausgabe-Komponenten", die der Techniker in ihrer
Gesamtheit physikalisch und funktional als "Mensch-Maschine-Schnittstelle"
bezeichnet.

Schnittstellen sind in der Nachrichtentechnik eindeutig definiert; die Wahl
dieses Begriffes auch für die Kontaktstelle des Menschen mit der Maschine
bei der Kommunikation reflektiert den Wunsch des Technikers, man möge im Bereich der "Mensch-Maschine-Kommunikation" zu ähnlich eindeutigen Definitio-
nen kommen.

Während die nachrichtentechnische "Schnittstelle" durch die Beschreibung von
Funktionsabläufen und physikalischen Parametern (z.B. reflexionsfreie Anpassung) vollständig und eindeutig gekennzeichnet ist, spielen bei der "Mensch-
Maschine-Schnittstelle" Fragen der **Gestaltung**, **Messung** "menschlicher Parameter", **Nutzung**saspekte und **Anwendung**sfragen eine Rolle, die leider nicht mit
physikalisch-mathematisch einwandfreier Präzision behandelt werden können.
Lassen Sie uns Goethe vertrauen: "Wer immer strebend sich bemüht, den können
wir erlösen". Wir haben uns bemüht, hinsichtlich der vorhergenannten Brennpunkte durch diesen Kongress einen Schritt weiter in Richtung der Präzisie-
rung und Optimierung von "Mensch-Maschine-Schnittstellen" zu gelangen.

SEL
ALCATEL   BEGRIFFE und STRUKTUR des KONGRESSES

Beim **KOMMUNIKATIONS–PROZESS** hat der Mensch nur mit einem Teil der
PERIPHERIE des technischen Systems **KONTAKT**

Für diesen **KOMMUNIKATIONS–TEIL** benutzt man Begriffe wie:

- "Man–Machine–Interface"   MMI
- "Mensch–Maschine–Schnittstelle"   MMS
- "Mensch–Maschine–Kontaktebene"   MMK
- "Benutzer–Oberfläche"
- "Endgeräte–Oberfläche"

Dieser **TEIL** der **PERIPHERIE** steht im **BRENNPUNKT** und wird diskutiert unter
den **GESICHTSPUNKTEN**

I.	GESTALTUNG	(physikalisch & funktional)
II.	MESSUNG	(Objektivierung der Beurteilung)
III.	NUTZUNG	(Nutzen und Benutzbarkeit)
IV.	ANWENDUNG	(positive & negative Beispiele)

Bild 3

2. Die Mensch–Maschine–Schnittstelle und die zugehörige "Maschine"

DAS ENDGERÄT

Man sieht das Kraftwerk, das Eisenbahnsystem, das Auto, und man empfindet,
der "Mensch beherrscht diese Maschinen" als Ganzes. Aber man macht sich

nicht bewusst, das diese Beherrschung allein über die Mensch–Maschine–
Schnittstelle (MMS) geschieht: d.h. Beherrschung der Maschine setzt allein
die Beherrschung der MMS voraus. Dies stellt in vielen Fällen bereits heute
Höchstanforderungen an den Menschen, und die Anzahl der Maschinen von höch-
ster Kompliziertheit nimmt zu. Diese Kompliziertheit aufgrund der steigenden
Leistungsfähigkeit der Maschinen muss **noch weiter** erhöht werden, um deren
Benutzung für den Menschen möglichst "kinderleicht" oder besser "greisen-
leicht" (Prof. Witte) zu machen.

Die wohl komplizierteste MMS, die Ingenieurgeist erfunden hat, ist im Cockpit unserer Flugzeuge installiert (siehe Bild 4). Der Mensch benötigt 4 – 5
Jahre zur perfekten Erlernung des Umganges mit dieser MMS.

Bild 4

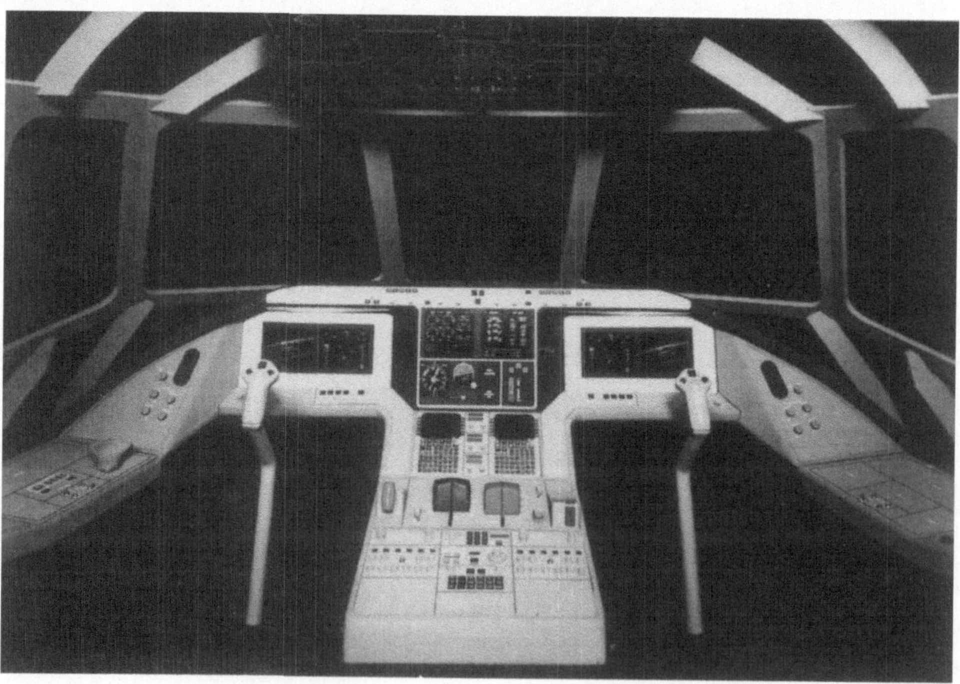

Bild 5

Aber auch den Flugzeug-Konstrukteuren ist die "Problematik der MMS-Kommunikation" bewusst, wie man an dem neuesten Entwurf einer Cockpit-MMS in Bild 5 erkennt.

Die Telekommunikation will den Fliegern in der Perfektion nicht nachstehen: jesoch die Horrorvision eines "Medienzentrums im Haushalt", wie sie 1981 veröffentlicht wurde, war nie das Ziel gewesen (siehe Bild 6).

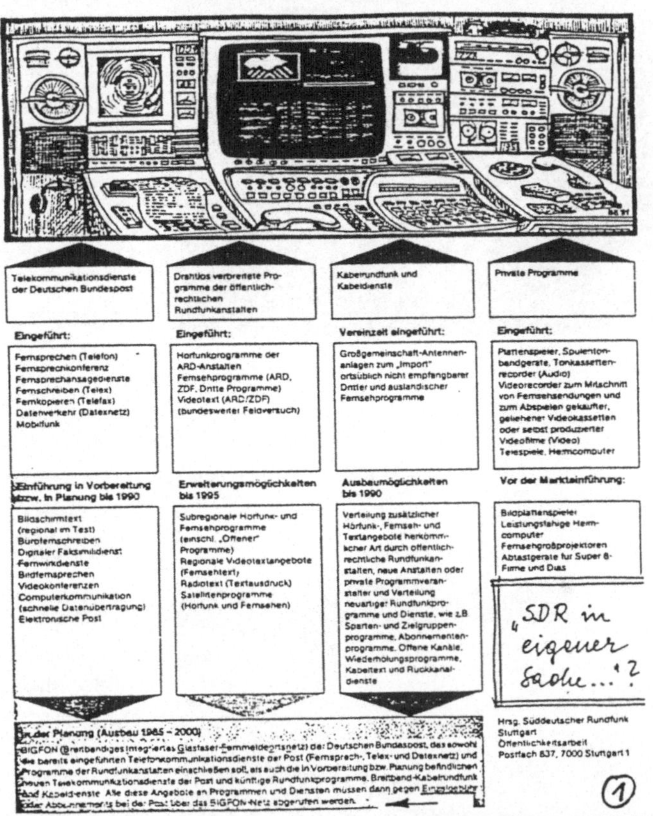

Bild 6

Allerdings existieren bereits heute - 8 Jahre später - Einrichtungen, die alle unter dem Horrorbild aufgelisteten Kommunikationsdienste ermöglichen; aber in einer etwas gefälligeren MMS-Form (siehe Bild 7). Dieser Multimedia-Kommunikationsplatz wird unter "Anwendungsbeispiele" im letzten Teil des Kongresses eingehend diskutiert. Auch ohne weitere Erläuterung zu den aufgezählten Diensten, die damit in Anspruch genommen werden können, müsste eigentlich jeder erwarten, dass die "perfekte Erlernung des Umganges mit dieser MMS" schon ein wenig an den Aufwand bei der Cockpit-MMS herankommt - das Ziel ist jedoch ein ganz anderes (siehe später unter Manual).

Wie beim Cockpit wird natürlich auch an der Perfektion des "Mulimedia-Terminals" gearbeitet: die Anzahl der Dienste erhöht sich, die MMS vereinfacht sich (Bild 8).

MULTIMEDIA COMMUNICATION

Bild   7

MULTIMEDIA TERMINAL

Bild 8

Imposant und auch noch recht kompliziert ist die MMS einer Calma-Workstation
für VLSI-Design (Bild 9),

Bild 9

die von den handlicheren PC-Workstations (z.B. SUN in Bild 10) mehr und mehr
verdrängt wird: Tastatur, "Maus" + Monitor sind die Ein/Ausgabe-Komponenten
dieser MMS zur Erarbeitung des Layouts höchstkomplexer Mikroelektronik-
Chips.

Relativ einfach - aber noch immer kompliziert genug - ist die MMS einer
Textverarbeitungsanlage, wie wir sie heute in jedem Büro finden (siehe Bild
11 und Bild "Manual").

Die Benutzung des Komforttelefons nach Bild 12 ist sicher ein Vergügen,
wenn man alle Funktionen erlernt hat.

Wirklich einfach zu bedienen ist das POT = "Plain Old Telephone" (Bild 13),
das durch einen Voice Dialer noch vereinfacht werden sollte (Bild 14): Anstatt die Telefonnummer zu tippen, spricht man den Namen des gewünschten
Teilnehmers. Leider ist die MMS aber komplizierter als beim POT, und das zugehörige Manual vergällt es einem Manager, alleine die Namensliste einzu-
speichern, denn dies ist so kompliziert, dass er lieber zum POT greift.

Bild 10

Bild 11

Bild 12

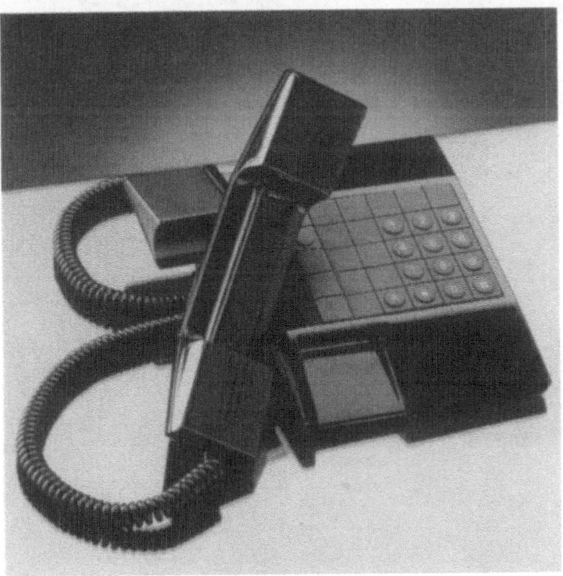

Bild 13

Ideal ist die MMS eines "Videofons" mit Blickkontakt, Fernsehqualität des
Bildes, Hifi-Qualität des Stereotons bei Freisprechen und eingebautem Voice
Dialer, dessen Bedienung ohne Manual allein durch adaptive Bedienerführung
und -instruktion über Bild- und Ton-Anweisungen bzw. -Erläuterungen geschieht (video and voice annotation in Bild 8). Inwieweit dies alles bereits
Realität ist oder sein könnte, wird in einem der folgenden Beiträge erläutert (Bild 15).

Bild 14

Bild 15

TELEKOMMUNIKATIONS-NETZ UND -DIENSTE

Die vorherigen Bilder zeigen Formen der Geräte, kurz erläutert wurden die
Funktionen zur Nutzbarmachung: diese Mensch-Maschine-Schnittstellen sind der
"winzige Teil" des komplexen Kommunikationssystems, das vor einigen Jahren
auf der Hannover Messe als der "grösste Automat der Welt" bezeichnet wurde.
Diese "Maschine" befindet sich in der Metamorphose von

- separaten Netzen für einzelne Dienste
  (Sprache, Daten, Rundfunk ... = dedicated networks)

- über das "integrierte" Schmalbandnetz
  (Sprache + Daten = ISDN = Integrated Services Digital Network)

- hin zum Integrierten Breitbandnetz
  (Integration aller Telekom-Dienste = B-ISDN),

dessen Hauptbausteine Bild 16 zeigt.

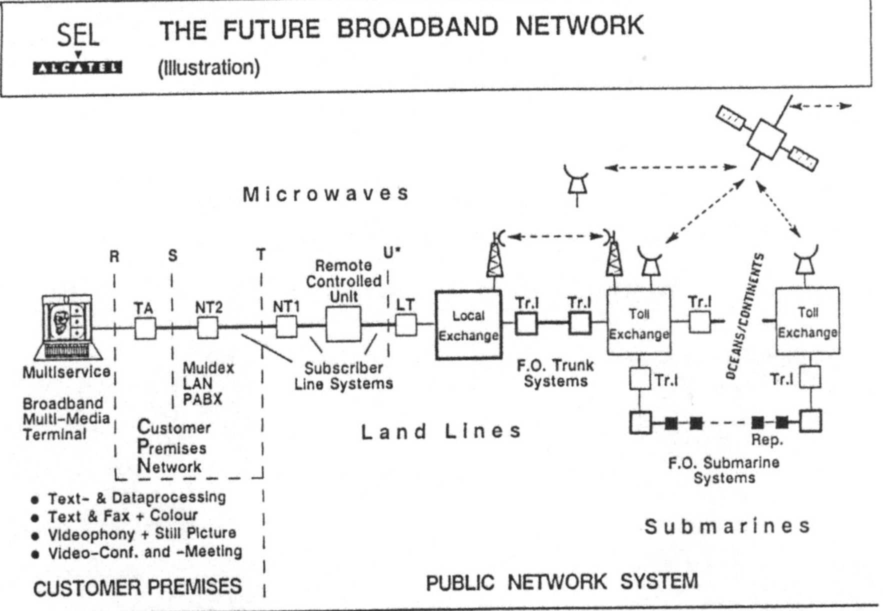

Bild 16

Die Evolution zu diesem Netz wurde bereits vor einigen Jahren von der Deutschen Bundespost skizziert (Bild 17).

Vermittelte Breitband-Kanäle werden seit 1988 im sog. Vorläufer-Breitband-
Netz (VBN) der DBP angeboten (140 Mbit/s). Dies ist weltweit das erste öffentliche Breitband-Wählnetz; es basiert jedoch noch nicht auf dem standardisierten ISDN.

Aber auch hier hat die Deutsche Bundespost gemeinsam mit DETECON den ersten
Schritt bereits 1988 mit dem Beginn der Installation von BERKOM getan, einem
Breitband-Dienstetestbett für öffentliche Benutzung (Bild 18). Dieses System
benutzt die standardisierten ISDN-Protokolle und integriert ISDN + 2 Mbit/s-
+ 140 Mbit/s- + 4 x 140 Mbit/s-Kanäle für Sprache, Daten, Bildfernsprechen,
TV und Tonrundfunk.

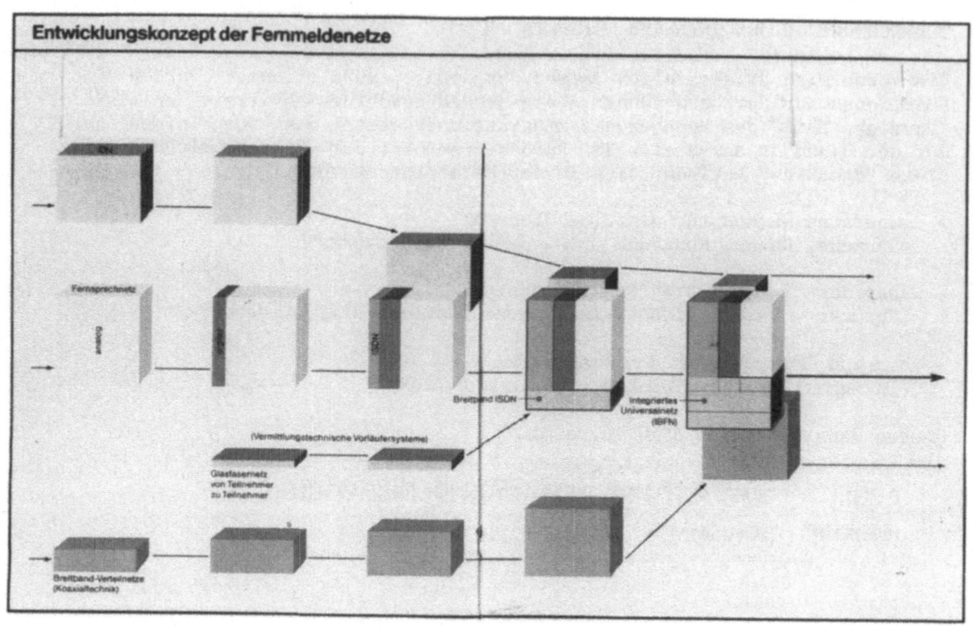

Bild 17

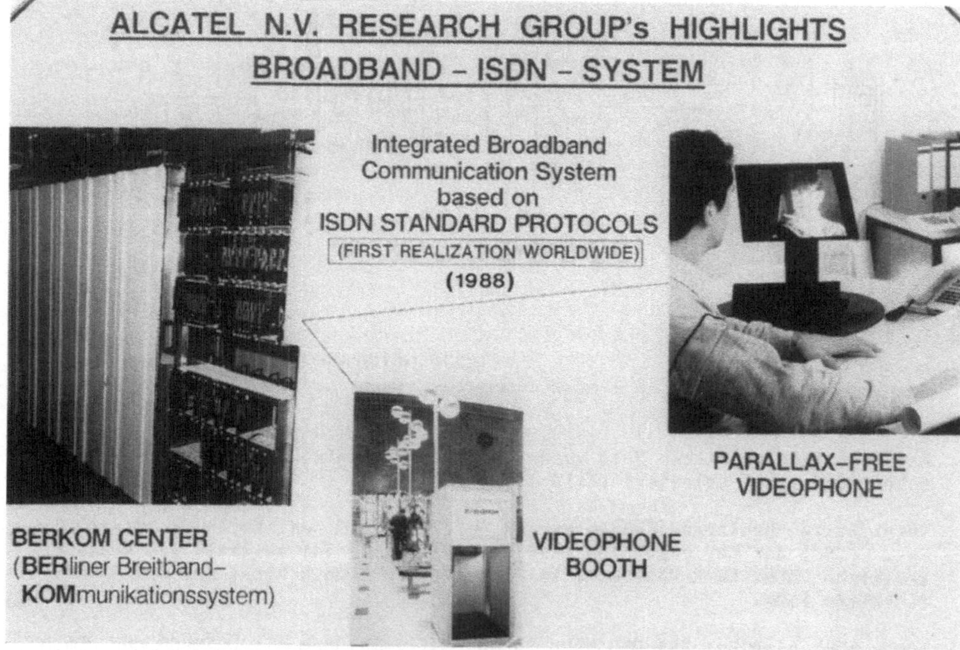

Bild 18

In 1989 wurde BERKOM von Siemens ergänzt durch den neuen sog. Asynchronous
Transfer Mode ATM, der insbesondere für Datendienste eine hohe Flexibilität
bietet.

Es entsteht also Schritt für Schritt die Infrastruktur für die Einführung neuer Dienste, die im Multimedia-Gerät integriert nutzbar gemacht werden können (Bild 19).

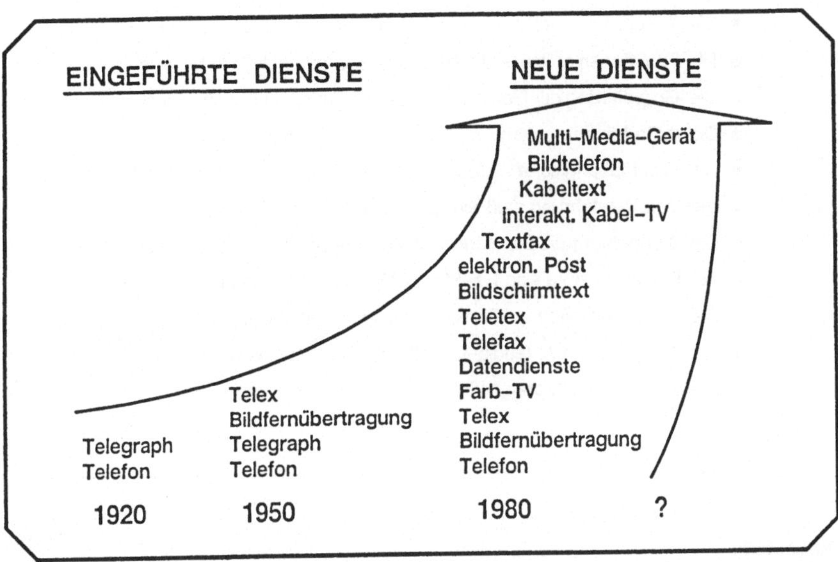

Bild 19

Netze und Endgeräte für die Dienstevielfalt werden entwickelt. Aber erfüllen sie auch die Forderungen und Bedürfnisse des Menschen?

3. Die Brennpunkte zur Optimierung der Mensch-Maschine-Schnittstelle

FORDERUNGEN

Geht man ins Detail, dann stösst man auf eine nicht endende Kette von Forderungen, die eine MMS erfüllen sollte. Diese spezifischen Forderungen lassen sich zu Rahmenforderungen zusammenfassen, wie dies beispielhaft in Bild 20 geschehen ist.

Aus diesen Forderungen wurden die Brennpunkte des Kongresses abgeleitet.

KATALOG der FORDERUNGEN an die MMS

- Die **äußere Form** sollte Besitzerstolz und Benutzungsdrang erwecken
- Die **Funktionen** sollten leicht erkennbar sein durch äußere Hinweise
- Die **Gruppierung** der Elemente für Ein-/Ausgabe muß "zweckmäßig" sein
- Die **Instruktionen** sollten leicht verständlich und vollständig sein
- Die **Handhabung** sollte einfach, leicht erlernbar, wenig anstrengend sein
- Die **Benutzerführung** muß einfach, prägnant und adaptiv sein
- Die **Symbole** für die Benutzungshinweise müssen leicht zu merken sein
- Auf **Eingaben** sollte eine **Reaktion** (Rückmeldung, Bestätigung) erfolgen
- Die **Reaktionszeiten** auf Benutzereingaben sollten hinreichend kurz sein
- Die **Ausgabesignale** (audio-visuell) sollten von höchster Qualität sein
- Alle **Ermüdungsfaktoren** sollten auf ein Minimum reduziert sein

---

GESTALTEN

Bild 20

Das Ziel wurde eingangs genannt: Die MMS soll "benutzerfreundlich" sein; die Problematik dazu hinsichtlich "Gestaltung" fassen Bild 21.1/21.2 zusammen.

GESTALTEN der MENSCH-MASCHINE-SCHNITTSTELLE

Wie gestaltet man eine **benutzerfreundliche MMS** ?

- Meinungen & Erfahrungen dazu sind vorhanden.

- Eine Theorie als gesicherte Wissenschaft fehlt!

ANSATZ : – Ergonomie   (die MMS muß dem "Menschen" angepaßt sein)
          – Zweckmäßigkeit   (die MMS muß der Aufgabe angepaßt sein)
          – Ästhetik   (das Gerät muß "schön" sein)

GENERELL : die physikalischen und funktionalen **Parameter** der "Maschine

sind an

die menschlichen (human factors) und aufgabenbezogenen Parameter **anzupassen.**

Bild 21.1

<table><tr><td>SEL
ALCATEL</td><td>**WIE ADAPTIERT MAN
DIE MENSCHLICHEN und TECHNISCHEN PARAMETER ?**</td></tr></table>

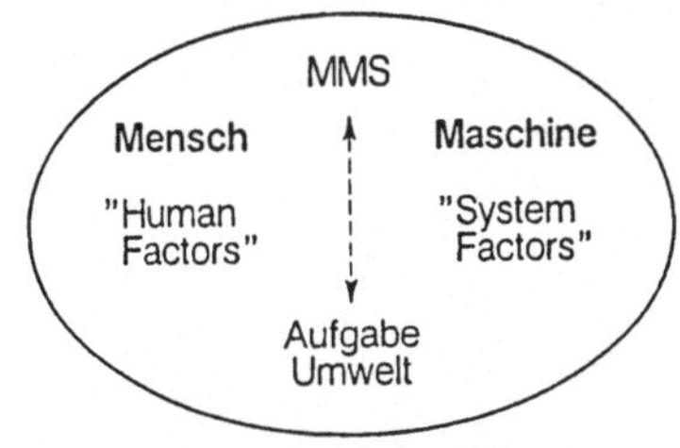

1. Entwerfen, Simulieren,   Testen, Bewerten ➡ Verbessern

2. Labormodelle, Feldversuche } Testen, Bewerten ➡ Verbessern

3. Benutzer, Human Factors Experte, Ingenieur, d.h. alle Beteiligten
   in Spezifikation, Entwicklung und Test kontinuierlich einbeziehen

Bild 21.2

Einige Human Factors listet Bild 21.3 auf.

<table><tr><td>SEL
ALCATEL</td><td>**" HUMAN FACTORS "**</td></tr></table>

- **Anthropometrische Daten**
    - **Die Maße des Menschen**
    - **Blick- und Greiffeld**

- **Betätigungsweg und –kräfte**

- **Daten menschlicher Informationsverarbeitung**
    - **Informationsaufnahmefähigkeit**
    - **Lernen, Merken, Erinnern, Vergessen**
    - **Informationsverarbeitung, Entscheidung**

- **Ermüdung**

- **Motivation**

Bild 21.3

a) <u>Gestaltung</u> des Arbeitsfeldes

Man versteht darunter die sinnfällige Anordnung der Tasten, Knöpfe, Anzeigen, deren Gruppierung und Kennzeichnung entsprechend dem Ablauf der Handhabung. Das Bild 6 zeigt, sicher für jeden erkennbar, wie man es nicht machen soll.

Leider ist Falsches nicht immer so offensichtlich. Gute ergonomische Gestaltung sieht man oft nicht auf den ersten Blick - man spürt sie jedoch sogleich beim Umgang mit dem Gerät.

Als ausgesprochen benutzerfreundlich erwies sich das Tastenfeld für ein modernes Bildtelefon (Bild 22).

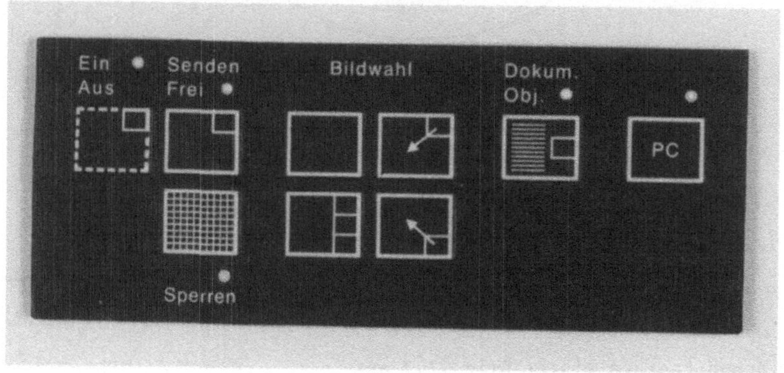

Bild 22

b) Dialoggestaltung

Wie kommuniziert man mit Maschinen? Die Antwort auf diese Frage hängt ausserordentlich stark von der speziellen Funktion des Gerätes ab. Natürlich gibt es gewisse, allgemeingültige Grundregeln dafür. Eine davon lautet:

- Es ist nicht Aufgabe des Gerätes, den Benutzer für seine Fehlhandlungen zu bestrafen; vielmehr ist bei der Dialoggestaltung eine gewisse menschliche Unzulänglichkeit zu berücksichtigen.

Auch eine gefühllose Maschine kann durchaus psychologisch einwandfrei reagieren - wenn sie entsprechend programmiert ist.

c) Instruktion und Benutzerführung

Zur Instruktion des Benutzers sind Betriebsanleitungen (Manual) in gedruckter Form üblich. Sie werden vom Benutzer jedoch häufig nicht gelesen. Benutzer tendieren dazu, zu probieren. Erst wenn ihr Versuch erfolglos bleibt, suchen sie in der Betriebsanleitung nach eventuellen Ursachen, neigen aber selbst in dieser Situation dazu, ihren Informationsmangel durch mündliche

Fragen zu beheben. Betriebsanleitungen, mit Ausnahme solcher allereinfachsten Charakters, überfordern offenbar viele Benutzer. Schwierigkeiten bereitet das zeitlich unkoordiniert geforderte Umsetzen von verbalen Beschreibungen in Handlungen. Eine Alternative zur gedruckten Betriebsanleitung müsste etwa folgendes leisten: Die Menge der aufzunehmenden Information reduzieren, die Umsetzung des relevanten Teils der Information erleichtern, die Information dann geben, wenn sie benötigt und erwartet wird.

Die Lösung dieses Problems dürfte die papierlose Instruktion über Bildschirm oder Display sein, die den Benutzer vor der Benutzung des Gerätes in die Handhabung einführt, und die Benutzerführung, die ihm während der Benutzung zeitgerecht Hinweise gibt über den nächsten Schritt.

Diesen Weg soll Bild 23 eindringlich als Forderung zur "Gestaltung" konstatieren.

SEL
ALCATEL   Das " MANUAL "

Betriebsanleitung für ISDN-Telefon   : 60 Seiten !

Betriebsanleitung für Textverarbeitung : Handhabung oft nur mittels
                                          Training erlernbar

ZIEL-VORSTELLUNG:

1. Stufe : "Manual"-Optimierung
2. Stufe : "Manual"-Minimierung
3. Stufe : "Manual"-Eliminierung
            (Anwendung neuer Technologien wie Spracherkennung und -Synthese,
            Künstliche Intelligenz, Sprach- und Bildanmerkungen zur adaptiven
            Benutzerführung und Instruktion)

IDEAL:

"MANUAL-LESS TERMINAL"
mit ADAPTIVER BENUTZERFÜHRUNG
d.h. "training on the job"

Bild 23

d) Industrie-Design

Die Ergebnisse ergonomischer Gestaltung offenbaren sich dem Benutzer oft erst beim Arbeiten mit dem Gerät. Dann aber um so nachhaltiger. In der Regel nimmt er gut Gestaltetes als selbstverständlich hin, ärgert sich jedoch über Schwachstellen bis hin zur Ablehnung des ganzen Gerätes.

Das Ergebnis des Industrie-Designs hingegen ist schon ein (oft sogar unbewusstes) Kaufargument. Form, Farbe, Material sowie Struktur der Oberfläche spielen hier unter Einbeziehung ergonomischer Regeln eine Rolle. Hinzu kommen Begriffe wie Einheitlichkeit, Ordnung, Proportion, Harmonie, Leichtigkeit, Stabilität und ein Schuss Unwägbares, das mit "Pfiff" nur unvollkommen charakterisiert ist.

Was als schön empfunden wird, ist nicht nur eine Frage des persönlichen Geschmacks. Oft gleichen sich die Meinungen. Der Zeitgeist spielt eine Rolle. Es gibt aber auch Dinge, die zeitlos als schön empfunden werden.

Auch Laien haben oft ein Gefühl für gutes Design. Um so schlimmer, wenn dann die Erwartungen enttäuscht werden, wenn sich Schönes als technisch unzuverlässig oder vom Gebrauch her als nicht handhabbar erweist.

Dem Gestalten benutzbarer Geräte mit all diesen Facetten ist der gesamte erste Vortragsblock des Kongresses gewidmet. Industrie-Design ist dabei ein wesentliches Arbeitsgebiet. Aber auch betriebswirtschaftliche Aspekte und methodisches Vorgehen gehören hierher.

Die optimale "Gestaltung" ist die optimale "Anpassung" der Maschine an den Menschen. Leider lässt sich diese Aufgabe nicht (oder nocht nicht?) wie ein mathematisches Problem lösen, so dass nur der Weg des Bemühens" und "Probierens" bleibt, wie das Bild 21.2 symbolisiert (trial and error).

MESSEN

Der Erfolg Des Bemühens durch Experimentieren kann nur durch Messungen ermittelt werden, wenn man sich von der subjektiven Beurteilung entfernen will. Es ist aber eine offene Frage, wie das Messen und Auswerten zu geschehen hat, um die gewünschte Information wirklich zu erhalten.

Diese Problematik umreisst Bild 24.

SEL
ALCATEL   MESSEN und BEWERTEN der MMS

WAS und WIE soll man MESSEN & BEWERTEN zum
BEWEIS der BENUTZERFREUNDLICHKEIT ?

- Verfahren bekannt   • Mathematisches Werkzeug vorhanden

- Offene Fragen: – Was ist repräsentativ (Scenarios, Personenkreis) ?
                  – Wann ist statistische Stabilität praktisch erreicht ?
                  – Welchen Meßaufwand soll/muß man treiben   ?
                  – Wo liegt Optimum des Nutzen/Kostenverhältnis   ?

ANSATZ   :   – Wiedergabe-[Störabstand, Verzerrungen, Bandbreite, Auflösung,]
              Qualität   [Flimmerfreiheit, Fehlerfreiheit, Farbtreue, ...]
              – Benutzungs-häufigkeit, –art und –dauer
              – Effizienz (Raum-, Zeit- und Kosten-Einsparungen)
              – Fehlerhäufigkeit der Benutzung
              – Trainingszeit zur Erreichung von Perfektion
              – Zufriedenheit und Freude an der Benutzung
                         ⋮

GENERELL :   Messen ist notwendig zur   – Optimierung der MMS und
                                                – Objektivierung der Bewertung
              Messungen sind zu erstrecken auf – Ergonomie (Ermüdung, ...)
                                                – Zweckmäßigkeit (Erfolg)
                                                – Ästhetik (Gefallen, ...)

Es fehlen verbindliche ENTSCHEIDUNGSGRUNDLAGEN für die Wahl von Art, Umfang und
Methodik der Messungen zur Ermittlung der Benutzerfreundlichkeit.

Bild 24

Die Beantwortung der Frage nach dem Erfolg gestalterischer Massnahmen kann nicht allein dem Ingenieur überlassen bleiben, ja nicht einmal den Experten auf dem Gebiet der Ergonomie und des Industrie-Designs. Zu oft lassen Geräte die von Entwicklern behaupteten benutzerfreundlichen Eigenschaften vermissen. Ingenieurlogik und Benutzerlogik sind offenbar nicht identisch. Selbst einmal angenommen, der Entwickler bemüht sich redlich um die Handhabbarkeit seines Gerätes. Er erwartet doch vom Benutzer, dass dieser sich an die ihm vorgegebenen Abläufe hält, also z.B. Tasten in der richtigen Reihenfolge drückt. Der Benutzer verlangt hingegen vom Gerät nicht mehr, als dass es das tut, was er meint.

Nun ist Benutzerfreundlichkeit von einer ganzen Reihe von Faktoren abhängig. Sie einzeln abzufragen würde ins Uferlose führen. Worauf kommt es denn an? Der Benutzer will oder soll mit dem Gerät eine bestimmte Aufgabe lösen, z.B. eine Fernsprechverbindung aufbauen oder eine Fahrkarte aus dem Automaten ziehen. Die Erfüllung dieser Aufgabe muss also gemessen werden. Dies führt zu einem Benutzertest mit der in Frage stehenden Einrichtung: In welcher Zeit ist die Aufgabe lösbar, welche Fehlhandlungen treten dabei auf, lässt sich die erforderliche Prozedur leicht lernen? Dies sind die Fragen, die ein Benutzertest beantworten muss.

Benutzertests durchzuführen ist Bestandteil der Geräteentwicklung. Oder besser: Sie sollte es sein. Die Ergebnisse eines Benutzertests müssen die Entwicklung noch beeinflussen können. Die Anzahl der Versuchspersonen muss dabei so hoch gewählt werden, dass die Ergebnisse ausreichend genau und damit aussagekräftig sind (repräsentativ).

Benutzertests können schon im Labor durchgeführt werden, vor Abschluss der Entwicklung, ja sogar schon vor Beginn der eigentlichen Produktentwicklung: Mit Modellen, die technisch gar nicht voll funktionsfähig sein müssen, jedoch der Versuchsperson den Eindruck eines funktionierenden Gerätes vermitteln. Es geht hierbei noch nicht um die technische Funktion, sondern um die Handhabung. Darauf wird auch in dem Beitrag über methodisches Gestalten im ersten Vortragsblock eingegangen.

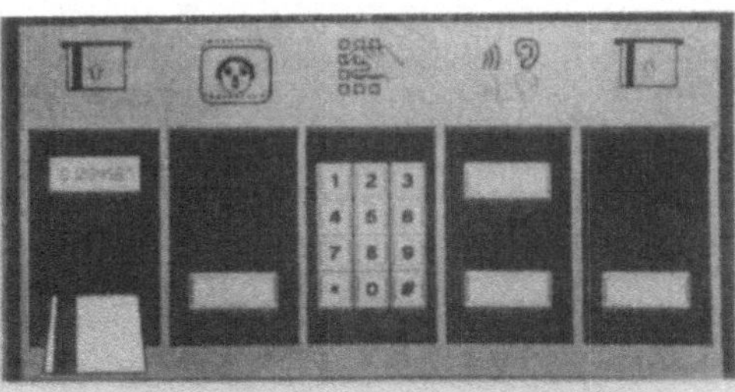

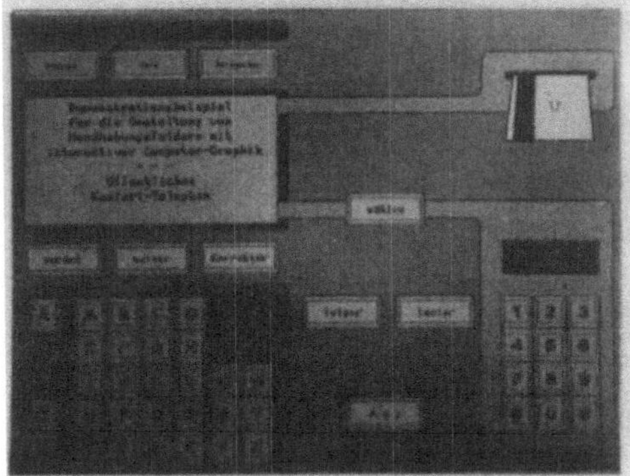

Bild 25

Ein Beispiel für Simulation von Mensch-Maschine-Schnittstellen zeigt Bild 25: Per Software lassen sich die Ein/Ausgabe-Komponenten in Art und Anordnung schnell auf dem Bildschirm verändern. Die Versuchsperson benutzt die MMS wie ein Hardware-Modell, und die Ergebnisse der Benutzung werden zur Auswertung registriert.

Von den beim Messen und Bewerten anzulegenden Maßstäben wird im zweiten Vortragsblock die Rede sein, auch davon, wie Fragen der Handhabung dann am fertigen Gerät von unabhängigen Institutionen, z.B. der Stiftung Warentest, untersucht und beurteilt werden.

NUTZEN

Fragen der Nutzung sind einige weitere Programmblöcke des Kongresses gewidmet; speziell den Nutzungsaspekten von Kommunikationsdiensten ist ein ganzer Programmblock vorbehalten. Wichtige Fragen und einige allgemeine Antworten fasst Bild 26 zusammen.

SEL
ALCATEL **NUTZUNGSASPEKTE der MMS für TELEKOM-DIENSTE**

(1) Bieten konventionelle und neue Telekom-Dienste den erreichbaren (höchsten) **NUTZEN ?**

NUTZEN = Zugewinn an Komfort, Vergnügen, Prestige, Information, Kommunikationsmöglichkeiten, Flexibilität sowie Platz-, Zeit- und Kostenersparnis

(2) Wie macht man Telekom-Dienste/Systeme
- **besser benutzbar** (Ergonomie, Zweckmäßigkeit)
- **und nützlicher** (mehr Nutzen und Nutzungsmöglichkeiten) ?

(3) Wie gewinnt man Benutzer für **NEUE TELEKOMMUNIKATIONS-DIENSTE ?**

Antworten:

zu (1) – NUTZENSTEIGERUNG: z.B. Sprache 3.4 kHz → 7 kHz   Bild TV → HDTV; usw.

zu (2) – DURCH "GESTALTEN" und "MESSEN" ⟶ VERBESSERN
– SCHAFFUNG NEUER und VERBESSERUNG VORHANDENER DIENSTE

zu (3) – VERDEUTLICHUNG des NUTZENS und der BENUTZBARKEIT
durch DEMONSTRATIONEN und PILOT-PROJEKTE
(Minitel: "Schenke Lampen und lasse das Öl kaufen", Rockefeller)

Beispiel: NUTZEN des BILDFERNSPRECHENS ?

Bild 26

Ein Dienst ist gekennzeichnet durch einen Betreiber, der die Übertragungsstandards sowie Spezifikationen für die zu verwendenden Endgeräte vorgibt und der ein Teilnehmerverzeichnis herausgibt, wie z.B. der Fernsprechdienst und Bildschirmtext.

Als zukünftiger und teils bereits eingeführter Dienst zeichnet sich z.B. Bildfernsprechen ab mit den Formen:

- Videokonferenz: zwei Gruppen kommunizieren mit Hilfe zweier audio-visuell verbundener Konferenzräume (Studios)

- Videotreffen: n Teilnehmer, die ein Videofon in ihrem Büro oder Heim haben, werden elektronisch audio-visuell miteinander verbunden, so dass alle Teilnehmer auf jedem Bildschirm erscheinen und miteinander - ohne ihren Bereich verlassen zu müssen (!) - kommunizieren können

- Bildfernsprechen zwischen zwei Partnern.

Als Qualität für diesen Dienst ist die Fernsehnorm zu fordern (PAL, HDMAC, HDTV), denn Fernsehqualität kennt jedermann, und der Benutzer des "Videofons" wird kaum Verständnis dafür aufbringen, dass dabei die Bildqualität schlechter als bei eingeführten Standards ist.

Nach vorliegenden Untersuchungen kann ein Bildgespräch zwar ein persönliches Gespräch nicht in allen Fällen ersetzen, wohl aber in vielen Fällen. Gleichzeitig ergibt sich ein erheblich besserer Kontakt zum Gesprächspartner. In der Nutzungsqualität liegt das Bildtelefon etwa in der Mitte zwischen Telefon und persönlichem Gespräch.

Es ist oft gar nicht einfach, zur Nutzung die richtigen Fragen zu formulieren, als Voraussetzung für ihre zutreffende Beantwortung: Welchen Nutzen haben beispielsweise Spracheingabe und Spracherkennung als Ersatz fürTasteneingaben? Wann ist Sprachausgabe sinnvoll anstelle von Anzeigen auf dem Display oder auf dem Bildschirm? Sprache ist zwar ein natürliches Kommunikationsmittel, und automatische Spracherkennung sowie Ansagen mit synthetischer Sprache beruhen auf neuen, faszinierenden Technologien. Ihre Anwendung muss deshalb aber für Ein- und Ausgabe nicht zwangsläufig und nicht in allen Fällen besser sein als Herkömmliches. Aber wo machen Spracheingabe und Sprachausgabe Sinn? Diesen Fragen ist der Programmblock 4 "Nutzungsaspekte der Sprach- und Schriftkommunikation" gewidmet.

Interessant ist auch die Frage, ob und wie die Nutzung durch bessere Handhabbarkeit verbessert werden kann. Und: Wodurch lassen sich Geräte, deren Nutzen vielleicht fraglich ist - es gibt solche Beispiele -, so verbessern, dass sie nützlich werden?.

ANWENDEN

Ein letzter Programmblock befasst sich mit (beispielhaften) Anwendungen, deren Zweck Bild 27 beschreibt.

Im folgenden wird ein Musterbeispiel skizziert:

o Alle früheren Versuche, Bildfernsprechen einzuführen, scheiterten.

o Schwarz-Weiss-Bilder stiessen auf Ablehnung, da bei ungünstiger Beleuchtung das eigene Gesicht oft den Eindruck eines Schwerkranken vermittelt.

o Farbe wirkte zunächst äusserst reizvoll, da durch geeignete Einstellung der Farbtemperatur auch blassen Gesichtern die Farbe von Karibik-Urlaubern verliehen werden kann - aber auch dabei sank die Benutzung nach einiger Zeit auf 10-15 % des Anfangswertes (100 %)!

o Ein Experte für "Nonverbale Kommunikation" bemängelte den fehlenden Blickkontakt (Folge von Kamera-Monitor-Anordnung: siehe Bild 28). Die Überwindung dieses "Human-Factors-Problems" erhöhte die Akzeptanz von 10-15 % auf 85-90 % (Anwendung halbtransparenter Spiegel: Bild 29).

SEL
ALCATEL ZWECK der ANWENDUNGS-BEISPIELE

GRAU IST ALLE THEORIE, OHNE PRAXIS GEHT ES NIE !

Die Beispiele dienen der

- Anregung   zu   Verbesserungen und Innovationen

- Information über   Möglichkeiten und Grenzen (heute und in Zukunft)

- Förderung   der   Einführung neuer Telekommunikations–Dienste

ANWENDUNGSBEISPIELE = PRÜFSTEIN "GESTALTERISCHEN" ERFOLGES

Bild 27

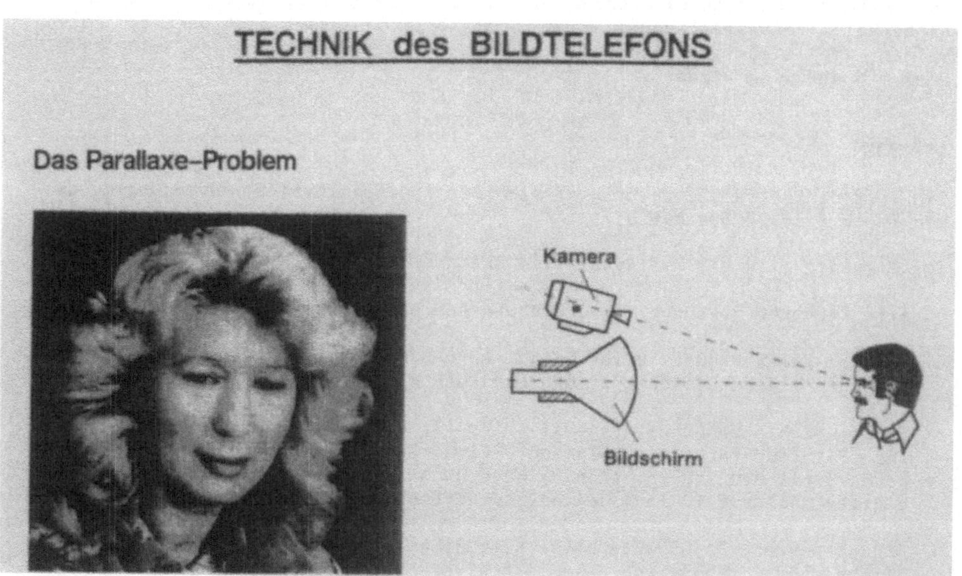

Bild 28

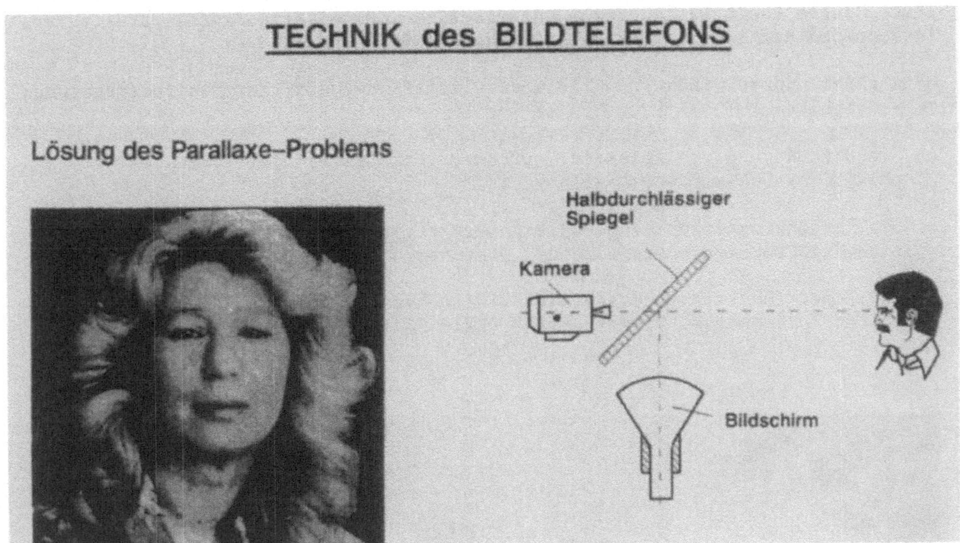

Bild 29

o Die Lösung des Kostenproblems dürfte den Weg für die Massenanwendung des
   "Videofons" damit eröffnen.

Bild 30

Aber dieses Gerät ist auch zum universellen Kommunikationsgerät erweiterbar in Form des Multimedia-Terminals (siehe Bilder 7 und 8):

o Ergänzt durch einen PC + Tastatur wird es zum Gerät für Textverarbeitung + Graphik.

o Die Hinzufügung von Abtaster + Drucker (Faksimile) lässt dann Text + Graphik + Fax-Dokumentenerstellung zu.

o Die Ergänzung durch eine Objektkamera ergibt die Möglichkeit der "vollständigen Dokumentenerstellung", wie dies die Dame in Bild 30 gerade tut.

o Ihr Chef führt unterdessen ein Bildfernsprechgespräch (Bild 31) und erweitert dieses zum "Videotreffen" (Bild 32).

Bild 31

o Diese Gruppe bittet nun die Dame von Bild 30, das Dokument in die Diskussion einzubringen (Bild 33). In Gemeinschaftsarbeit der nunmehr 4 Partner wird das Dokument während des "Videotreffens" solange modifiziert, bis volle Zufriedenheit herrscht - ein Farbprinter druckt es dann aus.

Bild 32

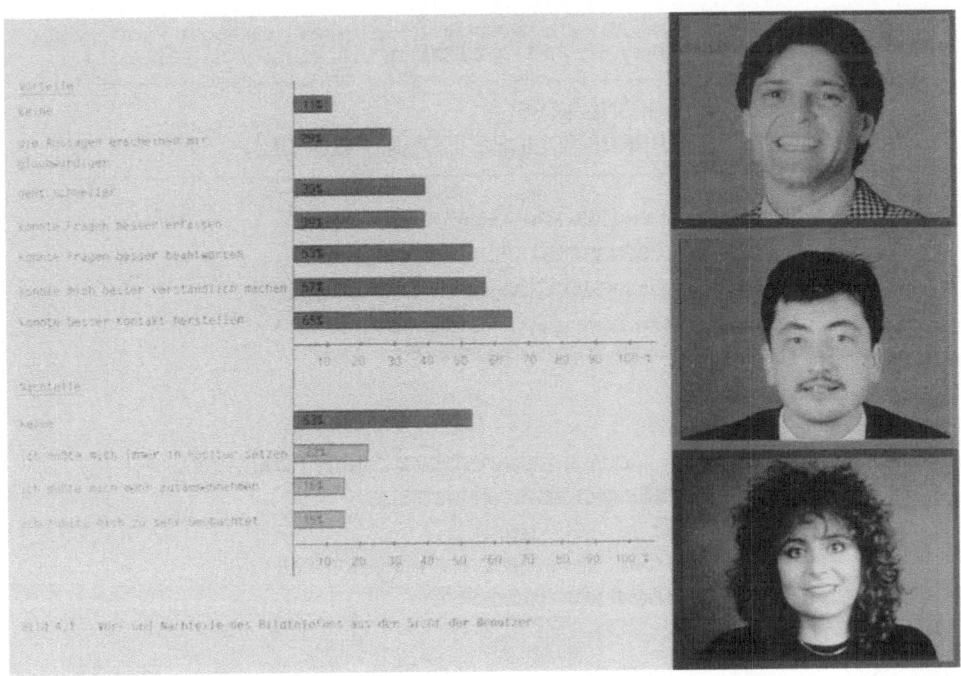

Bild 33

Ein derartiges System wurde von einem Kunden 4 Wochen getestet und der Auftrag für die Lieferung erteilt. Endgeräte dieses Systems sowie die Breitbandvermittlung zeigt Bild 34: Die integrierte Breitbandkommunikation wird damit Realität, obgleich die Problematik der MMS auch bei diesem System noch nicht aufgelöst ist!

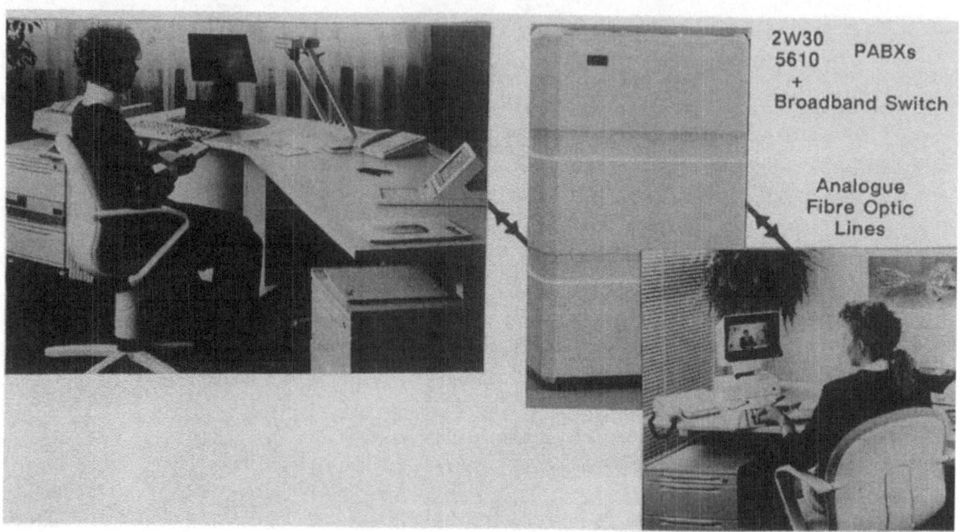

Bild 34

Es bleibt zu hoffen, dass die Ziele dieses Kongresses erreicht werden und damit ein Beitrag zur Lösung der MMS-PROBLEMATIK geliefert wird (Bild 35).

SEL
ALCATEL

ZIEL des KONGRESSES
BENUTZERFREUNDLICHE KOMMUNIKATION

- Verdeutlichung der MMS-PROBLEMATIK
- Findung von **LÖSUNGSANSÄTZEN** für die Probleme
- **ANREGUNG** von **AKTIVITÄTEN** zur MMS-Optimierung
- **FÖRDERUNG** der Nutzung von konventionellen und neuen **KOMMUNIKATIONSMÖGLICHKEITEN**

INITIIERUNG von **QUALITÄTSANFORDERUNGEN** des **BENUTZERS**

an die **MENSCH-MASCHINE-SCHNITTSTELLE**

und

deren **ERFÜLLUNG** durch **HERSTELLER** und **BETREIBER** von

TELEKOMMUNIKATIONS-"MASCHINEN"

Bild 35

Industrie-Design und seine Design-Philosphien

B. Jablonski

obwohl der begriff design so jung ist, ja eigentlich erst den kinderschuhen entwachsen ist, unterliegt er in der auslegung bereits einer verwässerung. eine spezifizierung ist unerläßlich geworden, um z.b. das design mit einem technisch orientierten anteil von einem haar-design, so nennen friseure jetzt auch schon ihre kreationen, auseinander zu halten.

der noch heute weitverbreiteten ansicht, design sei kunst, weil form und farbe einen maßgeblichen anteil haben, steht das technisch orientierte design, wie es sich entwickelt hat, mit seiner wechselbeziehung zwischen künstlerisch ästhetischen und technischen komponenten gegenüber. selbst einige produkt-designer meinen auch noch oder aufgrund einiger tendenzen bereits erneut, ihre entworfenen gegenstände seien kunst(werke). eine derartige einordnung hängt dann wohl mit der generellen auffassung zusammen "alles sei kunst was wir menschen machen" oder mit einer gezielten herausstellung seiner person und seines hohen künstlerischen anteils an dem produkt, was zwangsläufig eine herabstufung aller anderen an dem entwicklungsprozeß beteiligten personen beinhaltet.

unabhängig von diesen unterschiedlichen einstellungen hat das design heute einen sehr hohen stellenwert auf dem markt der westlichen welt erreicht. diesbezüglich ist ein direkter zusammenhang zwischen der rasanten entwicklung der technischen industrie und dem damit verbundenen wettbewerbszwang in der freien wirtschaft nicht abzustreiten. design ist als ein wichtiger wirtschaftlicher faktor erkannt worden und seine einbeziehung in das marketing und in die höhere strategieebene ist vielfach unerläßlich, wobei häufig aber auch ein mißbrauch bei der anwendung festzustellen ist. die einstellung zum design und die auffassung über das design können sehr zwiespältig sein. hinsichtlich des äußeren erscheinungsbildes und der benutzerfreundlichkeit reicht hierbei die spannweite von "alles ist zu rechtfertigen als design, wenn es nur der umsatzsteigerung dient" bis hin zu einer konsequenten designdisziplin - manchmal verbunden mit der

neigung zur kulturellen aufgabe unserer zeit - wobei trotzdem das ziel
zum umsatzerfolg nicht fehlt.

zwischen diesen beiden polen tummelt sich der größere teil mit
massenhaft gleichartigen produkten, die sich voneinander kaum
unterscheiden; häufig läßt nur der firmenname die herkunft erkennen
und verkauft werden kann in der regel nur über den preis und mit einem
hohen werbeetat. dieses mitlaufen im strom der uniformität kann
niemals zu einem werbewirksamen, prägnanten firmenimage führen. viele
erzeugnisse unterliegen dabei einem erschreckend schnellen wechsel in
ihrem aussehen. formale effekthascherei und modernistische trends
feiern vielfachen triumpf, dabei ist nicht selten die einstellung zur
technischen qualität ohne großes verantwortungsbewußtsein. damit
trifft es für viele fälle zu, daß das design zur bloßen kosmetik
entartet, daß mit "design" viele geräte immer wieder "künstlich
beatmet" werden, daß der designer hierbei ein williger helfershelfer
bzw. ein gefangener einer rein auf umsatz hin orientierten
verkaufsstrategie ist. es stellt sich die frage: muß das in diesem
ausmaße so sein, sollte man nicht in klausur gehen und darüber
nachdenken?

es ist bemerkenswert, daß einflußreiche personen im geschäftsbereich
den maßstab der kritik am eigenen erzeugnis niedriger ansetzen als an
fremderzeugnissen. es ist ein kleines phänomen, daß unserem geliebten
auto gegenüber die kritikfähigkeit, sachlich fundierter und weniger
emotional, stärker zum ausdruck kommt. dadurch offenbart sich aber das
vorhandensein eines ausgeprägteren kritikbewußseins. eine erkenntnis
könnte daraus gezogen werden: ein unzulänglicher übersetzungswille
vorhandener kritikfähigkeit an produktfremden erzeugnissen liegt bei
den eigenen produkten, ohne vielleicht erkannt zu werden, vor.
wahrscheinlich spielt dabei oftmals der imperativ des intellektuellen
rechtfertigens eine rolle; dieser kann letztendlich den eigenen
produkten aber nicht zugute kommen. als folge müßte die
betriebseigene kritik am eigenen produkt einen höher angesiedelten
platz mit größerer gewichtung einnehmen.

bei vielen kommunikationsendgeräten dürfte eine wesentliche
verbesserung der benützerfreundlichkeit durch eine dem zweck
entsprechende gestaltung zu erreichen sein - wobei hier alle
betreffenden erkenntnisse der ergonomie konsequent mit einzubeziehen
wären. allerdings bedarf es der bereitschaft, den erforderlichen
zeitaufwand für den ideenfindungsprozeß innerhalb der designkonzeption

einzukalkulieren. zur verdeutlichung sei ein beispiel hier angebracht. das design liegt bereits 12 jahre zurück und dokumentiert noch heute richtungsweisendes. die firma SEL entwickelte ein öffentliches bildschirmtext-gerät. der ingenieurmäßige stand innerhalb einer phase ergab die vorstellung eines gerätes, das an der wand hängt wie ein öffentlicher fernsprechapparat und auch in seiner konzeption dieser gerätegruppe ähnelte: schräg angelegtes tastenfeld im unteren teil des gerätes, abgesetzt im oberen teil ist der bildschirm.

ausgangspunkt für eine
designkonzeption eines
öffentlichen BTX-gerätes

das hinzuziehen des designers zu diesem rechten zeitpunkt - in diesem fall war ich es - ermöglichte eine konzeptionsphase unter designgesichtspunkten aufzubauen. der kreative anteil des designers war nicht eingeschränkt. das ergebnis war folgendes: ein stehendes gerät, das frei oder an der wand stehen kann. es findet in vorhandenen räumlichkeiten vielseitigere plazierungsmöglichkeiten als ein hängendes. das tastenfeld und die bildröhre wurden so dicht als möglich zusammengerückt, um in einem geringen blickwinkel ohne kopfbewegungen beide überblicken zu können. die plazierung dieser elemente erfolgte in einer schräg stehenden fläche in einer mittleren höhe, die sowohl für große als auch für kleine personen und rollstuhlfahrer eine angenehme bedienung zuläßt. zur vermeidung des mitsehens dritter personen, was auf dem bildschirm erscheint, wurde dieser vertieft in einem schräg stehenden schacht plaziert. auch der technik wurde mehr raum zur verfügung gestellt. bei der detailgestaltung sind weitgehend ansatzpunkte für den vandalismus vermieden worden.

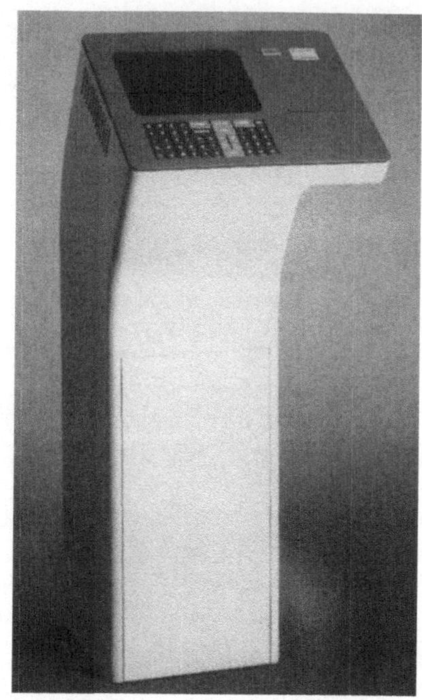

BTX-gerät mit design-philosophie
"form und funktion"

technisch bot dieses gerät das, was andere auf diesem gebiet ebenfalls anzubieten hatten. daß dieses gerät als grundsatztyp von der österreichischen post für ihre dienste ausgesucht wurde, lag einzig daran, daß das design in seiner gesamtkonzeption überzeugte, seine benützerfreundlichkeit erkannt wurde und es einen hohen ästhetischen gestaltungswert aufwies. die aussagestarke grundform des gerätekörpers mit dem sich nach vorn neigenden benützerfeld ist richtungsweisend geworden und von wettbewerbern in anlehnung mehrfach übernommen worden.

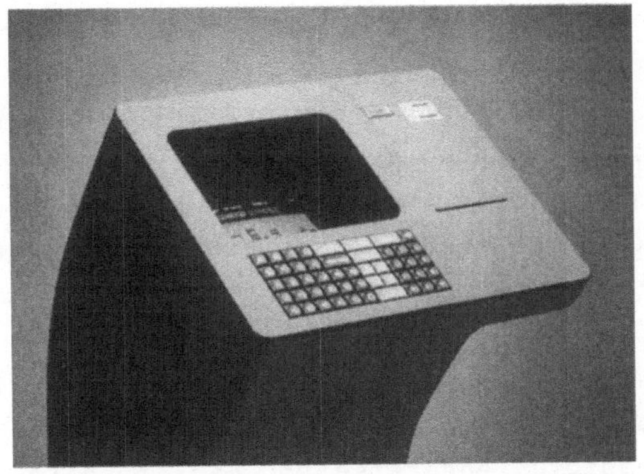

direkt aneinanderliegende bildröhre und
tasten verringern den blickwinkel.
das vertieft angeordnete monitorbild
verhindert das unerwünschte mitsehen
dritter personen

dies beispiel soll eine design-philosophie vertreten und ist
angesiedelt in der designwelt "form und funktion", wie u.a. auch
firmen wie BRAUN, OLIVETTI, BANG&OLUFSEN ... und aus der
branchenfremden welt die fa. ROSENTHAL. es darf jedoch nicht unerwähnt
bleiben, daß trotz formalästhetisch guter lösungen gelegentlich auch
unbefriedigende benutzerfreundlichkeit vorzufinden ist. die gute form
und ihr versprechen über ihre visuelle aussage einer guten funktion
entpuppt sich dann beim gebrauch nur als eine eindrucksvolle
formhülle. unter anderem ist nicht selten eine unzureichende
erkennbarkeit von funktionselementen festzustellen. schriftgrößen und
piktogramme müßten mindestens einer durchschnittlichen sehstärke bei
zweckangebrachter raum- bzw. gerätebeleuchtung angepaßt sein. ebenso
sollte sich deren farbgebung kontrastreich unter gleichen bedingungen
vom unmittelbaren umfeld absetzen, um eine zielsichere benutzung zu
gewährleisten.

wer sich in diesem designkreis bewegt oder künftig bewegen will oder
muß, dem sei geraten, mit aller konsequenz den teil der
benutzerfreundlichkeit überzeugend zu konzipieren und die
wechselbeziehungen zwischen ästhetik und ergonomie zu optimieren.
insbesondere betrifft das die anwendungsbereiche in denen berufsmäßig

kommunikationsendgeräte häufig bis ständig im einsatz sind. gegebenenfalls sind über den einzubringenden neuesten wissensstand der ergonomie hinaus mit eigenen grundsatzuntersuchungen bzw. eigener forschung weiterentwicklungen zu betreiben, um über die designprozesse optimierungen humaner arbeitsplätze zu ermöglichen. beispielsweise können durch lückenhafte gestaltungskonzeptionen zunächst nicht oder nur kaum registrierbare phasen von konzentrationsschwächen beim benutzer auftreten, die dann als folge oftmals zu körperlichen dauerbeschwernissen führen. einerseits sind in solchen fällen die betroffenen personen durch ihre behinderungen und physischen belastungen geschädigt, andererseits der arbeitgeber, er muß auf längere sicht mit einem zusätzlichen personalanstieg rechnen. zur bewältigung dieser probleme ist spezifisch ausgerichtetes bewußseinsdenken aufzubauen.

dieser philosopie der disziplinierten gestaltung, mit dem bestreben die gebrauchswerte für den benützer zu verbessern, steht seit einiger zeit u.a. eine extrem andere mit anderen grundsätzen der lebensführung und daseinsgestaltung gegenüber. sie vertritt dem sinn nach die ansicht, "die heiligen kühe" der klassischen moderne müßten geschlachtet werden, "es müsse die diktatur der wirbelsäule" (ergonomiebereich) abgebaut werden, das funktionalitätsgebot sei erfüllt, jetzt gehe es um formale spielräume. design der zukunft heißt: alles ist möglich, alles ist erlaubt, die neue freiheit beginnt. die sogenannte avantgarde hatte vor einigen jahren mit diesem feldzug begonnen und bereits jetzt ist ein neues kind - vermutlich von der möbelbranche - geboren: die "neue avantgarde". so wird die eine freiheit von der anderen überholt.

unbestritten ist: um innovationen auslösen zu können, muß eine aufgeschlossenheit gegenüber gestalterischer experimentierfreude vorhanden sein. bezogen auf die grundsätzliche einstellung der avantgarde und anderer ähnlich eingestellter richtungen ist jedoch im bereich der kommunikation mit technischen geräten, hinsichtlich benützerfreundlichkeit, größte aufmerksamkeit und kritisches bewußtsein angebracht. beispielsweise könnte durchaus unser "freund mit demn viereckigen gesicht", der fernseher, im nichtgeschäftlichen bereich andersartige formale akzente haben.

vorsetzbare und auszuwechselnde
bildröhrenmaske

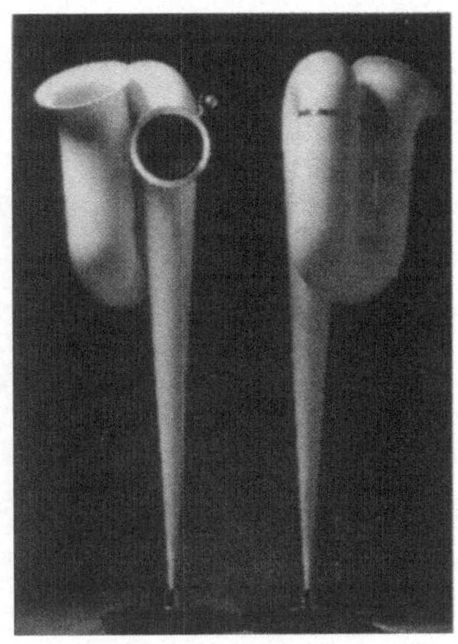

kreativ gestaltetes
lautsprechergehäuse

bedingung hierfür ist, daß die bildröhre kein augenschädigendes umfeld hat. wenn dann aber das wichtige handhabungswerkzeug, die fernsteuerung, die priorität in der künstlerischen objektfreudigkeit zu ungunsten einer schnell zu erfassenden benutzung erhält, dann bekommt diese richtung den touch "design pour design". in bezug auf den benutzungswert halten auch die zur zeit auf dem markt befindlichen fernsteuerungen für fernseh- und videogeräte einer kritischen analyse nicht stand. schlechte ablesbarkeit und verwirrende anordnung der bedienelemente erschweren eine zügige orientierung. ähnliches trifft auch auf fernbedienungen für andere geräte zu.

ungeeignete oberflächengestaltung und oder zu geringe farbabstufungen zwischen buchstaben, piktogrammen und deren unmittelbarem umfeld erschweren die handhabung vieler geräte unterschiedlicher bereiche, so auch die einiger telefonapparate. derartige gestaltungsmängel verunsichern, verwirren und verärgern nicht zuletzt den benutzer; sie dienen letztendlich auch nicht der verkaufsförderung.

ein technisch qualitativ gutes gebrauchsgerät sollte mit seinem gesamtdesign vertrauen ausstrahlen. mit einem entsprechend visuellen erscheinungsbild der steuerungsanlage kann dieser eindruck noch verstärkt werden und quasi die bekräftigende aussage machen: ich führe denjenigen der mich handhabt auf einfachem weg und ganz sicher zu dem funktionseinsatz, der von mir verlangt wird.

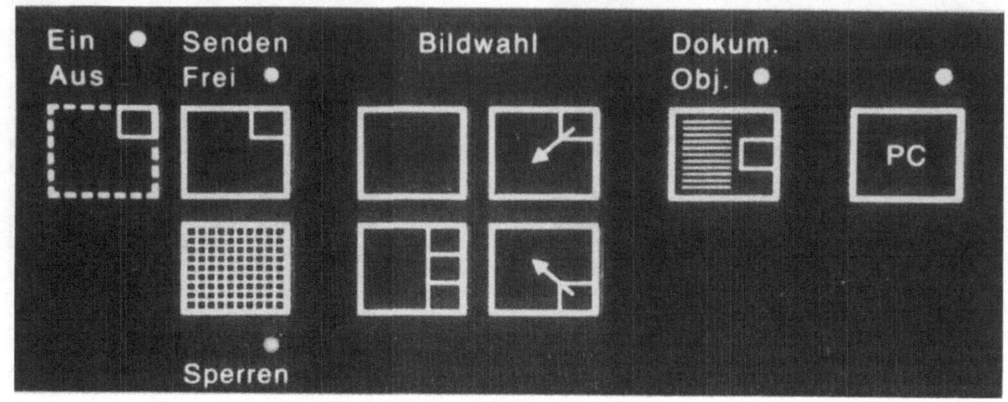

benutzertableau eines bildtelefons
mit eindeutiger aussage

umständlich bzw. unklar zu handhabende geräte müssen mit hilfe einer umfangreichen gebrauchsanleitung erklärt werden. leider sind die meisten von ihnen ebenso mangelhaft. anleitungen von videokameras und videogeräten haben um die 100 seiten, ca 200 seiten hat ein elektronischer organisator als taschengerät! bei der benutzung mehrerer geräte steht dann eine anleitungsbibliothek mit sechs-stelligen seitenzahlen zum studieren zur verfügung. ein alptraum für denjenigen, der nicht regelmäßig mit den geräten arbeitet und wiederholt feststellen muß, daß er keine ausreichende hilfe bekommt und oftmals von neuem zur schriftlichen anleitung zurückgreifen muß. es zeigt sich wie wichtig die designaufgabe zu nehmen ist, kommunikationsgeräte benutzerfreundlich zu gestalten.

den kommunikationsmitteln im verkehrswesen ist eine besondere, mit großem verantwortungsbewußtsein verbundene aufmerksamkeit zu widmen. jede anstrengung, um das einzelne so kostbare leben im verkehr zu schützen, kann nicht groß genug sein. es ist unverständlich warum z.b. für den kraftfahrzeugfahrer die plazierungen einzelner instrumente und kommunikationsgeräte hinsichtlich der passiven sicherheit noch so unbefriedigend sind. das sehen nach außen hat die höchste priorität d.h. jede wichtige information vom fahrzeug an den fahrer sollte in der art erfolgen, ohne daß dieser den blick nach außen unterbrechen muß. jeder blick in das fahrzeug zum abnehmen oder geben von informationen ist, insbesondere in verkehrsreichen situationen, unfallträchtig. wir wissen, reaktionsverschiebungen von sekunden und darunter können schwerwiegende folgen auslösen. wobei hier die möglichen einflußnahmen der umakkommodierung des auges nicht außer acht gelassen werden dürfen. in diesem zusammenhang sind auch die geräte der mobilen kommunikation einzubeziehen. ihre annehmlichkeiten und dienste sind unumstritten - jedoch sind kraftfahrer bei deren benutzung während des fahrens oftmals überfordert. zu dem umstrittenen telefonierenkönnen kommen demnächst ortungs-navigationsgeräte hinzu. bei den bisher bekannten auto-navigationscomputern entsteht das problem nach der schnittstelle für den fahrer. eine ungünstige plazierung des gerätes - trotz schwanenhals - und die kleine grafik erzwingen ein verhältnismäßig langes verweilen des blickes auf dem kleinen informationsfeld. die dadurch möglich verspäteten bremsvorgänge liegen damit konträr aller entwicklungsbemühungen, das bremsen früher einleiten zu können. bisher gibt es keine grundlagenforschung zur festlegung einer optimalen lage des leitinstrumentes und einer entsprechend geeigneten grafik, die ein schnelles erkennen ermöglichen. zur lösung dieser probleme wäre es angebracht den designer hinzuziehen. hier muß allerdings die design-philosophie "funktionsgerechte gestaltung" kompromißlos dahinterstehen.

eine summe disziplinierter designanforderungen sind, z.b. in bezug auf die komplexität ferngesteuerter, schienengebundener verkehrsmittel zum störungsfreien ablauf und zur vermeidung von unfällen zu berücksichtigen. die übermäßig große anzahl technischer kommunikationsmittel an einzelnen arbeitsplätzen, zwecks erfassung bzw. überprüfung eingehender und einzuholender und hinausgehender informationen, erreicht zu deren bewältigung teilweise die grenzen anhaltender konzentrationsfähigkeit. schnelles, schnellstes erfassen und reagieren ist nur in rückkoppelung über human bestgestaltete arbeitsplätze möglich. jedes element muß entsprechend seiner benutzungsgewichtung im richtigen arbeitsfeld liegen, ob manuelle betätigung, sprachliche verständigung oder optische erkennbarkeit oder kombiniert erforderlich ist. die totale anwendung ergonomischer und arbeitsmedizinischer erkenntnisse ist bereits bei der konzeption eines humanen arbeitsplatzes zwingend notwendig. wegen der relativ neuartigen arbeitsweisen und neuer technischer geräte müssen ggf. weitere erkenntnisse erforscht und erarbeitet werden. beispielsweise kann sich das auf neu festzulegende sehabstände zu den vielen unterschiedlichen monitorgrößen, mögliche vereinheitlichung zu gruppengrößen, bis hin zu neuen schrift- und grafikgrößen beziehen. auch die berücksichtigung des dunklen umfeldes der bildröhren muß generell mitbedacht werden. das bild (hier nicht abgebildet) zeigt einen ausschnitt des control-centers des neuen vollelektronisch gesteuerten, trassengebundenen nahverkehrsmittels in vancouver, dessen totaldesign von der grundplanung bis zur ausführung ab schnittstelle ich durchführen konnte. hierbei sind die vorhin genannten komponenten bis zur letzten konsequenz berücksichtigt und neue von mir erarbeitete erkenntnisse zur humanen gestaltung aus der problemlösung heraus eingebaut worden.

die sich bis heute entwickelten design-philosophien - von der philosophie "form und funktion" als wertbeständiges gebrauchsgut mit moderner technik und guter form bis zur abkehr von ihr, zur philosophie der totalen freiheit, dem "design-objekt" - könnnen nebeneinander leben und zwischen ihnen sind auch noch spielräume. dazu ist jedoch die toleranz zum gegenseitigen lebenlassen voraussetzung und einen jeweilige anspruch auf das absolut gültige gibt es nicht. allerdings sind in manchen bereichen prioritäten zu setzen, so auch auf dem umfangreichen gebiet der kommunikation mit hilfe technischer mittel. hier hat die designfreiheit nur in sehr beschränktem maße platz. kreativität alleine reicht hier nicht. benutzerfreundlichkeit und qualität gehören dazu, wo das eine oder andere überwiegt, hängt von dem einsatzbereich des jeweiligen produktes ab. sinnvoll und human sollte das zukünfige design sein, damit eine produktkultur heranwachsen kann.

das design auf die ebene der philosophie zu heben, wird sicherlich von einigen angefochten. ich meine dazu: aus der sinndeutung ihrer (der philosophie) mit beinhaltenden einzelwissenschaften wurden, teils früh, teils neuerdings, sonderfächer wie natur-ph., geschichts-ph., religions-ph., sozial-ph., kultur-ph. ausgebildet und ... design ist ein bestandteil der kultur.

Ergonomische Aspekte der Gestaltung von Endgeräten

K.-F. Kraiss

Zusammenfassung

Die ergonomische Gestaltung von Endgeräten betrifft nicht nur die physikalisch sichtbare Benutzeroberfläche mit Anzeigen und Bedienelementen. Gerade bei informationsverarbeitenden Geräten sind die Dialogabläufe, d.h. die Art und Weise des Zugriffs auf Systemfunktionen über Bediensequenzen, mindestens ebenso wichtig. Weiterhin sind funktionale Aspekte eines Geräts zu optimieren. Neben den eigentlichen technischen Funktionen sind aus ergonomischer Sicht u.U. unterstützende Funktionen bereitzustellen, welche den Betrieb erleichtern oder überhaupt erst ermöglichen. Man hat also bei genauer Betrachtung nicht nur *eine*, sondern gleich *drei* qualitativ unterschiedliche Ebenen der Kopplung von Benutzer und Endgerät zu betrachten. Diese Arbeit behandelt Gestaltungsziele, systemtechnisch gegebene Gestaltungsmöglichkeiten und ergonomische Gestaltungskonzepte für die genannten Kommunikationsebenen.

Einleitung

Durch die Entwicklung der Mikroelektronik ist es möglich geworden, immer komplexere Funktionen auf engem Raum unterzubringen. Dies läßt sich besonders bei Endgeräten der Kommunikationstechnik beobachten, die sich dem Benutzer häufig als eine der Größe nach handliche, jedoch dicht mit Funktionstasten bepackte Einheit präsentieren. Nur wenn der Benutzer das Gerät bestimmungsgemäß und leicht benutzten kann, wird es jedoch als nützlich empfunden und damit akzeptiert. Hersteller sollten deshalb an der Berücksichtigung ergonomischer Gestaltungsregeln interessiert sein, weil das Benutzerurteil mitentscheidend für den Erfolg oder Mißerfolg eines Produkts ist.

Benutzerbezogene Gestaltungsziele

Produktgestaltung hat sich generell sowohl mit rein technischen, als auch mit benutzerbezogenen Kriterien zu befassen, wobei im vorliegenden Kontext nur letztere von Interesse sind. Aus Bild 1 ist zu entnehmen, daß sowohl das Geräte-Design, als auch die Gebrauchsfähigkeit im Hinblick auf die Bedürfnisse des Benutzer zu gestalten sind. *Design* bezeichnet dabei die äußere Erscheinung des Produkts, also die Form- und Farbgebung, die Oberfläche und die Abmessungen. Die *Gebrauchsfähigkeit* dagegen gibt an, ob ein bestimmter Benutzer die Funktionen eines Geräts so einsetzen kann, daß vorgegebene Ziele erreicht werden. Design ist somit nicht primär mit der Systemfunktion befaßt. Viele Kaufentscheidungen werden allein nach dem äußeren Erscheinungsbild bzw. der visuellen Ästhetik getroffen. Entsprechend besteht zwischen Design und Gebrauchsfähigkeit oft ein Zielkonflikt, da letztere meist nur mit höherem Aufwand an Zeit und Kosten zu erreichen ist. Auch verträgt sich ein funktioneller Entwurf nicht immer mit den Erfordernissen der visuellen Ästhetik.

Langfristige Benutzer-Akzeptanz ist nicht nur vom optischen Eindruck abhängig, sondern von der Bequemlichkeit und Effizienz, die das Produkt bietet. Die angestrebte Gebrauchsfähigkeit wird einerseits durch die vorhandene *Funktionalität* eines Geräts, andererseits durch die *Bedienbarkeit* bestimmt (Andrich, Unger, 1988, Flohrer, 1989). Dabei hängt es von den verfügbaren Systemfunktionen ab, mit welcher Genauigkeit und Vollständigkeit die gesetzten Ziele erreicht werden können. Die Bedienbarkeit dagegen ist durch die Effizienz der Benutzeroperationen sowie durch die Lernzeit, Bedienzeit und mentale Anstrengung definiert, die zur Zielerreichung benötigt werden (vgl. hierzu auch folgende Normen und Richtlinien: ISO/9241-1, DIN 66285, VDI 5005, DIN 66 234).

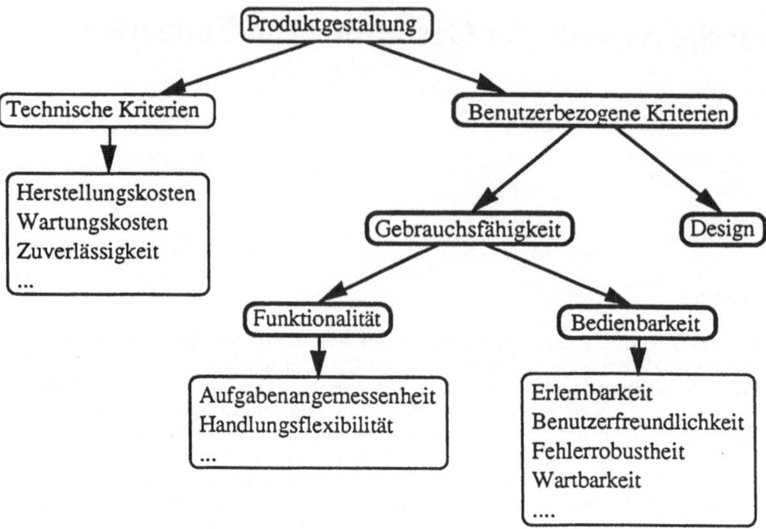

Bild 1: Technische und benutzerbezogene Kriterien der Produktgestaltung

Benutzerbezogener Entwurf von Endgeräten

Die generelle Problematik der sich ein Entwurfs-Ingenieur bei der Gerätekonzeption gegenübersieht besteht darin, daß er meist den künftigen Benutzer nicht kennt. Der Entwickler verwirklicht deshalb seine eigene Vorstellung von einer sinnvollen Funktionalität und Handhabung (mentales Entwicklermodell), die sich im resultierenden Produkt ausdrückt (Bild 2). Der Benutzer andererseits hat eine Erwartungshaltung an Gerätefunktionen und Bedienbarkeit (mentales Benutzermodell), entsprechend seinen Vorkenntnissen und Erfahrungen. Da eine direkte Kommunikation des Entwicklers mit dem Benutzer, wenn überhaupt, nur für eine Stichprobe stattfindet, kann es leicht vorkommen, daß ein Gerät nicht der Erwartungshaltung des Benutzers entspricht.

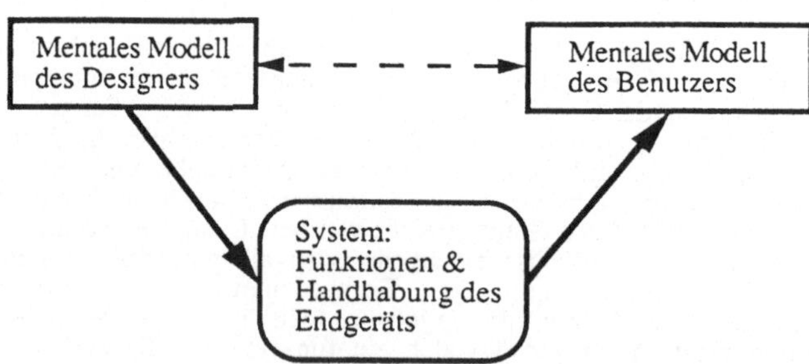

Bild 2: Zur Rolle mentaler Modelle im Entwicklungsprozeß (Norman, 1988).

Die Wahrscheinlichkeit für das Auftreten solcher Konflikte ist umso geringer, je deutlicher das verwendete konzeptuelle Modell am Gerät sichtbar ist. Der Benutzer kann dann Konflikte erkennen und sich darauf einstellen.

Das Erlernen der Gerätebedienung wird begünstigt durch alle Maßnahmen, die die Gedächtnisbelastung eines Benutzers reduzieren. Um die hier gegebenen Möglichkeiten aufzuzeigen, sind in Bild 3 die möglichen internen (mentalen) und externen Wissensquellen eines Operateurs skizziert.

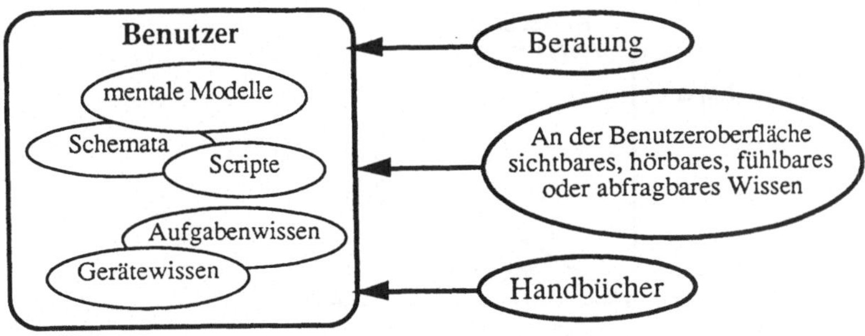

Bild 3:   Wissensquellen des Benutzers

Geräte- und aufgabenspezifisches Wissen:
Als mental gespeicherte Gedächtnisinhalte steht dem Benutzer mehr oder weniger vollständiges Wissen bzgl. Gerät und Anwendungsbereich zur Verfügung, das verschiedene Teilaspekte umfassen kann.

Das Gerätewissen umfaßt Wissen bezüglich:

- Funktionalität: Mögliche Prozeduren an einem Gerät
- Layout: Position und Bedeutung von Anzeigen und Bedienelementen
- Verhalten: Reaktion des Geräts auf Bedienaktionen
- Gerätetechnik: Interne Struktur und Funktionsweise

Zum Aufgaben- und Anwendungswissen zählt:

- Planungswissen: Plan zur Aufgabenerfüllung über Teilziele
- Methodenwissen: Alternative Prozeduren zur Erreichung von Teilzielen
- Selektionswissen: Wahl der am besten geeigneten Methode

Die Erfahrung zeigt, daß es für den oft nur gelegentlichen Benutzer komplexer Endgeräte nicht einfach ist, dieses Wissens zu erwerben und anzuwenden. Lückenhaftes Wissen führt aber dazu, daß die technisch vorhandenen Funktionen nicht oder nicht sinnvoll genutzt werden.

Erfahrungs- und Weltwissen:
Neben dem aufgaben- und gerätespezifischen Wissen enthält das Gedächtnis allgemeines Erfahrungs- und Weltwissen. Es besteht aus der Kenntnis von Sachverhalten (Schemata) und prototypischen Abläufen (Scripten) aus den unterschiedlichsten Erfahrungsbereichen. Diese sind auch für eine konkrete Aufgabenstellung nutzbar, aber erst nach Durchführung von Assoziationen und Analogieschlüssen. Da dieses Wissen im Gedächtnis ohnehin vorhanden ist, erfordert es aber keinen zusätzlichen Lernaufwand. Bekannt und erfolgreich ist z.B. die Benutzeroberfläche des MacIntosh-Rechners, die sich am Beispiel der Schreibtischtätigkeit und den damit assoziierte Arbeitsgängen wie Ablage und Dokumentenbearbeitung orientiert und damit verbreitete Erfahrungen ausnutzt.

Externes Wissen:
Externes Wissen ist entweder über die Benutzerschnittstelle direkt am Gerät, oder über Handbücher und Beratung zugänglich. Das Nachschlagen in Handbüchern wird allerdings nur ungern akzeptiert.

Das Spektrum möglicher Benutzer hinsichtlich Benutzungshäufigkeit und Erfahrung ist in Bild 4 abgesteckt (Kraiss, 1988). Da Endgeräte der Kommunikationstechnik meist von jedermann benutzt werden sollen, ist die Zielpopulation in der Nähe des Koordinatenursprungs zu vermuten. Der Gebrauch sollte deshalb auch bei sporadischer Nutzung und ohne besondere Qualifikation möglich sein. Wenn dies in aller Regel auch nicht möglich sein wird, so bleibt es doch ein anzustrebendes Ziel.

Bild 4. Klassifizierung von Benutzereigenschaften

Allgemein besteht die Ansicht, daß der Gebrauch von Endgeräten einfach sein soll. Die Bereitschaft, sich in dieser Hinsicht kognitiven Anstrengungen zu unterziehen, kann im Normalfall nicht vorausgesetzt werden. Zielrichtung beim Entwurf muß somit einmal die bessere Nutzung des mental gespeicherten Wissens, zum anderen eine wirksamere Gestaltung der Benutzeroberfläche sein, wobei generell gilt: "people learn better and feel more comfortable when the knowledge required for the task is available externally " (Norman, 1989, S. 189).

Systemtechnische Gestaltungsmöglichkeiten

Beim Entwurf von Mensch-Maschine-Systemen sind im allgemeinen personelle, organisatorische und systemtechnische Aspekte zu berücksichtigen. Im Hinblick auf die Gestaltung von Endgeräten reduziert sich dieser Maßnahmenkatalog vorwiegend auf die Systemtechnik, da auf künftige Benutzer und die Art des Einsatzes kaum Einfluß genommen werden kann.

Um die technisch gegebenen Gestaltungsmöglichkeiten systematisch zu erfassen empfiehlt es sich, den pauschalen Begriff Benutzer-Schnittstelle durch eine differenziertere Betrachtungsweise zu ersetzen, welche sich am IFIP-Schnittstellenmodell (Dzida, 1983) orientiert und drei Kopplungsebenen zwischen Benutzer und Endgerät unterscheidet (Bild 5) :

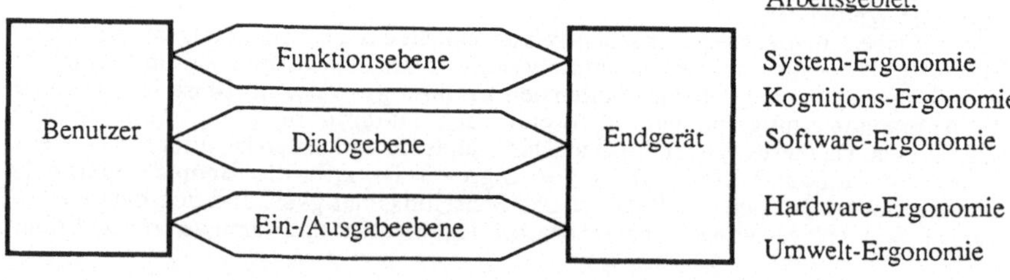

Bild 5. Kopplungsebenen an der Schnittstelle Benutzer - Endgerät

Auf der *Ein-/Ausgabeebene* stehen Fragen der Arbeitsplatzgestaltung im Vordergrund. Dazu gehören u.a. die Informationsdarstellung, die Wahl geeigneter Bedienelemente sowie die Berücksichtigung von Umwelteinflüssen. Auf der *Dialogebene* sind geeignete Dialogformen und Bediensequenzen sowie die Befehlssyntax und Interaktionstechniken auszuwählen. Auf der *Funktionsebene* schließlich bestehen Gestaltungsmöglichkeiten hinsichtlich der Wahl der notwendigen Systemfunktionen und der Arbeitsabläufe. Darüber hinaus kann es sinnvoll sein, Hilfs- und Erklärungsfunktionen, sowie Diagnose- und Entscheidungshilfen bereitzustellen (Kraiss, 1986). Während es sich also bei den systemtechnischen Gestaltungsaktivitäten auf der Ein-/Ausgabeebene um die physikalische Arbeitsplatzgestaltung (Hardware- und Umwelt-Ergonomie) handelt, sind bei den übrigen Kopplungsebenen die Arbeitsabläufe bei der Interaktion Benutzer-Endgerät angesprochen. Die

Klärung dieser Fragen ist Forschungsgegenstand der System-Ergonomie, der Kognitions-Ergonomie und der Software- Ergonomie.

Grundsätzlich kann ergonomische Gestaltung sich nur in den Grenzen bewegen, die durch die verfügbare Systemtechnik vorgegeben sind. Die Technik von Endgeräten läßt sich in einem Kubus mit den Dimensionen *Anzeigen, Bedienelemente* und *Anordnung* (Bild 6) abbilden. Der Gestaltungsspielraum reicht von einfachen Indikatoren und Schaltern in fester Anordnung bis zu freier Grafik auf Bildschirmen mit Menusteuerung und direkter Manipulation (Bei der direkten Manipulation ist es nicht mehr erforderlich, Kommandos zu erinnern und alphanumerisch einzugeben. Es genügt das Wiedererkennen und Auswählen graphischer Symbole. Die Auslösung von Kommandos erfolgt durch Markierung eines Ikons mit einem Zeigeinstrument). Unnötig zu sagen, daß flexible Schnittstellentechnik zwar teuer ist, aber - richtig genutzt - mehr Spielraum für die Verbesserung der Bedienbarkeit bietet.

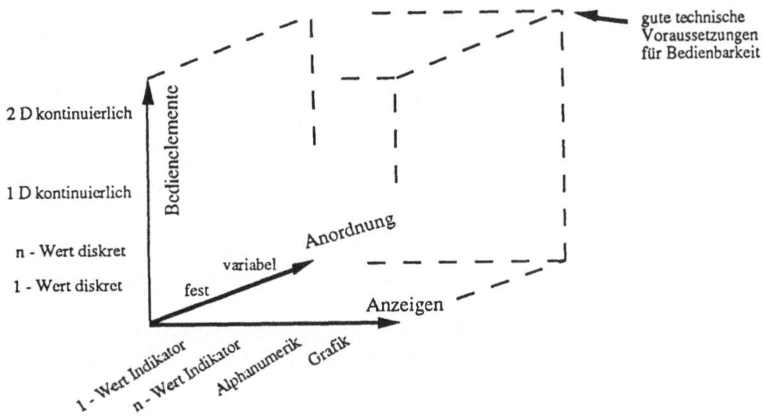

Bild 6:   Systemtechnische Freiheitsgrade beim Schnittstellenentwurf.

Ergonomische Gestaltungskonzepte

In Anlehnung an die in Bild 5 genannten drei Kopplungsebenen zwischen Benutzer und Gerät behandelt dieser Abschnitt ausgewählte ergonomische Gestaltungskonzepte für die Ein-/Ausgabeebene, die Dialogebene und die Funktionsebene. Diese Gestaltungskonzepte zielen darauf ab, die Gebrauchsfähigkeit eines Geräts zu verbessern und die Ausbildungsanforderungen möglichst gering zu halten.

<u>Die Gestaltung der Benutzeroberfläche (Ein-/Ausgabeebene)</u>

Die Gestaltung der Benutzeroberfläche umfaßt alle Fragen, die mit der Auswahl von Anzeigen und Bedienelementen zu tun haben, also u.a. die Dimensionierung, Kodierung nach Form und Farbe, An- und Zuordnung (Formatierung und Gruppierung). Dabei sind u.U. schwierige Randbedingungen zu beachten (Beispiel Autoradio: Nachtdesign und Blindbedienung). Zu diesem Problembereich stellt die Ergonomie weitgehend vollständiges Wissen zur Verfügung.

Die auftretenden Probleme sind entsprechend meist nicht auf Wissenslücken, sondern auf die Nichtbeachtung oder mangelhafte Umsetzung bekannter Daten und Richtlinien zurückzuführen. Dies fängt bei elementaren Fehlern bei der Schriftgröße an, die oft altersbedingte Sehfehler sowie schwierige Kontrast- und Beleuchtungsverhältnisse nicht berücksichtigt. Ein anderes Beispiel ist zweifelhafte Verwendung von Rotlichtbeleuchtung in Autos als Maßnahme zur Reduktion von Adaptationszeiten. Zwar ist es richtig, daß Rotlicht im gewünschten Sinne wirkt, doch gilt dies nur bei absoluter Dunkelheit. Für die bei Nachtfahrten vorliegenden Leuchtdichteverhältnisse liefert Weißlicht ohne Blauanteil (Gelb) dieselbe Verkürzung der Adaptationszeiten. Weißlicht wird als angenehmer empfunden und gestattet überdies Farbcodierung im Cockpit. Im Weiteren werden einige besonders relevante Gestaltungsaspekte angesprochen.

Analoge vs. digitale Anzeigen: Die Selbstbeschreibungsfähigkeit und Übersichtlichkeit der Benutzeroberfläche hängen ganz wesentlich vom gewählten Instrumentierungskonzepts ab. Digitale Instrumentierungen, womöglich verbunden mit mehrfach genutzten Funktionstasten, führen leicht zum Verlust des intuitiven Systemverständnisses, das bei der Verwendung von Analogelementen ganz natürlich gegeben ist (Bild 7). Im linken Bild sind Meßbereich und Stellreserven schon aus der Beschriftung und der Stellung des Drehknopfs ersichtlich.

Zu diesem Themenkomplex gehört auch der Hinweis auf die Berücksichtigung der bekannten Gesetzmäßigkeiten der Gestalt- und Formerkennung bei der Anordnung und Kodierung von Anzeigen und Bedienelementen. Zu beachten sind weiterhin generelle Beschränkungen physikalischer, semantischer, kultureller und logischer Art, die das Verhalten unterbewußt bestimmen (Norman, 1989). So bedeutet z.B. die Schalterstellung *auf* in den USA den Systemzustand *an*, in Europa dagegen *aus*.

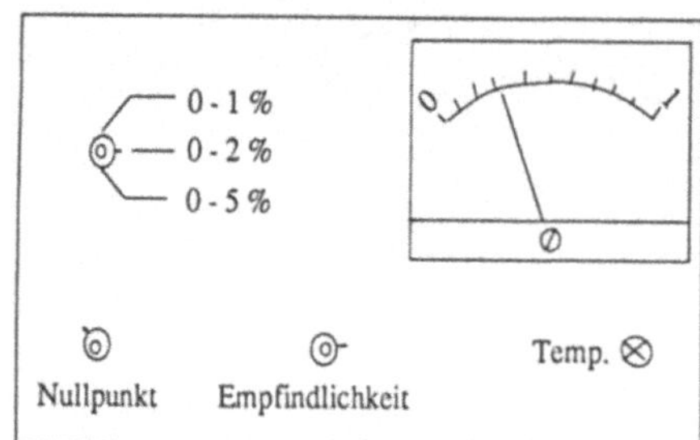

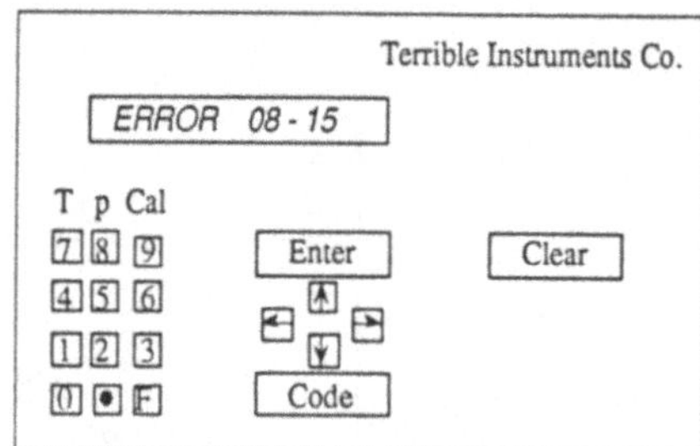

Bild 7:   Vergleich der Selbstbeschreibungsfähigkeit und Übersichtlichkeit eines Photometers. Links mit analogem, rechts mit digitalem Bedienfeld (Stieler, 1989).

An- und Zuordnung von Anzeigen und Bedienelementen: Bei der An- und Zuordnung von Anzeigen und Bedienelementen werden häufig an sich bekannte Regeln mißachtet, nicht selten mit Rücksicht auf technische Randbedingungen (Bild 8 a). Es kommt auch vor, daß aus Rücksichtnahme auf ästhetisches Design die gegebenen Kodierungs-Möglichkeiten nach Form und Farbe nicht voll ausgeschöpft oder inkorrekt verwendet werden.

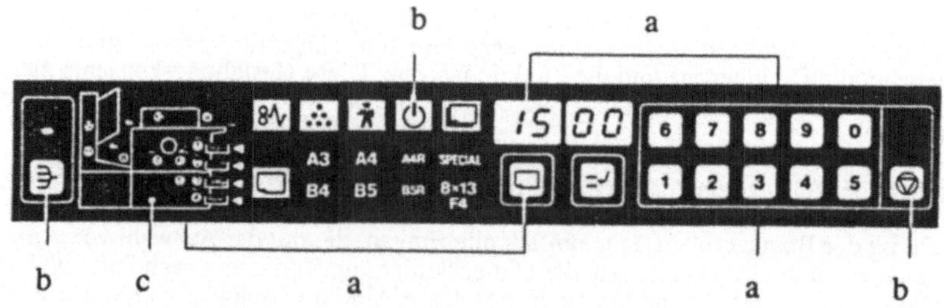

Bild 8   Ergonomische Bewertung eines Kopierer-Bedienfeldes mit Folientastatur (Ausschnitt).
a) Zuordnung Anzeige-Bedienelement inkorrekt
b) Ikons unklar
c) Animiertes Mimik-Diagramm für Papierdurchlauf
d) Willkürliche Anordnung des Ziffernfeldes

Bewegungs-Kompatibilität von Anzeigen und Bedienelementen: Die Kompatibilität der Bewegungsrichtung von Anzeigen und Bedienelementen ist beim Entwurf unbedingt zu beachten. Jede Verletzung der individuell vorhandenen Präferenzen stellt eine mögliche Fehlerquelle dar, insbesondere in kritischen Situationen. Die Schwierigkeit besteht darin, daß für viele Konstellationen die Bevölkerungsstereotypen nicht bekannt oder nicht eindeutig ausgeprägt sind.

Wie komplex die Verhältnisse schon bei dem anscheinend unkritischen Fall eines Vertikalinstruments ist, zeigt Bild 9. Dort ist für verschiedene Positionen eines Drehknopfs relativ zum Instrument das Ergebnis einer Stichprobenbefragung angegeben. Nur für die Anordnungen a,b und c stimmen die Versuchspersonen überwiegend darin überein, daß eine Drehung des Knopfes im Uhrzeigersinn den Instrumentenzeiger nach oben schieben soll. Bei Anordnung d ist die Zuordnung der Bewegungsrichtung zufällig. Beim Rändelrad (Bild 10 e) liegen dagegen ganz eindeutige Verhältnisse vor, da Anzeige und Bedienelement sich gleichartig (translatorisch) und in derselben Ebene bewegen, wodurch Verwechslungen ausgeschlossen sind. Falls aus technischen oder räumlichen Gründen keine Situation mit stabilem stereotypischem Verhaltensmuster gefunden werden kann, ist eine Standardisierung anzustreben.

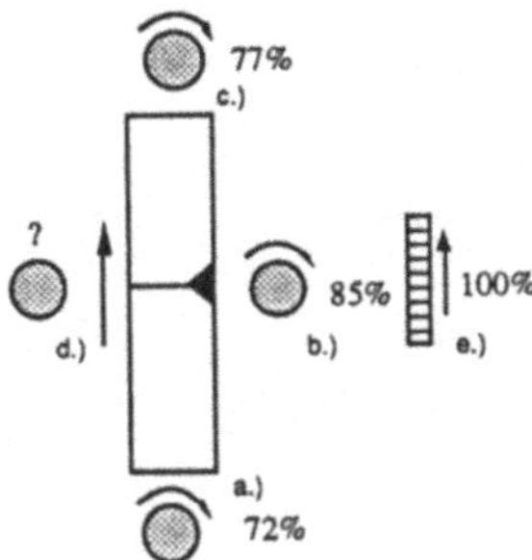

Bild 9: Kompatibilität der Bewegungsrichtung von Anzeige und Bedienelement.
Zu jeder Konfiguration ist der Prozentsatz der Vpn genannt, der die angegebene Bewegungszuordnung Anzeige/Bedienelement vorzieht (Boff, Lincoln, 1988).

Piktogramme, Mimik-Diagramme und Animation: Bildhafte Darstellungen können für den Benutzer sehr instruktiv sein und sollten wo immer möglich eingesetzt werden. Wenn Ikons allerdings nicht eindeutig oder fragwürdig sind (Bild 8 b) sind Kürzel vorzuziehen. Nicht-funktionelle Schriftzüge (z.B. großes Firmenlogo) stören in der Regel. Die schematische Darstellung des Papierdurchlaufs als Mimik-Diagramm in Bild 8 c ist unmittelbar verständlich, insbesondere auch, weil durch Lämpchen eine Animation des dynamischen Ablaufs realisiert ist. Bei der Animation ist darauf zu achten, daß die Geschwindigkeit der Dynamik auf die menschliche Wahrnehmung, bzw. auf das Blickbewegungsverhalten der Benutzer abgestimmt ist, da sonst die Veränderung ikonischer Darstellungen nur zufällig oder gar nicht wahrgenommen werden kann.

<u>Gestaltung der Dialogebene</u>

Auf der Dialogebene sind, wie schon erwähnt, geeignete Dialogformen und Bediensequenzen sowie Befehlssyntax und Interaktionstechniken zu optimieren. Hierfür stehen eine Reihe von Gestaltungsregeln zu Verfügung. Die Auswahl ist jeweils auf die konkrete Anwendung und die Benutzereigenschaften abzustimmen.

Dialogformen: Die Schwierigkeiten der Wahl der richtigen Handlung liegt meist darin begründet, daß dem Benutzer viele Optionen offenstehen, unter denen durch einen Dialog eine Auswahl zu treffen ist. Kriterium für die Auswahl einer bestimmten Dialogform ist die Qualifikation des jeweiligen Benutzers, wobei grundsätzlich zwischen benutzer-initiierten (Kommandosprache, Direkte Manipulation) und system-initiierten Formen (Frage und Antwort, Maskentechnik, Menüauswahl) zu unterscheiden ist. Während erstere in der Regel einen höheren Übungsgrad voraussetzen, erfordern letztere umständlichere Eingaben (Helander, 1988). Als Kompromiß bieten manche Systeme eine adaptive, d.h. an den Trainingszustand des Benutzers angepaßte Dialogform an. Möglich ist auch eine Anpassung an subjektive Präferenzen bei der Tastenbelegung durch eine automatische Änderung der Tastenbeschriftung. Die Nützlichkeit dieses Ansatzes ist im Einsatz noch nicht erwiesen.

Die Dialogform *Direkte Manipulation* verdient besondere Erwähnung wegen der leichten Erlernbarkeit. Bild 10 demonstriert als mögliche Anwendung das Bedienfeldes einer Telefonvermittlung, wobei als konzeptuelles Modell das Arbeiten mit einem Baukasten unterstellt wird. Symbole für Sprechstellen und Operationen sind in Form manipulierbarer grafischer Objekte in einer Werkzeugleiste bereitgestellt. Im Aktionsfeld befindet sich zunächst nur das

Symbol des eigenen Apparats. Zur Herstellung einer Verbindung, einer Rufweiterschaltung oder einer Konferenzschaltung wird der Werkzeugleiste ein Sprechstellenikon entnommen und im Aktionsfeld plaziert, anschließend wird es über einen Menuaufruf mit einer Rufnummer bzw. einem Teilnehmernamen versehen. Schließlich erfolgt die Anwahl durch Aktivierung des "Verbinden" - Werkzeugs aus der Werkzeugleiste, indem mit einem Zeigeinstrument auf die beiden beteiligten Teilnehmer gezeigt wird.

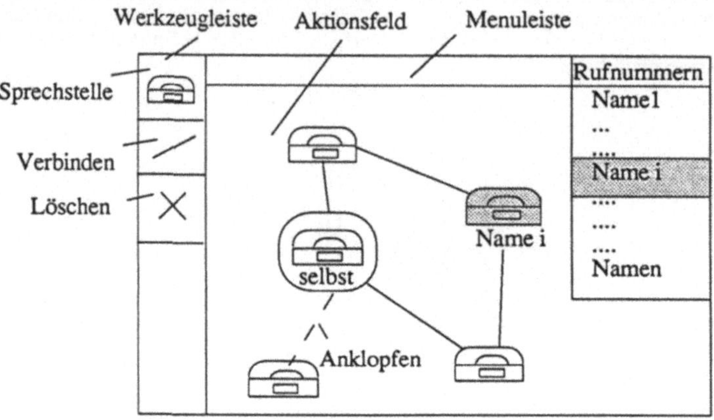

Bild 10: Direkte Manipulation nach dem Werkzeug-/Baukasten-
Konzept für eine Telefonanwendung

Vielversprechend sind multi-mediale Anwendungen, bei denen z.B. die Manipulation eines Ikons von einem akustisches Signal begleitet wird. In Verbindung mit manipulierbaren Grafikobjekten ist auch der Einsatz von Vibration oder Bewegungswiderständen denkbar. Durch diese Kombination unterschiedlicher Sinneseindrücke kann eine *abstrakte Sinnlichkeit* (Böhle, Milkau, 1988, S. 136) entstehen, die der Wahrnehmung echter Werkzeuge im Arbeitsprozeß nahekommt.

Benutzerführung: Die situations- und aufgabenabhängige Reduzierung der verfügbaren Handlungsoptionen an einem Gerät ist Zielsetzung einer effektiven Benutzerführung. Dies verringert die Komplexität des Problems und damit auch die Unsicherheit eines Operateurs hinsichtlich der richtigen Aktion. Der Benutzer erfährt dadurch, welche Aktionen in einer bestimmten Betriebssituation zur Erreichung eines Ziels sinnvoll und zulässig sind (Als Maßnahme zur Verringerung der Handlungsmöglichkeiten empfiehlt sich beispielsweise eine Trennung von Betriebs- und Trimm-/Einstellfunktionen in der Weise, daß letztere nicht permanent sichtbar sondern durch eine Klappe verdeckt sind).

Vermeidung und Kompensation von Bedienfehlern: Bei realistischer Betrachtung muß davon ausgegangen werden, daß bei der Gerätebedienung durch Menschen unvermeidlich Fehler vorkommen. Deshalb ist das Gerätedesign so auszulegen, daß wenigstens die Erkennung und gegebenenfalls auch die Kompensation menschlicher Fehler sichergestellt ist. Ziel muß dabei sein, auch bei Fehlbedienungen die Gerätefunktion sicherzustellen bzw. Schäden zu vermeiden. Verschiedene Methoden, eine derartige Fehlertoleranz zu erreichen, können isoliert oder kombiniert angewendet werden:

Eingabeüberwachung und -limitierung stellen zunächst in Verbindung mit einer Syntaxprüfung sicher, daß vom Gerät nur legale Parameterwerte angenommen werden. Weiterhin ist es üblich, vor der Auslösung von Aktionen mit schwerwiegender Konsequenz zur Sicherheit Systemrückfragen vorzusehen. Eine unmittelbare Rückmeldung der Systemreaktion ist in diesem Zusammenhang für den Benutzer sehr wichtig. Jede Aktion sollte eine unmittelbare und erkennbare Folge haben, u.U. noch unterstützt durch eine Vorausinformation (Voranzeige). Soweit Fehler vom System automatisch identifizierbar sind, ist eine automatische Fehlerkompensation (Do What I Mean) denkbar. Alternativ kommen optional aufzurufende Funktionen zum Rückgängigmachen von Aktivitäten (UNDO-Funktionen) in Betracht.

Gestaltung der Funktionsebene

Die Gestaltungsmöglichkeiten auf der Funktionsebene betreffen, wie schon angesprochen, einmal die zur Aufgabenerfüllung erforderlichen Funktionen, darüberhinaus aber auch Hilfs- und Erklärungsfunktionen zur Erleichterung der Betriebsabläufe. Als globale Gestaltungsziele sind Aufgabenangemessenheit und Handlungsflexibilität zu nennen (vgl. Bild 1). Maßnahmen zur Erreichung dieser Ziele umfassen u.a.:

- die Unterstützung grundlegender Aufgaben durch Hilfsfunktionen,
- die Bereitstellung von Test- und Erkundungsfunktionen ,
- die Bereitstellung alternativer Benutzeroperationen
- die Bereitstellung aufgabengerechter und freizügiger Ein- und -Ausgaben.

Der Spielraum für die Implementierung dieser Gestaltungsanforderungen bei Endgeräten ist, anders als bei Rechnersystemen, sicher nur in sehr engen Grenzen gegeben. Im Rahmen des Möglichen sollte die Implementierung derartiger Sonderfunktionen im Hinblick auf Erlernbarkeit und Bedienbarkeit sorgfältig bedacht werden. Beispielsweise können auch während des operationellen Einsatzes eines Systems Test- und Erkundungsfunktionen auf der Grundlage von Rechnermodellen und -simulationen am Gerät bereitstehen, die möglichst an den Spieltrieb des Benutzers appellieren.

Schlußbemerkung

Diese Arbeit behandelt verschiedene ergonomische Aspekte der Gestaltung von Endgeräten. Nach der Identifikation benutzerbezogener Gestaltungsziele wird die Problematik des Geräteentwurfs unter Berücksichtigung von Anwendereigenschaften näher beleuchtet. Mögliche Wissensquellen eines Benutzers werden im Hinblick auf Bedienbarkeit und Erlernbarkeit erörtert. Schließlich folgt die Beschreibung ausgewählter ergonomischer Gestaltungskonzepte in Relation zu systemtechnisch vorgegebenen Möglichkeiten. Dabei erweist es sich als sinnvoll, die Gestaltung der physikalischen Benutzeroberfläche deutlich von Fragestellungen, die sich auf der Dialog- und der Funktionsebene ergeben, abzugrenzen. Aus diesen Darlegungen ergeben sich folgende Schlußfolgerungen:

Für die Gestaltung auf der *Ein-/Ausgabeebene* liegt umfangreiches Wissen vor, das konsequent angewandt werden sollte. Offensichtliche Verstöße gegen bekannte ergonomische Richtlinien sind nicht notwendigerweise auf Unkenntnis zurückzuführen, sondern auf

- Zugeständnisse an die Ästhetik auf Kosten des funktionalen Designs, z.B.
    Verzicht auf Farbkodierung (Schwarz in schwarz Design),
    Verzicht auf Formkodierung (Gleichartige Tasten für unterschiedliche Funktionen),
    Fehlerhafte An- und Zuordnung (Ein/Aus-Schalter hinten am Gerät, Kompatibilitätsfehler).

- Zugeständnisse an Kostenüberlegungen und technische Randbedingungen, z.B.
    Übernahme eines alten Designs mit neuer Beschriftung,
    Verwendung alter/vorhandener Komponenten für neue Geräte,
    Fehlerhafte An- und Zuordnung von Anzeigen und Bedienelementen,
    Verwendung von Multifunktionstasten,
    Übertriebene Verwendung von Digitalanzeigen.

Im Hinblick auf die *Dialoggestaltung* wurde die Wahl geeigneter Dialogformen, Benutzerführung und Fehlerkompensation als wirkungsvolle Konzepte zur Verbesserung der Bedienbarkeit und Erlernbarkeit herausgestellt. Die Art der Realisierung dieser Konzepte ist eng mit den technisch gegebenen Möglichkeiten verknüpft. Deshalb sind für moderne Endgeräte grafik-taugliche Anzeigeflächen und kontinuierliche 2D-Eingabeelemente als Voraussetzung für direkt manipulative Benutzeroberflächen und flexible Benutzerführung wünschenswert.

Gestaltungsmaßnahmen auf der *Funktionsebene* zielen auf Aufgabenangemessenheit, Handlungs-flexibilität und Übungsmöglichkeiten. Inwieweit diese Aspekte im Rahmen von Endgeräten zum Tragen kommen können hängt von der konkreten Anwendung ab.

Es ist der Vollständigkeit halber anzumerken, daß die Komplexität heutiger Endgeräte die Auffassungsgabe und Lernfähigkeit technisch uninteressierter und älterer Benutzer, trotz aller ergonomischer Maßnahmen, überfordern kann. Dies führt dazu, daß die technisch verfügbare Funktionalität nicht genutzt oder abgelehnt wird. Im Hinblick auf die erwünschte Benutzer-Akzeptanz gilt deshalb, ergänzend zu dem bisher Gesagten, als generelle ergonomische Leitlinie: Konzentration auf wirklich nützliche Funktionalität u.U. unter Verzicht auf technisch Machbares.

Abschließend bleibt festzustellen, daß bei weiter fortschreitender Entwicklung in der Mikroelektronik eine Profilierung nur über technische Funktionalität und Qualität, auch im Bereich der Endgeräte, immer schwieriger wird. Das Argument der Gebrauchsfähigkeit gewinnt dadurch an Bedeutung. Die Notwendigkeit einer stärkeren Berücksichtigung benutzerbezogener Kriterien im Entwicklungsprozeß ist damit vorgezeichnet.

7. Literatur

Andrich W., Unger D. (1988) Funktionalität und Gestaltung von Endgeräten. ITG Fachbericht "Informationstechnik für den Menschen". VDE Verlag, Berlin, 73 -79.

Böhle F., Milkau B. (1989) Vom Handrad zum Bildschirm - Eine Untersuchung zur sinnlichen Erfahrung im Arbeitsprozeß. Campus Verlag. Frankfurt und New York.

Boff K.R., Lincoln J.E. (1988) Engineering Data Compendium. Wright Patterson Air Force Base, Ohio 45433.

DIN 66 285 Anwendungssoftware.

DIN 66 234 Dialoggestaltung.

Dzida W. (1983) Das IFIP-Modell der Benutzerschnittstellen. Office Management, 6-8.

Flohrer W. (1989) Human Factors - Design of Usability. Proceedings of the CompEuro, Hamburg, May 8-12. IEEE Cat. No. 89 CH 2704-5.

Helander M.(1988) Handbook of Human Computer Interaction, North Holland, Amsterdam.

ISO/9241-11 Ergonomics Requirements For Office Work with Visual Display Terminals (VDTs): Usability Assurance Statement.

Kraiss K.- F. (1986) Rechnergestützte Methoden zum Entwurf und zur Bewertung von Mensch-Maschine-Systemen. In: Hackstein R., Heeg F.-J. und F. v.Below: Arbeitsorganisation und Neue Technologien, Springer-Verlag, 435-457.

Kraiss K.- F. (1988) Human Factors Aspects of Decision Support Systems. AGARD Conf. Proc.No. 453 on Operational Decision Aids for Exploiting or Mitigating Electromagnetic Propagation Effects. 3.1-14.

Norman D.A.(1988) The Psychology of Everyday Things. Basic Books. New York.

Stieler S. (1989) Bedienbarkeit mikroprozessorgesteuerter Prozeßanalysegeräte, atp 31, 11, Oldenbourg Verlag, 515-518.

VDI 5005 Richtlinie: Software-Ergonomie in der Bürokommunikation.

Bewertung benutzerfreundlicher Kommunikationssysteme unter betriebswirtschaftlichen Aspekten

R. Reichwald, D. Beschorner

1. Zum Begriff der Benutzerfreundlichkeit neuer Kommunikationstechnik aus betriebswirtschaftlicher Sicht

Der Benutzerfreundlichkeit kommt für die Akzeptanz von Hardware wie auch von Software neuer Telekommunikationstechniken eine hohe Bedeutung zu. Das heißt, daß eine an den Ansprüchen und Wünschen des Benutzers orientierte Gestaltung der Technik zu erreichen ist. Nur eine akzeptierte Lösungsalternative wird die Benutzer auch zu einer effizienten und effektiven Arbeit mit neuen Kommunikationsformen anhalten. Um aus betriebswirtschaftlicher Sicht den Wert benutzerfreundlicher Kommunikationstechnik zu ermitteln, ist - abweichend zur ergonomischen Betrachtung, die den Mensch-Maschine-Dialog in den Mittelpunkt stellt - die Unterstützung der zwischenmenschlichen Kommunikation bei der Aufgabenerfüllung im Zentrum des Bewertungsanliegens. Wirtschaftlichkeits- und weiterführende Bewertungsansätze für benutzerfreundliche Kommunikationstechnik werden anhand weitgefaßter Kosten- und Leistungskriterien von Kommunikationstechnik ausführlich zu diskutieren sein.

Für betriebswirtschaftliche Überlegungen bilden die Erkenntnisse der Ergonomie zwar ein Fundament, andererseits bedürfen sie einer Erweiterung aus dem Blickwinkel betrieblicher Leistungserstellung.

Dabei ist es entscheidend, daß die Bewertung von Kommunikationssystemen unter Bezugnahme auf Anwendungssituationen erfolgen muß.
Letztlich kommt es darauf an, welchen Beitrag ein System zur Unterstützung der anstehenden Arbeitsaufgabe leistet. Entscheidend
sind die Beiträge zur Aufgabenerfüllung (Qualität, Zeit etc.),
d.h. ökonomische Aspekte, die weit über eine Schnittstellenge-
staltung hinausgehen. Mit diesem Beitrag soll der Frage nachgegangen werden, wie aus dem betriebswirtschaftlichen Blickwinkel eine
"Benutzerfreundlichkeit i.w.S." zu verstehen ist und welche methodischen Ansätze der Nutzenbewertung zur Verfügung stehen.

- **Die ergonomische Begriffsfassung von Benutzerfreundlichkeit**

Der Begriff Benutzerfreundlichkeit zielt in der Ergonomie auf den
Zuschnitt von Dialogsystemen ab. Die Ergonomie fordert Eigenschaften von Dialogsystemen, die den Bedürfnissen des Benutzers am
Arbeitsplatz entsprechen (z.B. Dzida 1985). Benutzerfreundlichkeit
von Systemen der Mensch-Maschine-Kommunikation erleichtert die
Anwendung neuer Technik am Arbeitsplatz i.S. einer Reduzierung von
Belastung und Beanspruchung. So werden etwa in der DIN-Vorschrift
66234 sechs Merkmale der Benutzerfreundlichkeit aufgezählt, die
überwiegend die Oberfläche eines Mensch-Maschine-Kommunika-
tionssystems beschreiben (vgl. Bild 1).

Indikatoren	
1. Aufgabenangemessenheit	- Beitrag zur Aufgabenerfüllung - Funktion des Systems auf die eigentlichen Aufgaben zugeschnitten = Kongruenz System/Aufgaben - Redundanz
2. Steuerbarkeit	- Freiheitsgrad bzgl. Reihenfolge der Arbeitsschritte - Anzahl der "Wiederaufnahmepunkte"
3. Ordnungsmäßigkeit	- Rechtzeitigkeit - Vollständigkeit - Echtheit - Prüfbarkeit - Nachvollziehbarkeit
4. Verläßlichkeit	- Identität bzgl. gleicher Situationen
5. Fehlerrobustheit	- Toleranzquote bei Fehlereingaben - Häufigkeit von Systemzusammenbrüchen - Fehlererkennung und -korrektur
6. Selbsterklärungsfähigkeit	- Bedienerführung (System und Handbuch) - Menüangebot - Systemaufbau

Bild 1: Benutzerfreundlichkeit nach DIN 66234

Die Diskussion um die Begriffsweite der Benutzerfreundlichkeit neuer Technik ist allerdings auch in der Ergonomie in vollem Gange. Auf der Human Factor Conference ging es bereits 1986 in einem Streitgespräch zwischen Stuart Card und Don Norman um die Frage, ob es auf die Gestaltung der Benutzeroberfläche überhaupt ankommt. Dieser Frage geht auch Frieder Nake in seinem Beitrag "Dialogisieren mit dem Computer - Anmerkungen zu Entwicklung, Begriff und Technik der Dialogsysteme" 1988 nach. Wichtiger als die Gestaltung der Oberfläche - so Frieder Nake - ist vielmehr, daß bei der Entwicklung neuer Technik über die Eignung eines Systems bei der täglichen Arbeit nachgedacht wird. Diesen Standpunkt vertrat auch Shackel auf dem Software Ergonomie Kongreß 1985 in Stuttgart, der die Nützlichkeit (usability) in den Mittelpunkt der bedürfnisorientierten Technikgestaltung stellt. Shackel nennt vier Hauptkriterien der Bewertung von Mensch-Maschine-Systemen:

1. Die Erlernbarkeit (learnability): Innerhalb eines bestimmten Zeitraums mit einem bestimmten Trainings- und Unterstützungsaufwand.
2. Die Benutzereinstellung (attitude): Innerhalb annehmbarer Bereiche von Beanspruchungen und bei anhaltender Arbeitszufriedenheit.
3. Flexibilität (flexibility): Anpassung des Systems an einen bestimmten Prozentsatz der Variabilität der Aufgaben.
4. Effektivität (effectiveness): Aufgaben müssen mit einer bestimmten Leistung erfüllbar sein.

Shackel schließt mit seinen Bewertungskriterien der Flexibilität und Effektivität am deutlichsten an betriebswirtschaftliche Aspekte an. Für eine betriebswirtschaftliche Betrachtung muß die Frage "Wann ist ein Kommunikationssystem benutzerfreundlich" anders gestellt werden. Für die Beantwortung dieser Frage besitzen 'Dialog' und 'Aufgabe' eine wesentliche Qualität.

- Eine betriebswirtschaftliche Begriffsfassung von Benutzerfreundlichkeit

Kommunikation ist ein bestimmendes Merkmal arbeitsteiliger Leistungserstellung in Organisationen. Über die reine Schnittstellenbetrachtung hinausgehend orientiert sich demnach die betriebswirtschaftliche Behandlung benutzerfreundlicher Kommunikationssysteme am Merkmal der Unterstützung zwischenmenschlicher Kommunikationsbeziehungen bei der Aufgabenerfüllung.

Benutzerfreundlichkeit soll betriebswirtschaftlich die Eigenschaften eines Kommunikationssystems umfassen, die geeignet sind, den Kommunikationsbedürfnissen des Menschen bei arbeitsteiliger Aufgabenerfüllung zu entsprechen. Benutzerfreundliche Eigenschaften von Kommunikationssystemen können sich im Sinne einer beriebswirtschaftlichen Bewertung auf 4 Ebenen niederschlagen (vgl. Bild 2):

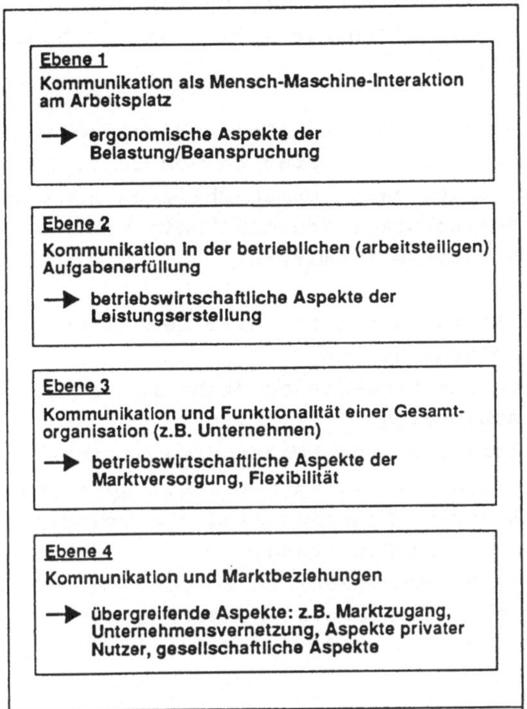

Bild 2: Bewertungsebenen benutzerfreundlicher Gestaltung von Kommunikationssystemen

1. Auf der Arbeitsplatzebene (Ebene 1) dominieren ergonomische Aspekte der Belastung/Beanspruchung im Mensch-Maschine-Dialog.
2. Auf der Ebene der Arbeitsbeziehungen betriebswirtschaftlicher Leistungserstellung (Ebene 2) dominieren Aspekte der zwischenmenschlichen Kommunikation und Kooperation.
3. Auf Ebene 3 wird die Gesamtorganisation bzgl. ihrer langfristigen Funktions- und Leistungsfähigkeit betrachtet. Hier stellt sich die Frage nach dem Nutzen der Kommunikationssysteme für Flexibilität und Stabilität der Organisation und für die Arbeitssituation jeweils im Kontext mit wettbewerbsstrategischen Überlegungen.

4. Auf Ebene 4 gilt es, potentielle Auswirkungen auf die organisatorische Umwelt zu erfassen. Hier wird z.B. zu fragen sein, welche Markteffekte der Einsatz neuer Kommunikationssysteme mit sich bringen kann, oder wie sich neue Technik im Sozialsystem oder in anderen gesellschaftlichen Größen niederschlagen kann.

Das Modell einer Bewertung auf mehreren Ebenen kann als Versuch einer Neuorientierung des hier behandelten Themenkomplexes angesehen werden, dessen Leistungsfähigkeit nachfolgend beispielhaft belegt werden soll.

Technische Kommunikationsmedien (Telemedien) sollen einen verbesserten zwischenmenschlichen Austausch von Text, Daten, Bild und Wort ermöglichen. Unter zwischenmenschlichen Aspekten gelten für die Beurteilung der Benutzerfreundlichkeit technischer Kommunikationssysteme nachfolgende Prämissen:

- Nicht die Schnittstelle ist primäres Gestaltungsobjekt, sondern auch die Systemeigenschaften,
- nicht der Mensch-Maschine-Dialog steht im Mittelpunkt, sondern der Mensch-Mensch-Dialog,
- die Bewertungskriterien für benutzerfreundliche Gestaltung liegen im Organisationsfeld für arbeitsteilige Aufgabenerfüllung,
- Aufgaben- und Benutzersituation sind die Grundlagen der betriebswirtschaftlichen Bewertung,
- organisatorische Bewertungsebenen zeigen, daß die Benutzungsoberfläche nur eine nachrangige Bedeutung hat.

2. Kommunikationsanforderungen und Aufgabentypen

Um eine betriebswirtschaftliche Bewertung benutzerfreundlicher Kommunikationssysteme zu entwickeln, soll auf eine in der Büroforschung entwickelte Typisierung von Büroaufgaben zurückgegriffen werden (vgl. Bild 3).

Entsprechend den unterschiedlichen Aufgabentypen besteht in der Büroarbeit ein unterschiedlicher Bedarf an Information, Kooperation und Technikunterstützung sowie ein unterschiedliches Anforderungsprofil an die Arbeitsorganisation (Picot/Reichwald, 1987).

Aufgabentyp \ Merkmale der Aufgabenerfüllung	Problemstellung (Komplexität Planbarkeit)	Informations-bedarf	Kooperations-partner	Lösungsweg
Büroarbeit vom Typ 1 Einzelfall (nicht formalisierbar)	hohe Komplexität niedrige Planbarkeit	unbestimmt	wechselnd, nicht festgelegt	offen
Büroarbeit vomTyp 2 sachbezogener Fall (teilweise formalisierbar)	mittlere Komplexität mittlere Planbarkeit	problemabhängig (un)bestimmt	wechselnd, festgelegt	geregelt bis offen
Büroarbeit vomTyp 3 Routinefall (vollständig formalisierbar)	niedrige Komplexität hohe Planbarkeit	bestimmt	gleichbleibend, festgelegt	festgelegt

Bild 3: Aufgabentypen der Büroarbeit (nach *Picot/Reichwald* 1987, S. 70)

Die hier zugrundegelegte Aufgabentypologie erweist sich als aus-
sagefähiges Modell für die Ableitungen von Anforderungsprofilen
zur Bewertung benutzerfreundlicher Kommunikationssysteme. Diese
Typologie verdeutlicht, daß für unterschiedliche Aufgabentypen die
Informations- und Kommunikationsbedürfnisse differieren. Für die
Aufgabentypen 1 und 2 soll dies beispielhaft aufgezeigt werden.

Als erstes Beispiel zur Ableitung von Anforderungen an ein benutzerfreundliches Kommunikationssystem soll die prozeßorientierte
Sachbearbeitung (Aufgabentyp 2) erörtert werden.

Die Sachbearbeitung in der Industrieverwaltung, im technischen
Büro, in der öffentlichen Administration oder im Handel ist gekennzeichnet durch die Bearbeitung von Informationen. Dabei ist
die Sachbearbeitung in der Regel arbeitsteilig organisiert und
kommunikationsintensiv. Für die Sachbearbeitung in Großorganisa-
tionen der Industrie wie der öffentlichen Verwaltung gilt glei-
chermaßen der Wunsch nach mehr Produktivität und Flexibilität
(Szyperski et.al., 1982). Fragt man nach den leistungshemmenden
Faktoren, die heute die Sachbearbeitung zum primären Ziel von Ra-
tionalisierungsbemühungen machen, so finden sich die Schwachstellen vorwiegend im kommunikativen Bereich:

- In der übertriebenen Arbeitsteiligkeit (Kommunikationsproblem:
  hoher Koordinations- und Kommunikationsaufwand),

- Prozeßorientierung mit geregeltem Ablauf (Kommunikationsproblem: Dienstweg),
- Dokumentenorientierung (Kommunikationsproblem: hoher Aufwand),
- Kommunikation überwiegend als Mix von Daten, Bildern, Text und Skizzen,
- Arbeitsfluß stark abhängig vom Informationszugang (Kommunikationsproblem: lange Liegezeiten),
- häufiger Medienbruch in Prozeßkette (Kommunikationsproblem: Übertragungsaufwand),
- uneinheitliche Informationsbasis (Kommunikationsproblem: häufige Rückfragen),
- Benutzereigenschaften: Nutzer als Experte (Gerätewissen/Fachwissen) und technische Ausstattung als dauerhaftes Werkzeug.

an die <u>Oberfläche</u> (Endgerät):

■ User Interface für Experten

■ Standardisierung

■ Multimediale Schnittstelle

■ Flexible Werkzeuge für Aufgabenvielfalt

an die <u>Systemeigenschaften</u>:

■ Übertragung des exakten Inhalts

■ Dokumentierbarkeit des Inhalts

■ einfache Weiterverarbeitbarkeit und Zusammenführbarkeit mit Anlagen, Bildern, Anmerkungen

■ hohe Übertragungskapazität

■ kurze Übermittlungszeiten

■ schnelle Rückantwort

■ Bequemlichkeit des Kommunikationsvorgangs (synchron/asynchron)

Bild 4: Anforderungen an ein benutzerfreundliches Kommunikationssystem in der Sachbearbeitung

Diese Schwachstellen können als Ansatzpunkte einer effizienteren Gestaltung der Ablauforganisation im Büro angesehen werden, wobei den Kommunikationswegen eine zentrale Bedeutung zukommt. Anforderungen an das technisch-organisatorische Kommunikationssystem beziehen sich im wesentlichen auf Leistungsmerkmale, die nicht oder nur teilweise die Benutzeroberfläche beschreiben.

In Bild 4 sind die so gewonnenen Anforderungen stichpunktartig zusammengestellt, wobei nach Anforderungen an die Oberfläche (Dialogebene) und solchen an die Systemeigenschaften (Funktionsebene) unterschieden wurde.

Werden diese Anforderungen vom Kommunikationssystem erfüllt, so können Kosten- und Nutzeneffekte in der Aufgabenerfüllung der Sachbearbeitung entstehen, die beispielhaft in Bild 5 festgehalten sind.

<u>Leistungswirksame</u> Effekte: z.B.

- Beschleunigter Informationsfluß
- Erweiterter Informationszugriff
- Verkürzte Bearbeitungszeiten
- Erleichterte Dokumentenerstellung und -verwaltung
- Vermeidung von Mehrfacherfassung
- Integration vor- und nachgelagerter Vorgänge der Informationsverarbeitung
- Verbesserung der Informationsbasis und der Leistungsqualität
- Transparenz in der Leistungskette
- Verringerung der Arbeitsteilung als org. Potential

<u>Kostenwirksame</u> Effekte: z.B.

- Schulung und Betreuung
- Informationssicherung
- Codierungs- und Decodierungsaufwand
- Fehlbedienung und Folgen
- Unterbrechungen im Arbeitsablauf (Abhängigkeiten)

Bild 5: Kosten- und Nutzeneffekte benutzerfreundlicher Kommunikationssysteme (Sachbearbeitung)

Für die leistungswirksamen Effekte läßt sich zusammenfassend festhalten, daß der Nutzen neuer Kommunikationssysteme vor allem bei der dokumentenorientierten Kommunikation liegt und dort den größten Produktivitätsschub bewirkt (vgl. Picot/Reichwald 1987, S. 74). Gleichzeitig ergeben sich neue Möglichkeiten der Arbeitsorganisation mit positiven Effekten im Humanbereich. Die im Kostenbereich i.d.R. gut erfaßbaren Kosten einzelner Maßnahmen/Effekte (vgl. Bild 5) sind in ihrer Gesamtheit aufgrund des Verbundpro-

blems nicht immer eindeutig zu erfassen und zuzurechnen (vgl. VDI
5015).

an die <u>Oberfläche</u> (Endgerät):

■ User Interface für Gelegenheitsnutzer
mit Eigenschaften der

    - Selbsterklärung,
    - Zustandsbeschreibung,
    - Robustheit etc.

an die <u>Systemeigenschaften</u>:

■ Dialogorientierung für Mehr-Personen-
Kommunikation

■ Persönliche Nähe der Kommunikationspartner

■ Unmittelbarkeit und Direktheit

■ Erreichbarkeit bei raum-zeitlicher Unabhängigkeit
der Kommunikationspartner

■ Aktueller und schneller Zugriff auf Informationen,
möglichst standortunabhängig

■ Entscheidungshilfen (Wissensbasis)

■ Schutz vor Verfälschung einer Information

Bild 6: Anforderungen an ein benutzerfreundliches Kommunikationssystem
im Management

Eine völlig andere Situation zeigt sich im niedrig strukturierten
Aufgabenbereich des Managements (Aufgabentyp 1). Die sich aus dieser Situation ergebenden kommunikationsbezogenen Merkmale sind
typischerweise (vgl. Beckurts/Reichwald 1984):

- Aufgabenabwicklung mit Einzelfallcharakter,
- intensive Kooperation,
- große Streuung der Kooperations- und Kommunikationspartner,
- Informationsbeschaffung und Problemlösung Face-to-Face-orien-
  tiert,
- hohe Abwesenheitsquote,
- hoher Anteil von ad-hoc-Aufgaben (zeitkritisch, ungeplant),
- hohes Maß an Vertraulichkeit im Informationsaustausch,
- Gelegenheitsnutzer der technischen Ausstattung am Arbeitsplatz.

Leistungswirksame Effekte: z.B.

- Intensive Kooperation auch bei Abwesenheiten mit Sekretariat oder Mitarbeitern möglich

- Schnelle Abstimmung auch mit externen Kooperationspartnern

- Erweiterter Kooperationsverbund und Partizipation möglich

- Entlastung durch Delegation

- Schnelle und flexible Reaktion auf Marktveränderungen

- Verbesserung der Informationsbasis (standortunabhängig)

- Erweiterung der Kontrollspanne

- Substitution von Reisetätigkeiten

Kostenwirksame Effekte: z.B.

- Schulung und Einweisung

- Erhöhte Abhängigkeiten

- Informationsüberflutung

- Informationsverlust bei Substitution von Face-to-Face-Kommunikation

Bild 7: Kosten- und Nutzeneffekte benutzerfreundlicher Gestaltung der Kommunikation im Management

Die daraus ableitbaren Anforderungen an die Benutzeroberfläche und die Systemeigenschaften geeigneter Kommunikationssysteme zur Unterstützung von Managementaufgaben faßt Bild 6 zusammen. Die Kosten- und Nutzeneffekte, die je nach Ausprägung der System- und Oberflächeneigenschaften eines Kommunikationssystems eintreten können, zeigt Bild 7.

Um die in Bild 6 genannten Anforderungen zu erfüllen, muß ein benutzerfreundliches Kommunikationssystem eine technische Infrastruktur bieten: z.B. einfache Bedienoberfläche, Informationsspeicher mit besonderen Zugriffsberechtigungen, Zugang zum öffentlichen Netz inklusive Datenbanken, Flexibilität bzgl. Raum und Zeit. Die leistungswirksamen Effekte ergeben sich vor allem durch eine optimale Aufgabenerfüllung; im Bereich des Managements bedeutet dies, in spontane und direkte Kommunikationsbeziehungen treten zu können, sich schnell und unbürokratisch auch mit einer größeren Anzahl von Kooperationspartnern abzustimmen und sich fallbezogen auf dem direkten Weg Informationen zu beschaffen.

Die hier angesprochenen Zusammenhänge zeigen, daß der Forderung
der Ergonomie, bei der Gestaltung von Mensch-Maschine-Dialogsyste-
men den Bedürfnissen des Menschen zu entsprechen, unter betriebswirtschaftlichen Gesichtspunkten solche Aspekte hinzugefügt werden
müssen, die die Aufgabenerfüllung unterstützen, d.h. neben Bela-
stungs- und Beanspruchungsaspekten, ist zu bewerten, in welchem
Ausmaß die Technik sich als nützlich bei der Leistungserstellung
im Arbeitsprozeß erweist.

Eine weitere Dimension der Bedürfnisorientierung wird heute vor
allem von der deutschen Industriesoziologie herausgestellt. Es
handelt sich dabei um die Überlegung, daß erst durch die Anwendung
neuer Techniken neue Möglichkeiten in der Arbeitsgestaltung, insbesondere für Formen ganzheitlicher Arbeitsstrukturen eröffnet
werden. Ausgehend von der Überlegung, daß der Mensch ein Bedürfnis
nach ganzheitlicher Zuständigkeit und Verantwortlichkeit bei der
Aufgabenerfüllung hat, ist der Arbeitsinhalt ein Qualitätsmerkmal
der Arbeitssituation. So sind letztlich Fragen der Arbeitsgestaltung, der Arbeitsteilung und Arbeitsstrukturierung aus der Diskussion über eine benutzerfreundliche Technikgestaltung nicht
auszuklammern.
Anders als bei der engen ergonomischen Betrachtung der Benutzerfreundlichkeit als Problem der Mensch-Maschine-Schnittstelle, die
als Forschungsgegenstand die Interaktion am Arbeitsplatz untersucht, sind bei weiterer Betrachtung der Benutzerfreundlichkeit
als aufgabenbezogene Mensch-Maschine-Mensch-Kommunikation veränderte Anforderungen zu stellen. Die Bewertungskriterien aus der
Sicht der menschlichen Bedürfnisse sind über die Kategorien Arbeitsinhalt, Arbeitsfreude, Arbeitsqualität und Aufgabeninte-
gration in das Blickfeld benutzerfreundlicher Entwicklungen zu
stellen (Ebene 3 und 4).

3. Ansätze zur betriebswirtschaftlichen Nutzenbewertung

Als Leitschema des folgenden Bewertungsansatzes dient ein Vier-
Ebenen-Modell, das im Zusammenhang mit erweiterten Wirtschaft-
lichkeitsbetrachtungen bei der Einführung neuer Kommunikationstechnik entwickelt wurde (Picot/Reichwald, 1987). Bild 8 stellt
den Gesamtzusammenhang zwischen Situationsmerkmalen, Anforderungen
an ein Kommunikationssystem und den möglichen Effekten auf vier
Bewertungsebenen dar. Bild 9 gibt eine Auswahl möglicher kosten-
und leistungswirksamer Indikatoren für die Bewertung auf den
Ebenen 1 bis 3.

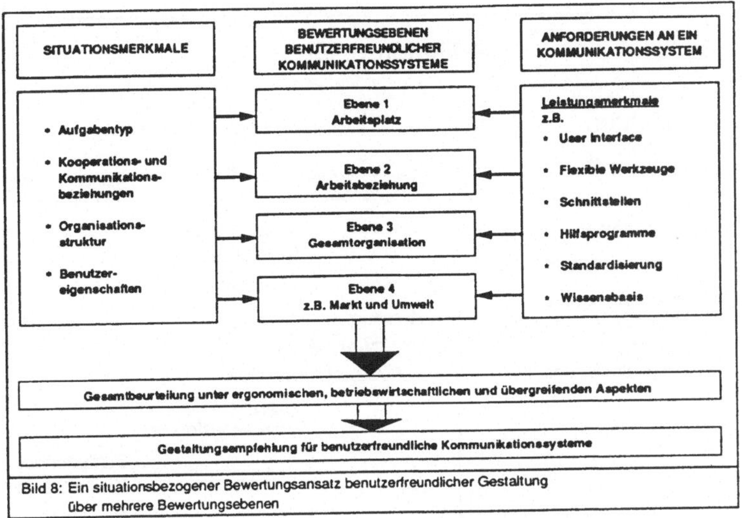

Bild 8: Ein situationsbezogener Bewertungsansatz benutzerfreundlicher Gestaltung über mehrere Bewertungsebenen

Bei der Beurteilung der Benutzerfreundlichkeit aus betriebswirtschaftlicher Sicht ist eine solche Bewertungsprozedur ein weitgehender Vorgang. Über die Bewertung der ergonomischen Kriterien hinaus wird Benutzerfreundlichkeit auf den weiteren Ebenen danach beurteilt, welche Nutzen sich aus der Technikanwendung für den Aufgabenträger und die Organisation einstellen. Bei diesem theoretisch plausiblen mehrstufigen Bewertungsprozeß entstehen allerdings in der praktischen Umsetzung zwei prinzipielle Problemstellungen:

- Die Trennung in monetär quantifizierbare und nicht monetär quantifizierbare Indikatoren ist mit einer gewissen Unschärfe verbunden; ebenso ist eine eindeutig ebenenbezogene Verbindung von Indikatoren und zugehörigen Auswirkungen nur mit Einschränkungen möglich.

- Nicht generell zu entscheiden ist, ob die Bewertung als ein Stufenbewertungsvorgehen pro Ebene sinnvoll ist, oder ob eine Aggregation über alle 4 Ebenen besser ist (vgl. dazu den Bewertungsansatz in den VDI-Richtlinien 5015).

Eine sinnvolle Hilfe zur Lösung dieser Problemstellung bietet eine tiefergehende Detaillierung der Indikatoren. So liegt es beispielsweise nahe, unter Bezug auf die oben angesprochenen industriesoziologischen Überlegungen, den auf Ebene 2 und 3 genannten Indikator "Humansituation" für leistungswirksame Effekte genauer anzusehen. Dabei zeigen sich die in Bild 10 beispielhaft zusammengestellten Humanindikatoren.

	Indikatoren für	
	Kosten-wirksamkeit	**Leistungswirksamkeit** monetär ← nicht monetär quantifizierbar quantifizierbar
Ebene 1	- Sachkosten - Personalkosten - Personalneben-Kosten - anteilige Verwaltungskosten	- Aufgabenerfüllung - Ausführbarkeit - Bedienerführung - Handling - Display-Anzeigen - elektronische Wählhilfe - zusätzliche Informationsfenster - Zufriedenheit - Weiterentwicklung - Erhaltung - Output pro Tätigkeitsart - Tätigkeitsstruktur - Wirkungen auf den Menschen am Arbeitsplatz aus der Technik - Beeinflussung des Rollenverständnisses - Hilfe für Behindertenarbeitsplätze - Arbeitsplatzgestaltung - Nutzen im privatem Bereich
Ebene 2 und Ebene 3	- Kosten eines Gesamtauftrags - Fixe und variable Techniknutzungskosten - Kosten des innerbetrieblichen Transports - Personalkosten - Kostenkonsequenzen von Überwälzungseffekten - Qualifikationskosten - Flexibiltätskosten - Inflexibitätskosten	- Kommunikationsvorgänge (Anzahl und Qualität) - Erreichbarkeit - Durchlaufzeit - Fernwirkungen verbundener Arbeitsplätze - Bearbeitungszeit - Synergieeffekte - Arbeitskapazität - Doppelarbeit - Entscheidungssituation - Flexibiltätsaspekte - Anpassungsfähigkeit - Funktionsstabilität - unternehmensspezifische Nutzen - Branchennutzen - Umgebungsgestaltung - Bearbeitungssicherheit - Humansituation - Einsparungspotentiale

Bild 9: Beispielhafte Indikatoren für Kosten- und Leistungswirksame Effekte auf den Ebenen 1, 2 und 3.

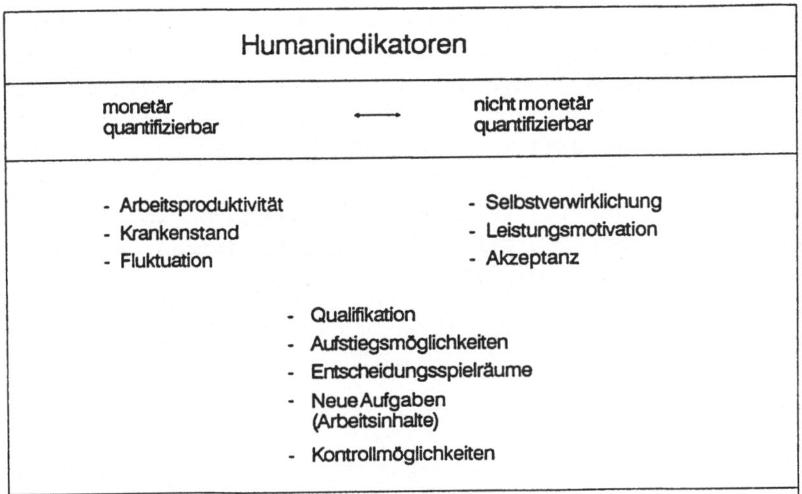

Humanindikatoren

| monetär quantifizierbar | ⟵⟶ | nicht monetär quantifizierbar |

- Arbeitsproduktivität
- Krankenstand
- Fluktuation

- Selbstverwirklichung
- Leistungsmotivation
- Akzeptanz

- Qualifikation
- Aufstiegsmöglichkeiten
- Entscheidungsspielräume
- Neue Aufgaben
  (Arbeitsinhalte)
- Kontrollmöglichkeiten

Bild 10: Humanindikatoren

Eine aussagekräftige Zuordnung der entsprechenden Indikatoren auf die besprochenen Ebenen wird auf diese Weise erleichtert; sie ist aber von dem jeweiligen Anwendungsfall abhängig und damit eine Funktion der vorgefundenen Situation und Organisation.

Aus betriebswirtschaftlicher Sicht sind vor allem die Bewertungsebenen 2 und 3 bedeutsam, wo sich Kriterien der Produktivität und Zeitkriterien auswirken. Die Oberflächengestaltung bietet unter betriebswirtschaftlichen Aspekten einen unzureichenden Bewertungsmaßstab. Eine nicht benutzerfreundliche Oberfläche hat eher kostenwirksame Effekte (vgl. Ebene 1). Für die Leistungswirksamkeit eines Kommunikationssystems sind Systemeigenschaften für die Aufgabenunterstützung von größter Bedeutung. Dieses Ergebnis wird durch einen weiteren Zusammenhang untermauert. Die neuen Kommunikationstechniken bieten über die Systemeigenschaften ein Potential zur Verringerung der Arbeitsteilung. Voraussetzung ist eine breite Informationsversorgung und Vernetzung von Arbeitsplätzen ohne Medienbruch bei sicherem Zugang zu den jeweils benötigten Informationen. Auch die Reduzierung von Prozeßketten und

die Änderung der Arbeitsteilung schaffen neue Möglichkeiten der
Arbeitsstrukturierung im Sinne von ganzheitlicher Aufgabenerfüllung. Derartige neue Formen entsprechen den Benutzerbedürfnissen
auf einer höheren Ebene von Individualinteressen und sie führen zu
mehr betriebswirtschaftlicher Produktivität und Effektivität.

Ergänzend zu den bereits skizzierten Indikatoren können auch or-
ganisationsübergreifende Kriterien und Indikatoren zur Bewertung
herangezogen werden (Ebene 4).

4. Zusammenfassung

Mit dem gedanklichen Modell einer Mehrebenenbetrachtung wird eine
gleichzeitig vollständige und systematische Gesamtbetrachtung wie
auch eine individuell differenzierte Sichtweise auf einzelne Ebenen ermöglicht. Die damit angestrebte Erfassung aller relevanten
ökonomischen Effekte läßt eine unterschiedliche Vorgehensweise in
der betriebswirtschaftlichen Beurteilung der Benutzerfreundlichkeit von Kommunikationssystemen zu. Die Zusammenhänge von Aufgabentypen, Anforderungen und Systemeigenschaften bilden die
Grundlage für die Bewertung von benutzerfreundlichen Kommunikationssystemen.

Literaturverzeichnis:

Becker, M./Tarschisch, H. (Hrsg.): Mikroelektronik. Einsatz für
     innovative Produkte. Zürich 1989.
Beckurts, K.H./Reichwald, R.: Kooperation im Management mit inte-
     grierter Bürotechnik, München 1984.
Beschorner, D./Boelter, M.: Rascher Zugriff - Datenträger und Vi-
     sualisierungssysteme lassen sich systematisch bewerten und
     auswählen, in: Maschinenmarkt, Würzburg 94 (1988) 35, S. 157-
     160.
Beschorner, D./Boelter, M.: Schnell am Ziel - Nutzwert von Daten-
     trägern analysieren und bewerten vereinfacht Systemauswahl,
     in: Maschinenmarkt, Würzburg 94 (1988) 43, S. 102-106.

Dzida, W.: Ergonomische Normen für die Dialoggestaltung, in: Bullinger, H.-J. (Hrsg.): Software-Ergonomie 85, Stuttgart 1985, S. 430-444.

Goeth, F.: Die Einführung der Informationstechnik als Organisationsprozeß, in: Handbuch Verwaltungsmanagement, Stuttgart 1989, E 1.1, S. 1-26.

Grob, R.: Erweiterte Wirtschaftlichkeits- und Nutzenrechnung, Köln 1984.

Klingenberg, G./Kränzle, H.: Kommunikationstechnik und Nutzerverhalten - Die Wahl zwischen Kommunikationsmitteln in Organisationen, München 1983.

Kredel, L.: Wirtschaftlichkeit von Bürokommunikationssystemen. Eine vergleichende Darstellung. Berlin und New York 1988.

Nake, F.: Dialogisieren mit dem Computer - Anmerkungen zu Entwicklung, Begriff und Technik der Dialogsysteme, in: Nullmeier, E./Rödiger, K.-H. (Hrsg.): Dialogsysteme in der Arbeitswelt. Mannheim, Wien und Zürich 1988, S. 16-46.

Niemann, H./Seitzer, D./Schüßler, H.W. (Hrsg.): Mikroelektronik, Information, Gesellschaft. Berlin/Heidelberg/New York/Tokyo 1983.

Nullmeier, E./Rödiger, K.-H. (Hrsg.): Dialogsysteme in der Arbeitswelt. Mannheim, Wien und Zürich 1988.

Picot, A./Reichwald, R.: Bürokommunikation: Leitsätze für den Anwender, 3. Auflage, Hallbergmoos, 1987.

Reichwald, R./Straßburger, F.X.: Innovationspotentiale von ISDN, in: DBW 3/89, S. 337-352.

Reichwald, R./Nippa, M.: Organisationsmodelle für die Büroarbeit beim Einsatz neuer Technologien, in: Institut für angewandte Arbeitswissenschaft e.V. (Hrsg.), Arbeitsgestaltung in Produktion und Verwaltung, Köln 1989, S. 423-443.

Shackel, B.: Human Factors and Usability - Whence and Wither? in: Bullinger, H.-J. (Hrsg.): Software-Ergonomie '85, Stuttgart 1985, S. 13-31.

Sorge, A./ Hartmann, G./ Warner, M./Nicholas, I.: Mikroelektronik und Arbeit in der Industrie. Frankfurt und New York 1982.

Szyperski, N. et al.: Bürosysteme in der Entwicklung, Braunschweig/Wiesbaden 1982.

Traunmüller, R./Fiedler, H./Grimmer, K./Reinermann, H. (Hrsg.): Neue Informationstechnologien und Verwaltung, Berlin/Heidelberg/New York/Tokyo 1984.

Verein Deutscher Ingenieure (Hrsg.): VDI-Richtlinien 5015 Entwurf, Bürokommunikation, Düsseldorf 1987.

Methodisches Gestalten am Beispiel des Bildtelefons

W. Flohrer

1. Einleitung

Gestalten benutzerfreundlicher Kommunikationsgeräte ist ein komplexer
Prozeß; Benutzerfreundlichkeit zu erreichen ist ein wichtiges, jedoch
nicht das einzige Ziel. Vielmehr gibt es eine Reihe von Parametern,
die mehr oder weniger zur Akzeptanz beitragen. Es sind dies:

    a) Der Nutzen für den Anwender
       Hat er ein Nutzungsbedürfnis, oder läßt sich die Einrichtung
       so entwickeln, daß bei ihm eines geweckt wird?

    b) Die Kosten
       Sie drücken sich im Preis, in den Gebühren oder in beidem aus.
       Folgekosten können entstehen, jedoch sind, z.B. durch organi-
       satorische Veränderungen, auch Kostensenkungen denkbar.

    c) Die Handhabbarkeit
       Ein Gerät, das man nicht handhaben kann, wird auch nicht
       genutzt. Benutzerfreundliche Handhabung wird mit zunehmender
       Komplexität der Geräte immer vordringlicher.

    d) Ästhetisches Gefallen
       ist für viele und für vieles ein Kaufargument.

    e) Prestige, Befriedigung eines Spieltrieb
       sind nicht zu unterschätzende Akzeptanzparameter; sie können
       sogar ein wirkliches Nutzungsbedürfnis ersetzen, wenn auch oft
       nur vorübergehend.

Akzeptanz ist vor der Markteinführung eines Produktes nur zum Teil mit
befriedigender Sicherheit feststellbar. Es gibt Parameter, deren
Erfüllungsgrad relativ sicher beurteilt werden kann, wie z.B.
Benutzerfreundlichkeit und ästhetisches Gefallen, und andere, die sich
nur schwer erschließen lassen, wie z.B. der Nutzen und die Kosten.

Das Erreichen von Akzeptanz legt ein methodisches Vorgehen nahe,
gerade weil manche Parameter schon im Entwicklungsstadium mit Hilfe
von simulierenden Einrichtungen ermittelt werden können. Und das Mögliche sollte doch frühzeitig getan werden. Ob und wieweit solche Aussagen dann allerdings auch in unternehmerische Entscheidungen ein-
fließen, steht auf einem anderen Blatt. Leider wird manches
entwickelt, nur weil es technisch realisierbar ist, in der Hoffnung,
Akzeptanz werde sich dann schon einstellen.

Methodisches Gestalten, das am Beispiel des Bildtelefons dargestellt
werden soll, bedeutet:

a) Gestalten für optimale Nutzung
   Das Bildtelefon unterscheidet sich vom Telefon durch die nonverbalen Komponenten der übermittelten Information. Daher muß
   Sorge getragen werden, daß diese in ausreichendem Maße übertragen werden.

b) Benutzerfreundliche Handhabung
   Das Bildtelefon ist (auch) ein Telefon; die Handhabung sollte
   sich daher an "eingebranntem" Verhalten des Benutzers orientieren.

c) Ästhetisches Gestalten
   Hier gilt es, Charakter, Eigenständigkeit zu schaffen, Funktionalität und Übersichtlichkeit auszudrücken und vieles
   andere mehr.

d) Messen und Bewerten
   Benutzerfreundlichkeit läßt sich messen, ästhetisches Gefallen
   abschätzen; Nutzungsuntersuchungen können wenigstens tendenziell Auskunft über vorhandene oder schlummernde Nutzungsbe-
   dürfnisse geben.

In den folgenden Abschnitten werden diese Punkte näher betrachtet.

2. Bildkommunikation - nonverbale Kommunikation

Es spricht vieles für die Bildkommunikation, aber nicht alles; manches
spricht auch dagegen (1). Bild 1 stellt die Argumente gegenüber.

Für Bild

- Nonverbale Kommunikation
  = Mimik, Gestik, Kleidung,
    Statussymbole u.a.

- Überzeugung wird nicht gesagt,
  sondern im Ausdruck dargestellt

- Unterbrechen leichter,
  Abschweifen schwerer

Gegen Bild

- Selbstenthüllung (Rotwerden,
  herumliegende Gegenstände,
  Personen im Raum)

- Benutzer zeigt sich so, wie er
  gesehen werden will, nicht wie
  er ist (das ist unnatürlich)

- Blick auf Gegenstande beliebig
  lang, Blick auf Personen führt
  ggf. zu Betroffenheit

Bild 1: Argumente für und gegen Bildkommunikation

Man kann aus der Gegenüberstellung schließen, daß die gewichtigeren
Argumente wohl für das Bild sprechen; allerdings muß ein Bildtelefon
so gestaltet sein, daß es diesen Anforderungen zwischenmenschlicher
Kommunikation auch gerecht wird.

Bildhafte Darstellungen auf Papier, deren Inhalt sich mit dem Bildtelefon neben dem Bild von Personen übermitteln läßt, haben gegenüber
dem gesprochenen Wort einige Vorteile: Sie können eine Übersicht

bieten und viele Details; sie werden als Ganzes erfaßt und haben einen hohen Erinnerungswert. Jedoch sind sie nicht so eindeutig wie ein gesprochenes Wort, ein Begriff (1).

Das Bildtelefon hat gegenüber dem Fernsehen ein ruhiges, abwechslungsarmes Bild. Es fehlt die Regie, die ein Fernsehgeschehen interessant macht. Man hat es mit einem weitgehend konstanten Bildausschnitt zu tun; die Kamera ruht. Zusammen mit der etwas problematischen Darstellung eines "Nichtschauspielers" kann das zu Langeweile führen.

Tatsächlich zeigten Versuchspersonen vor den ersten Bildtelefonen nach anfänglichem Frohlocken wenig Interesse an ihrem Gegenüber. Nach der Begrüßung blätterten sie bald in ihren Akten und schauten lediglich am Schluß nochmals kurz auf den Partner. Der Grund war leicht einzusehen: Die Elemente nonverbaler Kommuniation wurden offenbar nicht im ausreichendem Maße und teils wohl sogar verfälscht übermittelt. Geschieht dies, dann dient das Bild des Gesprächspartners nur dem Erkennen, ist aber des längeren der Kommunikation nicht dienlich, es stört nur; denn wie der Partner aussieht ist nach kurzer Zeit keine Neuigkeit mehr, also auch keine Information.

Das Bild 2 charakterisiert nonverbale Kommunikation und nennt auch die technischen Parameter, von denen die Übermittlung nonverbaler Elemente abhängt.

NONVERBALE KOMMUNIKATION

Austausch körpersprachlicher Zeichen,
Aussehen, Kleidung, Arbeitsplatz ...

Körpersprache (Haltung, Mimik, Gestik)
hilft Situation zu beurteilen;
Übereinstimmung von Gefragtem und
Ausdruck; Überzeugung.

Blick = Interpunktion (bewusst, unbewusst)
Dominanz, Sympathie, Aufforderung,
Anerkennung, Antipathie, Missbilligung.

Blickkontakt bestätigt, fordert auf,
kann jedoch zu Betroffenheit führen
und ist bei zu langer Dauer lästig.
Nicht möglich: Behinderung des Gespräch.

TECHNISCHE PARAMETER
der nonverbalen Kommunikation

- **Bildgüte:** Auflösung, Bewegungsschärfe
  Farbe, Flimmerfreiheit, Helligkeit, Kontrast,
  Aufstellungsort, Hintergrund, Licht.
  Abhängig von den Aufnahmeverhältnissen
  beim Gesprächspartner (in der Regel
  nichtideal), mit der Tageszeit veränderlich
  und am Wiedergabeort nicht korrigierbar.

- Bildgrösse, Betrachtungsabstand

- Bildausschnitt

- Blickwinkel

- Blickkontakt

Bild 2: Elemente nonverbaler Kommunikation und die technischen
Parameter ihrer Übermittlung.

S. Frey hat untersucht, wie empfindlich das menschliche Auge auf Veränderungen des Ausdrucks reagiert (2). In Bild 3 wird dies eindrucksvoll demonstriert: Einem Gemälde wurde der Kopf abgeschnitten und mit veränderter Neigung wieder aufgesetzt, ohne daß sich sonst etwas an der Mimik verändert hätte. Dieselbe Person, die den Beurteilenden zunächst als "stolz, distanziert, arrogant, selbstsicher, hart, streng, abweisend, steif, kalt und unnahbar" erschien (links), wurde mit veränderter Kopfhaltung plötzlich als "demütig, lieb, traurig, weich, nachdenklich, verträumt, ergeben, gefühlvoll, mütterlich, freundlich und zugewandt" wahrgenommen (rechts).

Bild 3: Dramatische Veränderung des Ausdrucks lediglich
durch veränderte Kopfhaltung (S. Frey (2)).

Die Vermutung liegt nahe, daß sich beim Bildtelefon eine ähnliche
Veränderung des übermittelten Ausdrucks allein durch die Anordnung der
aufnehmenden Kamera ergeben könnte. Das Bild 4 zeigt verschiedene
Anordnungen der Kamera: über dem Bildschirm, in der Mitte vor dem
Bildschirm und darunter.

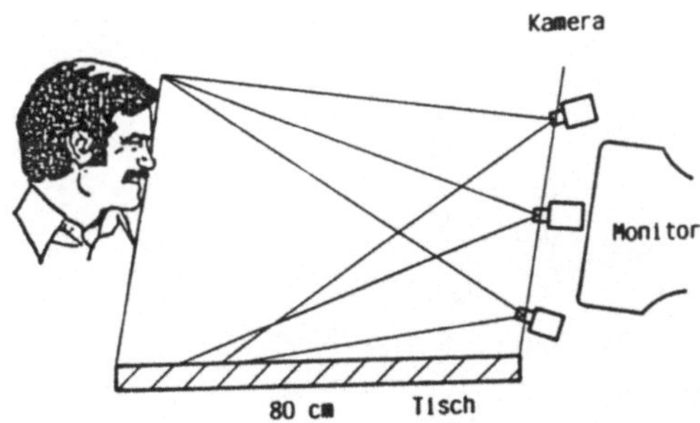

Bild 4: Drei verschieden angeordnete Kameras beim Bildtelefon

Hier spielt nun noch folgende Beobachtung eine ausschlaggebende Rolle:
Der Benutzer eines Bildtelefons agiert in seiner Selbstdarstellung und
in seinen Reaktionen auf das vom Partner Gesagte keineswegs hin zur

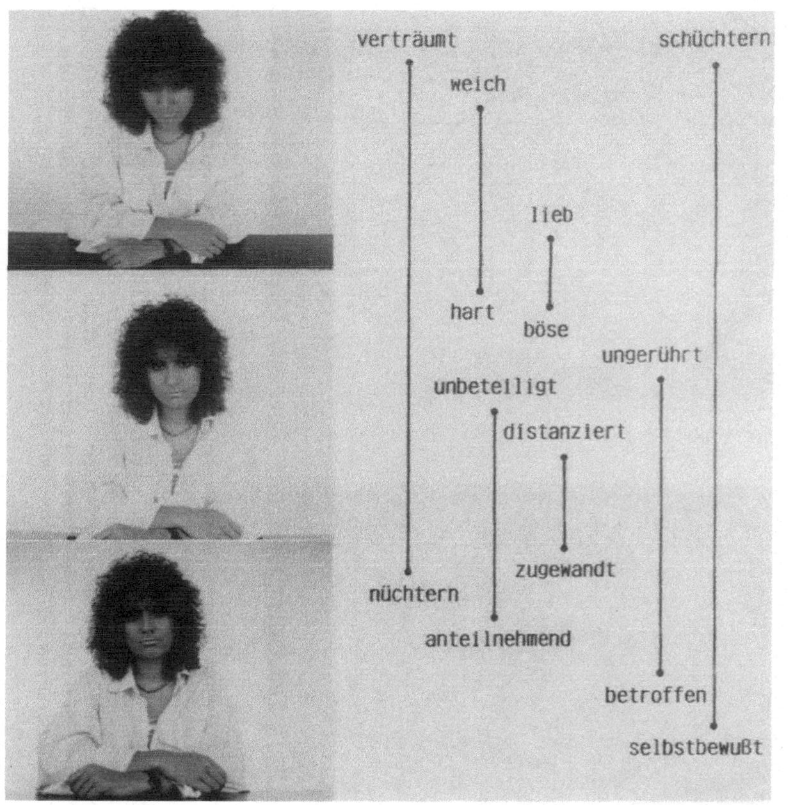

Bild 5: Veränderung des Ausdrucks mit der
        Kameraposition
        (Kamera oben, in der Mitte, unten).

Bild 6: Wie Bild 5, jedoch mit anderem
        Ausdruck.

aufnehmenden Kamera, sondern ausschließlich hin zum Bild des Partners
auf dem Schirm. Sonst könnte er ja dessen Darstellung nicht beobachten
und dessen Reaktionen auf seine eigenen nicht sehen.

Die Bilder 5 und 6 auf der vorangegangenen Seite stellen Unter-
suchungsergebnisse dar: Oben ist jeweils das Bild der oberen Kamera zu
sehen, dann das der mittleren Kamera und schließlich das der unteren
Kamera. Ist der gewollte Ausdruck beispielsweise "nüchtern, anteil-
nehmend und zugewandt" (in der Mitte von Bild 5), so sieht der
Gesprächspartner am anderen Ende der Leitung eine Person, die er als
"verträumt, lieb, traurig, unbeteiligt, distanziert" beurteilt, wenn
die Kamera oberhalb des Bildschirms angeordnet ist (oberes Foto in
Bild 5) oder "neutral, abwägend", wenn sich die Kamera unten befindet.
Auch andere Situationen führen zu ganz ähnlichen Aussagen (Bild 6).

Es zeigt sich ganz deutlich eine Verfälschung des Ausdrucks, also der
übermittelten nonverbalen Elemente, wenn die Person unter einem
Fehlwinkel aufgenommen wurde. In (3) ist dies in einem Diagramm dargestellt. Beispielsweise fühlen sich bei einem Winkel von 10⁰ nur noch
40 % der Versuchspersonen vom Partner angeschaut. Dieser gelegentliche
Blickkontakt ist aber sehr wichtig, worauf schon in Bild 2 hingewiesen
wurde. Er kann z.B. Anteilnahme, Selbstbewußtsein, Zuwendung ausdrücken, aber auch Betroffenheit (3). Fehlender Blickkontakt behindert ein Gespräch.

Die Verfälschung des übermittelten nonverbalen Ausdrucks ist eine
Funktion des erwähnten Fehlwinkels, der oft 12⁰ bis 13⁰ beträgt. Er
wird auch nicht kleiner, wenn die Bildschirmabmessungen geringer
gewählt werden, weil dann der Betrachtungsabstand ebenfalls abnimmt.

3. Gestaltung

3.1 Gestalten für nonverbale Kommunikation

Im Bild 7 rechts ist gezeigt, wie das Problem des Fehlwinkels gelöst
werden kann: Der Benutzer sieht das Bild seines Partners in einem
halbdurchlässigen Spiegel über dem Bildschirm. Dabei blickt er gleichzeitig genau in die Kamera. Das zugrundeliegende Prinzip ist schon
seit längerem bekannt; in (4) finden sich entsprechende Hinweise.

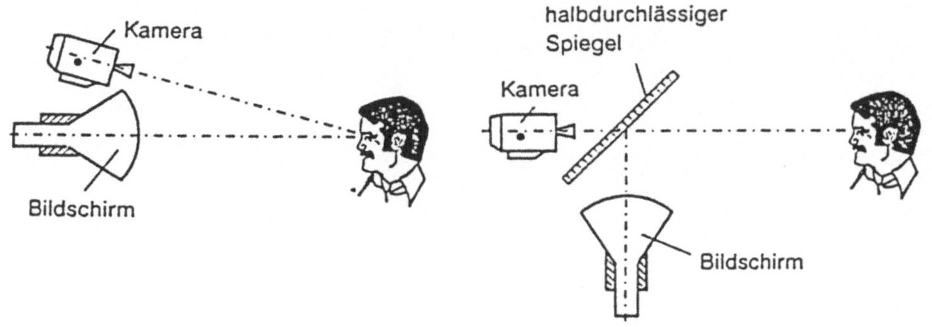

Bild 7: Fehlwinkelfreie Anordnung der Kamera (rechts im Bild)

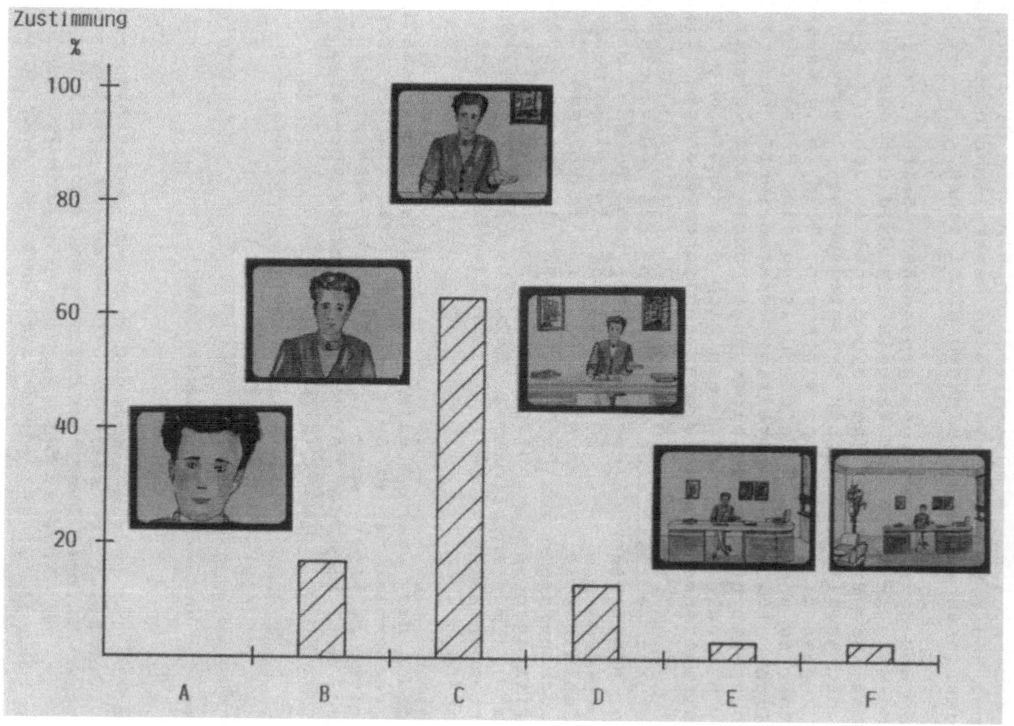

Bild 8 Bewertung des Bildausschnitts beim Bildtelefon

Auch der übertragene Bildausschnitt ist für nonverbale Kommunikation nicht unerheblich. Dies ist aus Bild 8 auf der vorangegangen Seite ersichtlich. Ausschnitt A zeigt allein den Kopf und läßt die Gestik vermissen. Bei einem Porträt (Ausschnitt B) kommt Gestik auch nur gelegentlich ins Bild, obwohl hier schon mehr von der Persönlichkeit zu erkennen ist. C bringt dann die Gestik voll ins Bild, D zeigt noch mehr vom Schreibtisch, wobei hier allerdings die Mimik schon wieder undeutlich wird. E und F schließlich bringen Umgebung ins Bild, jedoch auf Kosten der jetzt stark zurücktretenden, weil auch bei großen Bildschirmen nicht mehr deutlich erkennbaren, Gestik. Die Mimik läßt sich hier überhaupt nicht mehr auflösen.

Erstaunlich war die Reaktion von etwa 30 Versuchspersonen. Sie hatten zwar alle an einem Bildtelefonversuch mit Ausschnitt B teilgenommen, plädierten jedoch trotzdem überwiegend für Auschnitt C. Dieses Votum wird unterstützt von vielen Besuchergruppen, denen die gleiche Fragestellung vorgelegt wurde. Die Höhe der Balken in Bild 8 gibt die Zustimmung an. Ausschnitt A mit der schon verräterischen Mimik wurde überhaupt nicht gewählt, E und F ebenfalls kaum. Manche Versuchspersonen wünschten sich einen Zoom etwa zwischen B und D.
Jedoch kann man einem Gesprächspartner kaum gestatten, in einem fremden Büro "herumzuzoomen". Das müßte man schon bei sich selber tun.

In (5) wurden noch einige andere untersuchte Parameter besprochen.

3.2 Ästhetisches Gestalten

Ästhetisches Gestalten unterliegt vielen Zwängen. Ergonomie geht vor Ästhetik. Man kann auch sagen, beide sollten eine enge Verbindung eingehen. Doch es müssen auch elektronische Baugruppen untergebracht werden, deren Wärme muß abgeführt werden, und Konstrukteure haben ihre eigenen Ansichten über das, was fertigungsgerecht heißt. Daß dem Designer trotzdem Ansprechendes gelingt, grenzt manchmal an ein Wunder.

Die Bilder 9 bis 12 zeigen gestalterische Lösungen.

Bild 9 zunächst ein Standmodell des Bildtelefons, bei dem die Bildröhre im Korpus untergebracht ist und das den Schreibtisch nicht belastet, weil es daneben aufgestellt werden kann. Man sieht recht gut das Bild des Gesprächspartners, das in einem Tubus erscheint, in dunkler Umgebung (eine sehr wichtige Forderung). Der in die Säule eingebaute Lautsprecher strahlt direkt auf den Betrachter.

In Bild 10 ist die Bildröhre in einen Beistelltisch zum Schreibtisch eingelassen. Im Ruhezustand kann die Einheit Spiegel/Kamera herabgefahren werden. Spiegel und Bildschirm sind so vor Staubablagerung geschützt, und das Bildtelefon trägt nicht mehr auf als nötig.

Bild 11 zeigt schließlich ein Auftischgerät. Im Gegensatz zu den bisherigen Lösungen, die dem in Bild 7 gezeigten Prinzip folgen, ist die Bildröhre hier hinter dem halbdurchlässigen Spiegel angeordnet; die Kamera liegt, nochmals umgelenkt, darunter und schaut aus der Mitte des halbdurchlässigen Spiegels auf den Betrachter. Im Sockel befindet sich auch der Lautsprecher der Freisprecheinrichtung.

Eine Bildtelefonzelle für den öffentlichen Zugang ist in Bild 12 zu sehen. Man kann sie sich in beobachteter Umgebung, z.B. in Postämtern und anderen öffentlichen Gebäuden, vorstellen.

Bild 9: Standmodell eines Bildtelefons, neben dem Schreibtisch
aufgestellt.

Bild 10: In einen Bei-
stelltisch zum Schreib-
tisch eingebautes Bild-
telefon.

Bild 11: Bildtelefon
als Auftischgerät

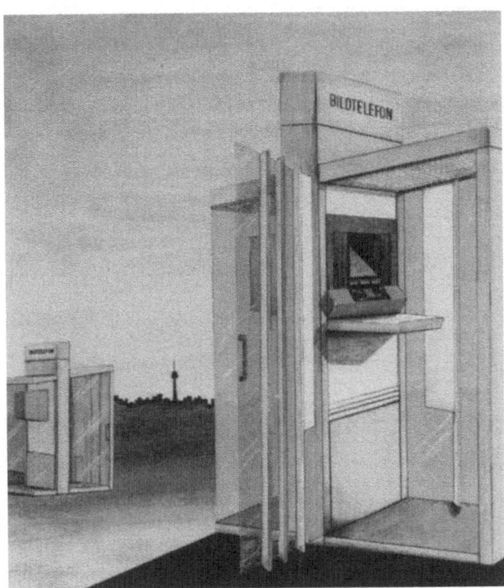

Bild 12:
öffentliches Bildtelefon

3.3 Benutzerfreundliche Handhabung

Die Handhabung des Bildtelefons muß sich an den Prinzipien des "human factors engineering", also an den Belangen des Benutzers orientieren. Das bedeutet, sie soll von Prozeduren Gebrauch machen, die beim Benutzer vom Telefon her bekannt sind, und darüber hinaus mit möglichst wenig zusätzlichen Tasten auskommen. Diese können eingeschränkt mit Symbolen belegt sein. In (5) ist ein solches Handhabungskonzept schon beschrieben worden.

Besonderer Anstrengung bedarf die Handhabung bei öffentlich zugänglichen Bildtelefonen, weil dort die Benutzer nicht mittels Betriebsanleitung eingestimmt werden können. Sie müssen also vom Gerät so geführt werden, daß sie es in angemessen kurzer Zeit und mit wenig Fehlern benutzen können.

4. Messen und Bewerten

Wie eingangs ausgeführt, gehört zum methodischen Gestalten auch das Feststellen des Erreichten. Die Methodik solcher Untersuchungen ist inzwischen weiter entwickelt als allgemein bekannt sein dürfte. Sie erlaubt es, wenigstens einige wesentliche Akzeptanzparameter in den Griff zu bekommen. Ihr Manko ist lediglich, daß von ihr noch viel zu wenig Gebrauch gemacht wird. Es muß sich jedoch die Erkenntnis durchsetzen, daß ohne Einbeziehung des Benutzers in den Entwicklungsprozeß keine optimalen Lösungen zu erwarten sind.

4.1 Abschätzen des zu erwartenden Nutzens

In einem Nutzungstest sollten 36 Versuchspersonen, nachdem sie sich mit der Handhabung des Bildtelefons vertraut gemacht hatten, jeweils paarweise, also an zwei Geräten, drei verschiedene Aufgaben aus dem Büroalltag lösen, wie in (5) schon ausführlich dargestellt wurde. Das Ergebnis zeigt Bild 13.

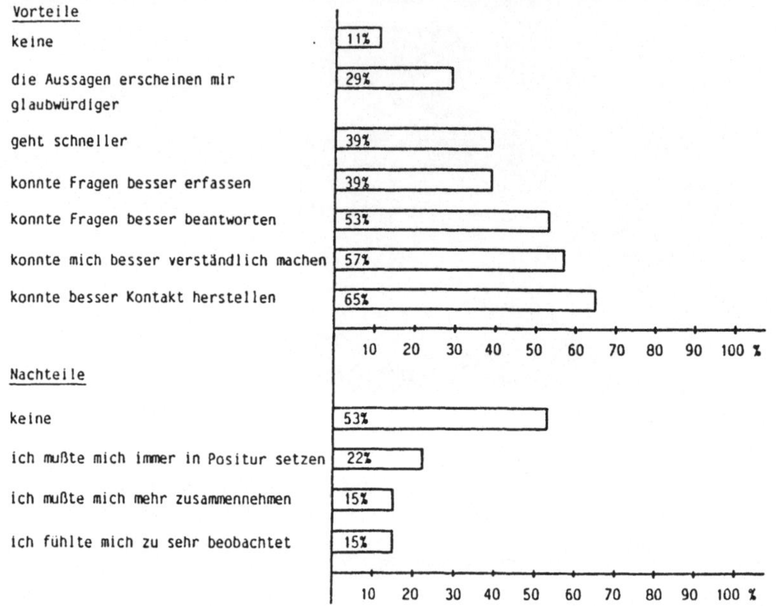

Bild 13: Vor- und Nachteile des Bildtelefons aus der Sicht des Benutzers.

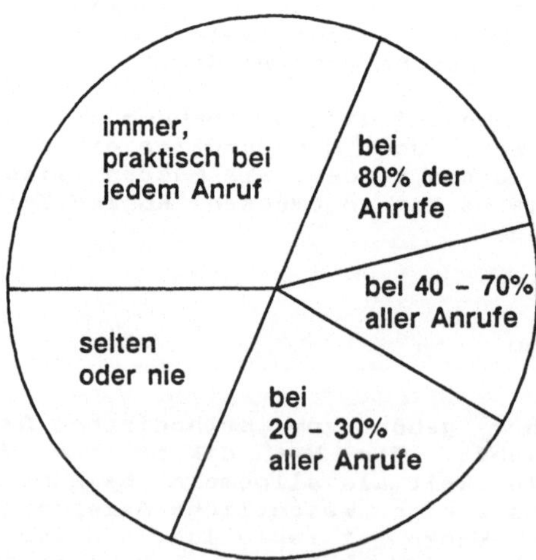

Bild 14: Häufigkeit der Benutzung

Die in einer realen Versuchssituation Befragten - sie hatten immerhin
an drei verschiedenen Tagen einige Zeit mit dem Bildtelefon gearbeitet
- konnten nach ihrer Aussage beispielsweise Fragen besser erfassen und
beantworten, leichter Kontakt herstellen, schneller zum Ziel kommen.
Nur etwa jeder Zehnte sah keinerlei Vorteile im Bildtelefon.

Damit einher geht auch die Frage nach der Häufigkeit der Benutzung.
Ein Drittel der Versuchspersonen möchte das Bildtelefon, wenn möglich,
bei jedem Anruf anstelle des Telefons nutzen, die anderen so, wie es
das Bild 14 zeigt. Dessen ungeachtet sind drei Viertel der Befragten
der Meinung, daß das Bildtelefon ein persönliches Gespräch zwar in
vielen Fällen, aber nicht in allen Fällen ersetzen kann.

Nutzungsaspekte des Bildtelefons sind neben anderen auch von K.
Fischer in (6) ausführlich dargestellt worden.

4.2 Messen und Bewerten der Benutzerfreundlichkeit

Benutzerfreundlichkeit ist eine Komponente der Akzeptanz. Sie ist das
Ergebnis der Bemühungen, die technischen Parameter eines Gerätes,
einer Einrichtung, an diejenigen des Menschen, die "human factors",
anzupassen. Sie ist somit eine Geräteeigenschaft, so wie beispielsweise Zuverlässigkeit auch. Eine Gerät ist benutzerfreundlich, wenn es
sich in angemessen kurzer Zeit und mit wenig Fehlern handhaben läßt
und wenn dies zügig erlernt werden kann.

Nach einem in (7) beschriebenen Verfahren wird in einem Benutzertest
mit mindestens 25 Versuchspersonen in mehreren Durchgängen die
Lernkurve für die Benutzungsdauer t_B des Gerätes ermittelt und seine
Fehlerrate, also die durchschnittliche Anzahl von Handhabungsfehlern
pro Versuch und Person. Bild 15 zeigt als Beispiel das Ergebnis für
ein öffentliches Bildtelefon.

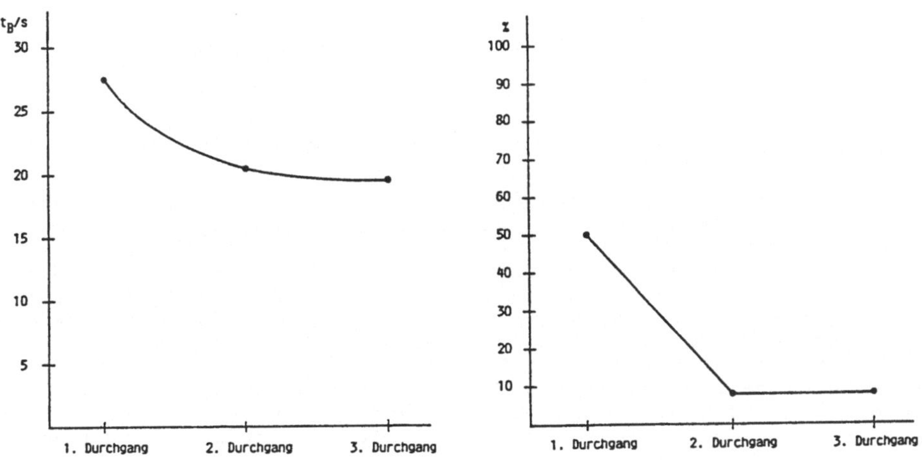

Bild 15: Lernkurven für die Benutzungsdauer und die Fehlerrate
bei einem öffentlichen Bildtelefon

Die Lernkurve der Benutzungsdauer folgt einem typischen Verlauf (7);
positiv ist, daß der Lernvorgang schon nach dreimaliger Benutzung abgeschlossen ist. Die Handhabung kann also zügig erlernt werden. Auch
die Fehlerrate sinkt in typischer Weise: Anfangs macht jede zweite
Versuchsperson noch einen Fehler; im zweiten Durchgang ist hier schon
der stationäre Endzustand erreicht, in dem im allgemeinen die
Fehlerrate um 5 % schwankt - Flüchtigkeitsfehler, die immer wieder
vorkommen, die jedoch keine gerätespezifischen Mängel anzeigen.

Dieser Benutzertest charakterisiert ein Gerät, das von der Handhabbarkeit her durchentwickelt ist und dessen Benutzerfreundlichkeit als
sehr gut bezeichnet werden kann. Dies ist natürlich den Kurven so ohne
weiteres nicht anzusehen. Es bedarf des Vergleichs mit Ergebnissen
aus Benutzertests für viele andere Geräte. Das Verfahren zur vergleichenden Bewertung ist in (8) beschrieben. Die daraus resultierende
Maßzahl rechtfertigt die hier gegebene Einstufung. Benutzerfreundlichkeit läßt sich also objektiv messen und vergleichen.

Die positive Aussage zur Handhabung des öffentlichen Bildtelefons
wird untermauert durch eine Befragung, die in der Regel nach einem Benutzertest mit den Versuchspersonen durchgeführt wird. Eine der dabei
erhobenen Fragen lautete: An welcher Stelle der Handhabung fühlten Sie
sich hilflos? Die Antworten sind im Diagramm Bild 16 aufgetragen:

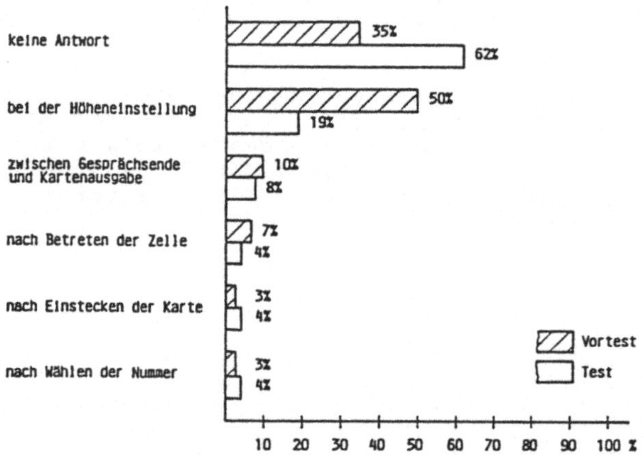

Bild 16: Ergänzende Beurteilung der Handhabung beim öffentlichen Bildtelefon durch Befragen.

Bei dem Gerät, das nach einem Vortest (schraffierte Balken) verbessert
wurde, hatten 62% der Versuchspersonen keine Probleme mehr mit der
Handhabung (weiße Balken). Andere fühlten sich zwar vorübergehend un-
sicher, jedoch nur beim ersten der drei Versuchsdurchgänge. Alle haben
die Aufgabenstellung erfüllt. Dieses Befragungsergebnis stützt die
guten Ergebnisse der objektiven Messungen und schlüsselt sie auf.
Solch ein Ergebnis des Benutzertests läßt den Schluß zu, daß die hier
als Beispiel betrachteten öffentlichen Bildtelefone von der Handhabung
her keine Schwierigkeiten aufwerfen würden.
Dies kann natürlich nur ausgesagt werden, wenn Gestaltungsmaßnahmen
tatsächlich an dem "Prüfstein" Benutzertest gemessen worden sind.
Urteile von Experten allein oder schnell inszenierte Befragungen
können Benutzertests mit Versuchspersonen nicht ersetzen.

4.3 Beurteilen des ästhetischen Gehalts

Ob ein Gerät ästhetisch ansprechend gestaltet ist, hängt von einer ganzen Reihe von Faktoren ab: Form, Farbe und Struktur der Oberfläche spielen eine Rolle, aber auch die durch wiederholte Anwendung bestimmter Proportionen bei seinen Elementen erreichte Harmonie, seine visuelle Stabilität, Eleganz oder Plumpheit und ein gewisses Maß an Ordnung. Überdies verändert sich das ästhetische Empfinden mit der Zeit. Trotz verschiedenen Geschmacks gibt es aber offenbar gewisse Merkmale, die tendenziell einheitlich gesehen werden, manche davon sogar relativ unabhängig von der Zeit.

Das aus der Psychologie bekannte Verfahren des semantischen Differentials beruht auf Gegensatzpaaren in Gestalt von Adjektiven, wie z.B.

    unausgewogen - harmonisch
    plump   - leicht
    hart   - weich

und viele andere mehr.

Durch Befragen wird jeweils die graduelle Zustimmung zu einem der beiden Wörter festgestellt. Über eine statistische Faktorenanalyse schälen sich dann Gruppen von Merkmalen (Gegensatzpaare) heraus, die mit einem geeigneten Namen belegt als Faktoren bezeichnet werden. Deren Gewicht kennzeichnet das Ergebnis.

In dem Diagramm Bild 17 sind zwei für die vorliegende Fragestellung ermittelte Faktoren aufgespannt: Gefälligkeit und Übersichtlichkeit. Es wird angenommen, daß diese das ästhetische Gefallen repräsentieren.

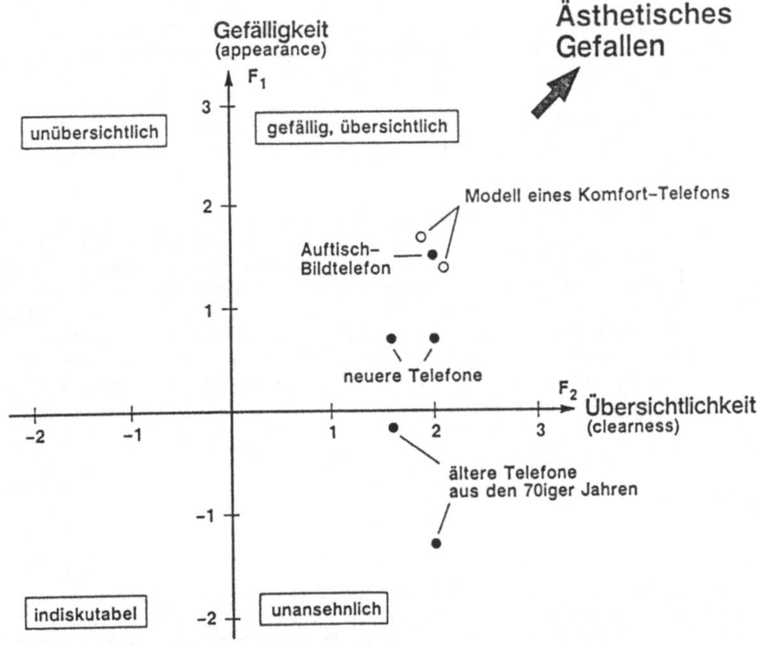

Bild 17: Ästhetisches Gefallen

Der ästhetische Eindruck nimmt in Bild 17 diagonal in Richtung des Pfeiles zu. Geräte sind als Punkte repräsentiert: Unten zwei alte Telefone aus den 70iger Jahren, über die der Zeitgeist schon hinweggegangen ist. Dann zwei neuere Telefone und schließlich eines der in diesem Beitrag vorgestellten Geräte, nämlich das Auftisch-Bildtelefon (Bild 10). Dazu noch ein modernes Komforttelefon.

Soweit das Verfahren schon erprobt ist, führt es zu Ergebnissen, mit denen sich auch ein Experte identifizieren kann. Jedoch ist es gerade die Absicht, Aussagen zur Ästhetik zu "objektivieren", unabhängig zu machen von der subjektiven Meinung eines zuständigen Experten. Diesem freilich obliegt es nach wie vor, Designtrends vorwegzunehmen, heute etwas zu gestalten, was in zwei oder drei Jahren gefällt. Und hier liegt auch die Problematik des Verfahrens. Was ist, wenn das solcherart befragte Publikum den Gedanken des Designers noch nicht folgt? Wir hatten dieses Problem zwar nicht, aber auszuschließen ist das auch nicht. Es scheint jedoch so zumindest eine tendenzielle Beurteilung möglich zu sein, so daß ein weiterer Akzeptanzparameter mit einer gewissen Wahrscheinlichkeit richtig abgeschätzt werden kann.

4.4 Beurteilung der fehlwinkelfreien Lösung

Die fehlwinkelfreie Lösung ist in Abschnitt 2 an Hand der Fotos (Bilder 5 und 6) schon ausführlich diskutiert worden. Insoweit sind die Vorteile für die nonverbale Kommunikation eindeutig. Doch wie sieht das Ergebnis unter realen Einsatzbedingungen aus?

In einer Studie mit 162 Mitarbeitern, davon 46% aus dem leitenden Bereich, stellte sich das Problem fast noch gravierender dar:

>   93% der Beteiligten fanden den bei einer fehlwinkelfreien Lösung möglichen, gelegentlichen Blickkontakt mit dem Partner sehr wichtig;

>   77% beurteilten demgegenüber im direkten Vergleich ein mit Fehlwinkel aufgenommenes Bild des Partners als unbefriedigend.

Es muß also damit gerechnet werden, daß die optimale Übermittlung nonverbaler Komponenten einen erheblichen Akzeptanzbeitrag leistet. Dies verwundert eigentlich nicht; denn es ist bekannt, daß ein Kameramann beim Film oder Fernsehen mit Bedacht seine Kameraposition wählt, um Aussagen der handelnden Personen damit in ganz bestimmter Weise wirken zu lassen. Auch ein Moderator beim Fernsehen sucht immer wieder die (durch ein rotes Licht gekennzeichnete) Kamera, die gerade auf Sendung ist, weil er weiß, daß er so sein Publikum im Wohnzimmer am besten persönlich ansprechen kann.

5. Schlußbemerkung

Methodisches Gestalten der Schnittstelle Mensch-Maschine, das neben der technischen Entwicklung notwendig ist, umfaßt die Nutzungsaspekte, bei dem hier als Beispiel gewählten Bildtelefon an erster Stelle die mit nonverbaler Kommunikation im Zusammenhang stehenden Fragen, zweitens die Ergonomie des Gerätes, also alle Aspekte der Anordnung von Kamera und Bildschirm sowie die Handhabung, drittens die ästhetische Gestaltung. Von nicht zu unterschätzender Bedeutung ist als vierter Schritt die Beurteilung, das Messen und Bewerten der Resultate, unter Hinzuziehung von Benutzern.

Nach den vorliegenden Erkenntnissen kann das Bildtelefon mit Akzeptanz rechnen, wenn es richtig gestaltet wird, wenn eine Mindestübertragungsqualität des Bildes gewährleistet wird und wenn es gelingt, die Kosten in den Griff zu bekommen, was eine Massenanwendung fördert. Man braucht ja für Bildgespräche Partner, die sich auch ein Gerät leisten können.

Literatur

(1) Becker, V. und Weichert, P.: Das Bildtelefon für den privaten Nutzer - theoretische Erarbeitung der Bedingungen und die Umsetzung in praktische Entwurfsarbeit. Diplomarbeit an der Hochschule für Bildende Künste, Braunschweig, Institut für Visualisierungsforschung. Prof. van den Boom, April 1987.

(2) S. Frey: Nonverbale Kommunikation, Broschüre der SEL-Stiftung für technische und wirtschaftliche Kommunikationsforschung. 2. Aufl. 1984, Standard Elektrik Lorenz AG Stuttgart, Lorenzstr. 10, 7000 Stuttgart 40. Abtl. ZT/STG.

(3) W. Flohrer und H.-J. Mosel: Vom Telefon zum multifunktionalen Bildtelefon. Informationstechnik it 31 (1989) 3, R. Oldenbourg Verlag München.

(4) B. Kellner, L. Mühlbach, A. Prussog, G. Romahn: Bildtelefon mit Blickkontakt? Technische Möglichkeiten und empirische Untersuchungen. NTZ Bd. 38 (1985) H. 10, S. 698 - 703.

(5) W. Flohrer: Benutzergesichtspunkte des Bildtelefons, ITG-Fachtagung Nutzen und Technik von Kommunikationsendgeräten, Sept. 88 in Bad Nauheim. ITG-Fachbericht Nr. 101, S. 393 - 407. VDE-Verlag Offenbach.

(6) K. Fischer: Bildkommunikation, 1987, Springer-Verlag Berlin....

(7) W. Flohrer: Learning in Man-Machine Interaction. Proceedings of the 11th International Symposium on Human Factors in Telecommunications, Sept. 85 in Cesson Sevigne, France.

(8) W. Flohrer: Human Factors - Design of Usability. Proceedings of the CompEuro Congress, May 89 in Hamburg. IEEE Catalog No. 89 CH 2704-5, p. 2-108...2-113.

Verfahren zum Messen und Bewerten der Benutzerfreundlichkeit

C. Benz

1. Einleitung

Neben Funktionalität und Preis bestimmen in zunehmenden Maße Benutzerfreundlichkeit und Akzeptanz den Markterfolg von Kommunikationsendgeräten. Bei der Gestaltung von Produkten müssen daher verstärkt ergonomische Ziele berücksichtigt werden.

Die Ergonomie verfolgt prinzipiell zwei Hauptziele. Ein Produkt soll ein wirtschaftliches Arbeiten ermöglichen, d.h. das Bedienen des Produktes soll leicht erlernbar sein. Nach der Lernphase soll es einfach zu bedienen sein. Das Produkt muß die Funktionen zur Verfügung stellen, die ein effizientes Erledigen der Arbeitsaufgabe ermöglicht. Gleichwertig zu dem wirtschaftlichen Ziel ist das humane Ziel zu sehen. Die Information soll ohne Anstrengung und möglichst frei von Störeinflüssen aufgenommen werden können. Die erforderliche Konzentration und Gedächnisbelastung sollte gering sein. Der Benutzer sollte keine Angst vor Fehlbedienung haben. Insgesamt sollte das Arbeiten "Spaß machen" (Bild 1).

Markterfolg	Ziele ergonomischer Gestaltung
- Funktionalität	- Bestmögliche Arbeitsergebnisse (wirtschaftliches Ziel)
- Preis	- Zufriedene Mitarbeiter (humanes Ziel)
- Benutzerfreundlichkeit	

Bild 1: Markterfolg und ergonomische Gestaltung

In wieweit diese Ziele im Laufe des Entwicklungsprozesses tatsächlich erfüllt werden, muß im Rahmen der Qualittätssicherung überprüft werden.

2. Voraussetzungen ergonomischer Bewertung

Die ergonomische Qualität eines Gerätes kann nicht absolut beurteilt werden. Sie hängt von verschiedenen Faktoren ab, die bekannt sein müssen und dann als Basis der Bewertung dienen (Bild 2).

Ermittlung und Beschreibung

- Aufgaben

- Benutzergruppen

- Umgebungsbedinungen

Bild 2: Voraussetzungen für ergonomische Bewertung

Die Aufgaben, die mit Hilfe des zu beurteilenden Produkts erfüllt werden, bestimmen dessen Zweck und müssen als erstes festgestellt werden. Von gleichem Gewicht ist die Kenntniss der späteren Benutzergruppen. Vorerfahrungen mit ähnlichen Produkten, Häufigkeit der späteren Benutzung, mögliche Einführungen und Schulungen müssen bekannt sein, um ein Produkt richtig beurteilen zu können.
Die Umgebungsbedingungen können die ergonomische Qualität eines Produktes erheblich beeinflussen. Sehr helle oder sehr dunkle Umgebungshelligkeiten können z.B. die Lesbarkeit einer Anzeige deutlich verschlechtern. Die Prüfung der ergonomischen Qualität muß daher für die Umgebungsbedingungen erfolgen in welchen das Produkt später eingesetzt wird.

3. Objekte ergonomischer Bewertung

Die Benutzerfreundlichkeit eines modernen Kommunikationsgerätes hängt sowohl von dessen Hardwareeigenschaften als auch von dessen Softwareeigenschaften ab (Bild 3).

Hardware	Software
- Eingabegeräte	- Funktionalität
- Anzeigegeräte	- Eingabe / Ausgabe
- Systeme	- Dialogabläufe

Bild 3: Objekte ergonomischer Bewertung

Auf der Hardwareseite sind dies die Eigenschaften der Eingabegeräte wie z.B. Tastaturen oder Schalter. Hier muß vor allem geprüft werden, ob die Eingabemittel griffgünstig angeordnet und leicht zu betätigen sind. Bei den Anzeigegeräten muß die Lesbarkeit der Information bei realistischen Ableseentfernungen und Umgebungsbedingungen überprüft werden. Bei größeren Systemen wie z.B. Überwachungspulten ist die richtige Anordung der einzelnen Komponenten zueinander zu kontrollieren.

Ein Hauptfaktor der ergonomischen Qualität der Software ist die Funktionalität. Dem Benutzer müssen die Funktionen zur Verfügung gestellt werden, die er zu einer effizienten Aufgabenerledigung braucht. Die Art und Weise wie ein Benutzer Information in ein technisches System eingibt, bzw. wie es technische Informationen an den Benutzer zurückmeldet, wird häufig mit einer Sprache verglichen. Bei der "Eingabesprache" muß vor allem geprüft werden, ob versehentlich falsche Eingaben nicht zu schwerwiegenden Konsequenzen führen können und leicht wieder rückgängig gemacht werden können. Bei der "Ausgabesprache" müssen das Bildschirmlayout, die Sinnfälligkeit der verwendeten Begriffe und Symbole sowie die für einen Arbeitsschritt jeweils richtige Menge an Information kontrolliert werden. Die Navigation durch ein Informationssystem kann für einen ungeübten Benutzer sehr kompliziert sein. Abhängig von der Benutzergruppe muß geprüft werden, ob die späteren Benutzer sich in dem System noch zurechtfinden können.

4. Methoden und Verfahren zum Bewerten der ergonomischen Qualität

Wie im Kapitel 3 gezeigt, hängt die ergonomische Qualität von einer Vielzahl von Produkteigenschaften ab. Als Folge davon müssen in der ergonomischen Qualitätssicherung zahlreiche Faktoren überprüft werden. Dafür bieten sich grundsätzlich 2 Methoden an (Bild 4).

Bewertungsmethoden

o   Strukturierte Bewertung
    (Review durch Expertenteam)

o   Benutzertest
    (Laborexperimente, Feldstudien)

Bild 4: Methoden ergonomischer Bewertung

Ein Team von Experten überprüft schrittweise das entstehende Produkt in den einzelnen Entwicklungsphasen. Das Produkt ist dabei meist auf Papier dokumentiert. Durch das Aufkommen von Simulation- und Prototypingwerkzeugen werden die Papierdokumentationen zunehmend ergänzt durch Simulation von

Teilen der Benutzeroberflächen. Damit lassen sich vor allem dynamische Aspekte anschaulicher darstellen. Die Experten stützen ihr Urteil auf Erfahrungen und auf Gestaltungsregeln- und -prinzipien, die in der Fachliteratur angegeben werden.

Eine zweite Möglichkeit der Überprüfung besteht darin, künftige Benutzer mit einem Prototypen des Produktes typische Arbeitsaufgaben durchführen zu lassen und dabei objektive Daten (z.B. Zeit und Fehler) und subjektive Daten (z.B. Benutzermeinungen) zu erfassen. Diese Untersuchungen können sowohl im Labor als auch im Feld durchgeführt werden. Labortests haben den Vorteil, daß sich die Untersuchungsparameter und Umgebungsbedingungen genau definieren lassen und damit der Geltungsbereich der Ergebnisse genau bekannt ist. Nachteilig ist, daß bis zu einem gewissen Grad eine künstliche Arbeitsatmosphäre herrscht. Bei Feldexperimenten sind weitgehend Praxisbedingungen gegeben. Die vielfältigen Einflußfaktoren erschweren aber oft die Interpretation der Ergebnisse.

Die Siemens AG hat in Erlangen Ergonomie - Labors eingerichtet, in denen Arbeitssituationen realitätsnah simuliert und einfach verändert werden können. In Bild 5 ist das Labor für visuelle Ergonomie, in Bild 6 das Labor für Mensch-Rechner-Kommunikation dargestellt. Feldversuche werden bei Kunden und in den Büros der Siemens AG durchgeführt.

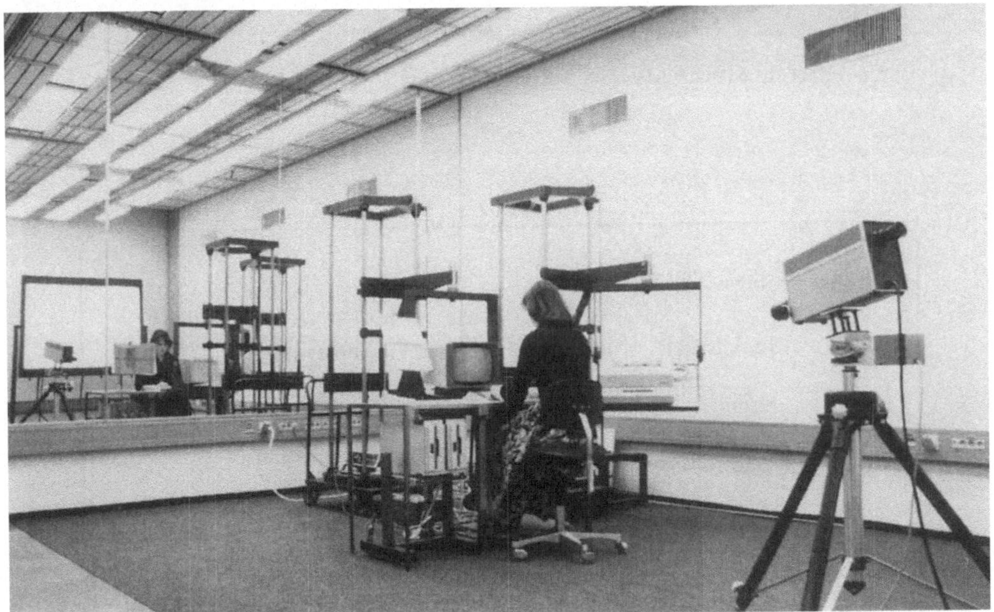

Bild 5: Labor für visuelle Ergonomie

Es gibt zahlreiche Verfahren mit denen die Beurteilung der ergonomischen Produktqualität durchgeführt werden kann. Sie sind in Bild 7 dargestellt.

Bild 6: Labor für Mensch - Rechner - Kommunikation

Bewertungsverfahren

- Checklisten (Basis: gesicherte ergonomische Erkenntnisse)

- Leistungsmessungen (z.B. Zeit, Fehler)

- Physiologische Messungen (z.B. Pulsfrequenz)

- Psychometrische Bewertungen (z.B. Akzeptanzschätzungen)

- Verhaltensbeobachtungen (z.B. Videoanalysen)

- Benutzermeinungen (z.B.Interviews)

Bild 7: Verfahren ergonomischer Bewertung

Die Verfahren werden meist kombiniert eingesetzt um eine möglichst umfassende Bewertung zu erhalten.

5. Beispiel Benutzertest an Tastaturen

Im Folgenden wird auszugsweise über einen Benutzertest im Rahmen einer Tastaturentwicklung berichtet der im Physiologie - Labor der Siemens AG (Bild 8) durchgefürt wurden.

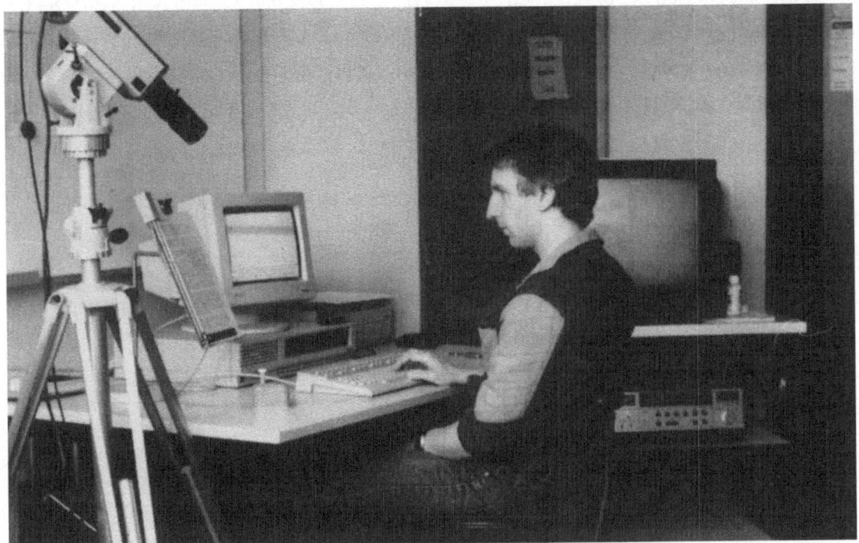

Bild 8: Physiologie - Labor

Die Fagestellung um die es dabei ging ist in Bild 9 dargestellt.

Situation

Ablösung mechanischer Tasten durch Gummimatten-Tastaturen

Fragen

- Welcher Kraft / Weg - Verlauf ist der beste?

- Wie werden Gummimatten-Tastaturen im Vergleich zu mechanischen Tastaturen bewertet

Bild 9: Benutzertest Tastaturen

Auch klassische Arbeitsmittel wie Tastaturen werden durch die Entwicklung der Technologien verändert. Im vorliegendem Beispiel sollten mechanische Tastaturen durch Gummimatten - Tastaturen abgelöst werden. Vor der Einführung dieser Technologie sollte geklärt werden, welche Gummimatte, gekennzeichnet durch ihren Kraft/Weg - Verlauf, aus Benutzersicht am besten ist und wie Gummimatten im Vergleich zu mechanischen Tastaturen bewertet wurden. Eingesetzt wurden folgende Verfahren: Leistungsmessungen, physiologische Messungen, Videoanalysen und psychometrische Bewertungen. In Bild 10 ist ein Auszug aus den Ergebissen der psychometrische Akzeptanzschätzungen wiedergegeben. Die Ergebnisse sind unterteilt nach den Hauptbenutzergruppen 10-Finger- und 2-Finger-Schreiber. Wie man sieht, wird die bessere Gummimattentastatur (C) genauso gut bewertet wie die mechanische Tastatur (A) und besser als die Mitbewerbertastatur (D).

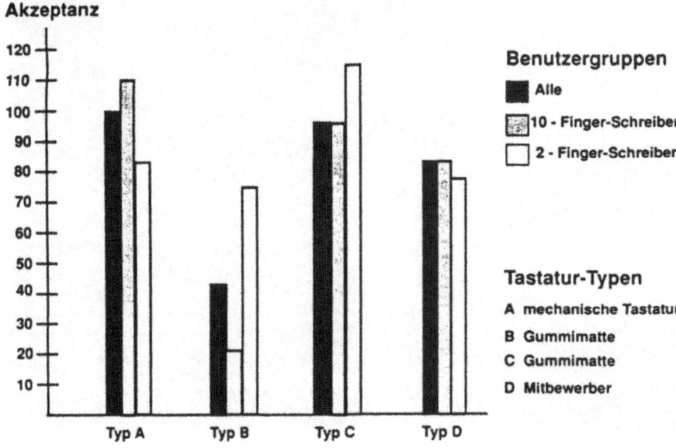

Bild 10: Ergebnis Labortest

6. Beispiel: Strukturierte Bewertung eines Stellenformationssystems

Als zweites Beispiel wird ein Ausschnitt aus einer strukturierten Bewertung eines Stelleninformationssystems beschrieben. Dieses System wurde von Siemens für die Bundesanstalt für Arbeit entwickelt. Die für eine ergonomische Beurteilung wichtigen Ausgangsinformationen sind in Bild 11 zusammengefasst.

Aufgabe:	Information über Stellenangebote
Benutzergruppe:	Stellensuchende
Umgebungsbedingungen:	Büroumgebung

Bild 11: Strukturierte Bewertung: Stelleninformationssystem

Die Aufgaben, die die Benutzer mit Hilfe des Stelleninformationssystems lösen müssen besteht darin, die Stellenangebote zu finden, die den Stellensuchenden interessieren. Benutzer des Systems können sehr unterschiedliche Personengruppen sein. Sie reichen von Stellensuchenden ohne Berufsausbildung und ohne Rechnererfahrung, bis zu Benutzern mit Hochschulausbildung und intensiven Umgang mit Rechnern. Die Umgebung in der das System eingesetzt wird entspricht Büroverhältnissen.

Bild 12 zeigt eine Informationsseite wie sie von den Entwicklern entworfen wurde.

Bild 12: Strukturierte Bewertung: Stelleninformationssystem

Eine genaue Analyse der Darstellung ergibt, daß hier gegen folgende ergonomische Gestaltungsprinzipien verstoßen wurde: "Inhaltlich zusammengehörige Informationen sollen zu Gruppen zusammengefaßt werden".

Im vorliegenden Fall gibt es 4 Kategorien von Informationen:

o Die Beschreibung der angebotenen Stelle

o Die Anforderungen an den Bewerber

o Die Beschreibung der Anbieterfirma

o Die Kontaktperson

Informationen dieser 4 Kategorien sind im Entwicklerentwurf gemischt dargeboten. Ein zweites Gestaltungsprinzip, das mit dem oben beschriebenen eng verknüpft ist lautet: "Gruppen zusammengehöriger Informationen sollen optisch prägnant sichtbar gemacht werden"

Optisch prägnante Gruppen sind auf Bild 12 nicht zu erkennen. Eine konsequente Anwendung der beiden ergonomischen Gestaltungsprinzipien führt zu einer klar gegliederten übersichtlichen Informationsdarstellung, wie aus Bild 13 zu erkennen ist.

```
Bundesanstalt für        Stellenangebot 1 von 2              24.06.1988
Arbeit                   Hosen-Verkäufer

  Beschreibung    : Verkauf von modischen Hosen an junges
                    Publikum
  Arbeits-Art     : -
  Arbeits-Zeit    : 9-18 Uhr
  Gehalt/Lohn     : ca. 2800,-
  frei ab         : 1.8.88
  Stellen-Anzahl  : 1

  Kenntnisse      : Erfahrung mit vergleichbarer Tätigkeit

  Führerschein    : -
  Alter           : ca.25

  Betriebsart     : Filiale
  Arbeitgeber     : Hosen Scheuerknie GmbH
  Anschrift       : Aufschlag-Straße 22, 9999 Flickstadt
  Telefon         : (0999) 123

  Rückfragen an   : Fr. Schick
```

Bild 13: Strukturierte Bewertung: Stelleninformationssystem

7. Ausblick

Die ergonomische Qualität von Produkten kann nur gesichert werden, wenn ihre Überprüfung systematisch in den Entwicklungsprozeß eingebunden wird. Hierzu gibt es z. Zt. viele Ansätze. Es muß aber erreicht werden, daß die ergonomische Qualitätssicherung ein selbstverständlicher Tei der Qualitätssicherung wird.

8. Literatur

Benz, Grob, Haubner (1981)   Gestaltung von Bildschirmarbeitsplätzen, Verlag TÜV Rheinland

Bertaggia, Novarra (1987)   The Evaluation of Products Using the Usability Methodology with Proposals for Product Improvement Esprit - Hufit 385 Report 04

Helander, M. (1988)   Handbook of Human-Comuter Interaction, North Holland, Amsterdam, New York

Zwerina, Benz, Haubner (1987)   Kommunikations - Ergonomie, Benutzerfreundliche Anwenderprogramme in Maskentechnik, Siemens AG

Akzeptanz bei einem Überangebot an Gerätefunktionen?

M. Allerbeck

Moderne Technik wird immer leistungsfähiger und komplexer. Geräte aller Art, seien es Haushaltsgeräte, Geräte der Unterhaltungselektronik oder Produkte der Bürotechnik, bieten eine kaum überschaubare Vielfalt an Funktionen. Dieses Überangebot kann den Benutzer überfordern. Oft kennt er gar nicht alle Funktionen und Anwendungsmöglichkeiten, sieht für sich persönlich keinen Nutzen in der Vielfalt und benutzt nur einen Teil der angebotenen Funktionen. Für die Akzeptanz ist das richtige Funktionsangebot wichtiger als beliebiger Funktionsreichtum.

Das Telefon - leistungsfähiges Kommunikationsmittel im Büro

Wie fast alle technischen Geräte ist auch das am weitesten verbreitete und am häufigsten verwendete Kommunikationsmittel im Büro - das Telefon - leistungsfähiger und vielseitiger geworden.

Nur in wenigen Büros findet man heute noch ein einfaches Wählscheibentelefon. Telefone mit Tastwahl, Programmtasten und Display finden zunehmende Verbreitung und werden bald eher die Regel als die Ausnahme sein. Telefon*komfort* ist heute im Büro schon fast *Standard*. Vielfältige Funktionen erleichtern die Kommunikation. Integrierte Telefonregister, Namentasten, Funktionen wie Kurzwahl oder Wahlwiederholung vereinfachen die Wahl, Sprachinformationssysteme und Funktionen wie Anrufumleitung oder automatischer Rückruf verbessern die Erreichbarkeit.

Akzeptiert der Benutzer diese modernen Telefone? Werden all die Funktionen tatsächlich benutzt, oder wird nach wie vor "nur" telefoniert? Welche Funktionen sind bei Benutzern besonders beliebt? Von welchen Bedingungen ist es abhängig, ob Funktionen genutzt werden oder nicht? Diese Fragen werden im folgenden behandelt und am Beispiel von Akzeptanzuntersuchungen zum Kommunikationssystem Hicom[R] von Siemens zu beantworten versucht.

Was ist Akzeptanz?

Akzeptanz ist nach REICHWALD & PICOT "die positive Einstellung zur Technik und aufgabenbezogene Nutzung der zur Verfügung gestellten Funktionen".

Zwei Aspekte sind also wichtig: positive Einstellung zur Technik, also Zufriedenheit, und die tatsächliche Nutzung verfügbarer Funktionen. Beide Aspekte können, müssen aber nicht unbedingt miteinander einhergehen. Ein Benutzer kann mit einem technischen Produkt zufrieden sein, weil einige der Funktionen für ihn außerordentlich wichtig und nützlich sind. Daß das Produkt auch noch andere, für ihn persönlich überflüssige Funktionen enthält, beeinträchtigt seine Zufriedenheit nicht - jedenfalls solange diese die Benutzung der wichtigen Funktionen nicht behindern oder erschweren.

Untersuchungen zur Technikakzeptanz müssen immer beide Aspekte berücksichtigen.

Hicom - Kommunikationssysteme von Siemens

1984 stellte Siemens erstmalig ein Kommunikationssystem mit dem Namen Hicom vor. Seitdem wurde Hicom ständig weiter entwickelt und zu einer kompletten Systemfamilie ausgebaut. Die Familienmitglieder lassen sich folgendermaßen charakterisieren:

- Hicom 100, das Telefonsystem für komfortables Telefonieren, ist in erster Linie für Freiberufler und kleine Unternehmen konzipiert.

- Hicom 200, ISDN - Kommunikationssystem für komfortables Telefonieren, Daten- und Dokumentkommunikation, ist auf die Anforderungen mittelständischer Unternehmen ausgerichtet.

- Hicom 300 - das älteste Familienmitglied - ist das große ISDN-Kommunikationssystem für alle Kommunikationsanforderungen, für komfortables Telefonieren, Daten- und Dokumentkommunikation und Networking-Möglichkeiten zur Bildung von lokalen und standort-übergreifenden Firmennetzen.

Als Sprachendgeräte sind an Hicom verschiedenste Telefone anschließbar, vom einfachen analogen Apparat bis hin zum digitalen Komforttelefon wie z. B. dem set 421 (s. Foto am Ende des Beitrags).

Akzeptanzuntersuchung zu Hicom-Sprachfunktionen

Ziel der Untersuchung

Die bisher durchgeführten Akzeptanzuntersuchungen beziehen sich schwerpunktmäßig auf die Sprachkommunikation. Diese steht für den Benutzer nach wie vor an erster Stelle, denn jeder nutzt das Telefon. Die Sprachfunktionen sind über die verschiedenen Hicom-Systeme vergleichbar. (Wesentliche Funktionen sind am Ende des Beitrags beschrieben.)

Ziel der Untersuchungen war es, die Akzeptanz neuer Telefone wie dem set 421, der Funktionen und des Handlings zu ermitteln sowie akzeptanzhemmende und -fördernde Faktoren aufzudecken. Die Resultate solcher Untersuchungen gehen in die Weiterentwicklung der Produkte ein und geben dem Vertrieb Hinweise auf optimalen Produkteinsatz.

Stichprobe

Bei insgesamt 20 Hicom - Kunden wurden Akzeptanzuntersuchungen durchgeführt. Es liegen Aussagen von insgesamt etwa 300 Benutzern, verantwortlichen Organisatoren und Vermittlungskräften vor.

Methode

Bei den Akzeptanzuntersuchungen wurden verschiedene sozialwissenschaftliche Methoden angewandt: Analyse von Nutzungsstatistiken, Beobachtung von Benutzern in ihrer typischen Arbeitsumgebung, persönliche Interviews und schriftliche Befragung.

Nutzungsstatistiken geben erste grobe Anhaltspunkte für die Akzeptanz von Funktionen und Leistungsmerkmalen. Über die Gründe für hohe oder niedrige Nutzung, über die Zufriedenheit mit einzelnen Funktionen, sagen diese objektiven Daten nichts aus.

Beobachtung von Benutzern liefert Hinweise auf Verhalten im Umgang mit der Technik, über das Benutzer keine Aussagen machen können oder wollen. Manche Verhaltensweisen sind nach kurzer Zeit so eingeschliffen, daß sie nicht mehr wahrgenommen, infolgedessen auch nicht berichtet werden. Unsicherheiten bei der Benutzung oder Bedienfehler werden ungerne "zugegeben", der Beobachtung sind sie aber zugänglich. Die Interpretation von Nutzungsdaten setzt die Kenntnis der arbeitsmäßigen, räumlichen und personellen Situation voraus. Diese kann man umfassender und zutreffender beobachten als erfragen.

Analyse von Statistiken und Beobachtung sind nützliche Methoden, die ergiebigste "Datenquelle" sind aber die Aussagen der Benutzer. Persönliche Erfahrungen, Einstellungen, Meinungen, subjektive Bewertungen sind die wichtigsten Daten für Akzeptanzuntersuchungen.

Die für aussagekräftige Untersuchungen beste Methode ist das Interview. Im persönlichen Gespräch kann sich der Interviewer ganz individuell auf den Benutzer einstellen und seine Erfahrungen mit der neuen Technik und ihrer Anwendung kennenlernen. Das Interview liefert eine Fülle von Daten, die anderen Methoden nicht zugänglich sind.

Anhand eines Leitfadens wurden im Interview folgende Themen angesprochen: Vorteile und Nachteile der neuen Telefonanlage, positive und negative Veränderungen gegenüber früher, Design des Telefons, Nutzungshäufigkeit einzelner Funktionen und Bewertung ihrer Nützlichkeit, Gründe für hohe oder niedrige Nutzung, Information und Schulung bei der Produkteinführung, Verbesserungsvorschläge zum Produkt und dessen Einführung und Einsatz. Den Abschluß des Interviews bildete die Frage nach der Gesamtzufriedenheit mit dem neuen Telefon.

Die meisten Themen wurden in Form offener Fragen behandelt. Nutzungshäufigkeit und Bewertung der Nützlichkeit wurden anhand von Ratingskalen erfaßt, die Gesamtzufriedenheit anhand einer Gesichterskala. Hier sollte der Benutzer seine Einstellung zu dem neuen Telefon in eines der Gesichter projizieren.

Parallel zu den Interviews duchgeführte schriftliche Befragungen umfaßten im wesentlichen dieselben Themenkomplexe - allerdings mit anderen Schwerpunkten. Beurteilung des Telefondesigns, Nutzungshäufigkeit einzelner Funktionen, Bewertung ihrer Nützlichkeit und Gesamtzufriedenheit sind Variablen, die sinnvoll mit Fragebögen erfaßt werden können. Qualitative Fragen wie die nach Nutzungswiderständen, Akzeptanzhemmnissen oder Verbesserungsvorschlägen werden in Fragebögen meist sehr spärlich beantwortet.

Die schriftliche Befragung ist eine in Durchführung und Auswertung ökonomische Methode, weil eine Vielzahl auch regional verstreuter Personen zu einem Thema befragt werden kann. Fragebogen liefern aber nur dann brauchbare Daten, wenn aufgrund von Voruntersuchungen das Thema bereits gut strukturiert ist, man das Spektrum möglicher Antworten kennt und im wesentlichen an der Häufigkeit bestimmter Antworten interessiert ist.

Günstiger ist die Kombination von Interview und schriftlicher Befragung. In intensiven Gesprächen mit den für die Telefonanlage Verantwortlichen und einzelnen Benutzern macht man sich ein Bild von der konkreten Anlagenkonfiguration, lernt das Umfeld des Technikeinsatzes kennen und erfährt die wesentlichen Gründe für Akzeptanzprobleme. In einem zweiten Schritt kann man dann mit einem maßgeschneiderten Fragebogen, der auch die beim Kunden gebräuchliche Terminologie berücksichtigt, die Verbreitung bestimmter Erfahrungen, Meinungen und Beurteilungen bei einem größeren Benutzerkreis erfassen.

Ergebnisse der Akzeptanzuntersuchung

Zufriedenheit mit der neuen Technik

Alle Benutzer sind mit ihrem neuen Telefon zufrieden - auch wenn sie einige der verfügbaren Funktionen nicht benutzen. Insgesamt sehen sie eine deutliche Verbesserung in dem neuen Telefon. Auf der 5-stufigen Zufriedenheitsskala liegt der Modus bei 4.

Der Maßstab für die Beurteilung der neuen Telefonanlage ist die jeweils abgelöste Anlage. Je größer der persönliche Nutzen im Vergleich zu früher ist, um so zufriedener sind die Benutzer mit ihrem Hicom-Telefon. Dieser Nutzen ergibt sich nicht aus der Summe der benutzten Funktionen, sondern aus der individuellen Gewichtung einzelner Funktionen und Gestaltungsmerkmale.

Kunden, deren bisherige Telefonanlage keine Durchwahl hatte, sehen hierin den größten Vorteil. Benutzer, die erstmalig Leistungsmerkmale an ihrem Telefon haben, sind geradezu begeistert von "Standard"- Funktionen wie *Rückruf, Wahlwiederholung* und *Anrufumleitung.* Benutzer, die bisher Funktionen über Kennzahlprozeduren aktiviert haben, sehen in den Programmtasten eine deutliche Verbesserung. Für Benutzer, die bereits ein Komforttelefon mit Programmtasten hatten, sind *Namentasten* und die *Anzeigen am Display* - Datum und Uhrzeit, Anzeige des internen Anrufers, Anzeige der gewählten Rufnummer, Bedienerführung - entscheidene Vorteile.

Nutzung verfügbarer Funktionen

Von den verfügbaren Funktionen werden bei fast allen Benutzern (80 - 90 %) solche besonders geschätzt, und auch häufig benutzt, die die Wahl vereinfachen - *Wahl bei aufliegendem Hörer, Namentasten, Kurzwahl* und *Wahlwiederholung* - und solche, die die Erreichbarkeit verbessern - *Rückruf, Anrufumleitung* und *Anrufübernahme.*

Kaum genutzt (von 5-10% der Benutzer) werden die Funktionen *Makeln* und *Konferenz.*

Die Nutzung der anderen Funktionen kann nicht verallgemeinert werden. Sie hängt von der konkreten Tätigkeit, der räumlichen Situation, dem technischen Umfeld, der Art der Produkteinführung, individuellen Vorlieben des Benutzers und nicht zuletzt der Bedienbarkeit der jeweiligen Funktion ab. Die genannten Einflußfaktoren wirken dabei spezifisch auf einzelne Funktionen.

Wichtige Akzeptanzfaktoren

Tätigkeit

Ein Benutzer, der fast nur externe Gespräche führt, benutzt natürlich typische Nebenstellenfunktionen wie *Rückruf* oder *Anklopfen* seltener als jemand, der überwiegend mit internen Partnern telefoniert.

Ein Benutzer, der im allgemeinen an seinem Arbeitsplatz ist, benutzt die *Anrufumleitung* seltener als jemand, der viel unterwegs ist.

Räumliche Situation

Benutzer, die in einem Großraumbüro oder in benachbarten Büros auf einem Flur arbeiten, benutzen z. B. den *Benachrichtigungsdienst* nicht. Sie sprechen persönlich mit den Kollegen. Sinnvoll einsetzbar ist eine solche Funktion dagegen, wenn die Mitarbeiter einer Organisation verstreut in verschiedenen Bürogebäuden sitzen.

Benutzer in Mehrpersonenbüros benutzen die Funktion *Freisprechen* kaum, weil sie damit ihre Kollegen stören. Diese Benutzergruppe wird auch so gut wie nicht *direkt angesprochen*, weil alle andern hier mithören. In Einzelbüros werden diese Funktionen durchaus genutzt.

Technisches Umfeld

Funktionen, die nur an Telefonen mit Display nutzbar sind wie der *Benachrichtigungsdienst*, werden nicht benutzt, wenn Displaytelefone nur einem Teil der Benutzer zur Verfügung stehen, wenn sie z. B. statusbezogen eingesetzt sind. Ein Kommunikationsdienst muß auf einen Großteil der Partner anwendbar sein, um sich durchzusetzen.

Wichtig für die Akzeptanz gerade der Funktion *Benachrichtigungsdienst* ist auch, ob ein alternatives Kommunikationsmedium zur Verfügung steht. Wenn bereits ein electronic-mail -System installiert ist, besteht wenig Bedarf an einem Textaustausch per Telefon.

Schulung und Information der Benutzer

Für die Nutzung einiger Funktionen ist es entscheidend, ob eine Benutzerschulung stattgefunden hat. Funktionen, die über Kennzahlen und nicht über Programmtasten aktiviert werden, sind ohne entsprechende Schulung oft unbekannt. Man sieht sie dem Telefon nicht an. *Individuelle Kurzwahl* ist eine solche Funktion. Wenn der Benutzer sie kennt, wird sie als Wahlhilfe geschätzt und genutzt.

Ohne einführende Schulung sind oft Ausprägungen und Varianten von Funktionen unbekannt. So wissen z. B. nur wenige Benutzer, daß sie mehr als einen *Rückruf* einleiten können, oder daß es verschiedene Varianten von *Wahlwiederholung* gibt.

Bei anderen Funktionen, z. B. der *Konferenz* oder dem *Parken* ist es nur in persönlicher Schulung möglich, den Nutzen deutlich zu machen. Wenn Benutzer erkannt haben, daß man über die Konferenz nicht nur Konferenzen führen sondern auch Kollegen mithören lassen kann, oder über Parken Gespräche innerhalb der Anrufübernahmegruppe weitergeben kann, werden diese Funktionen auch benutzt.

Die Untersuchungen zeigen, daß sich geeignete Einführungsmaßnahmen positiv auf die Zufriedenheit mit dem Telefon allgemein und seinen Funktionen auswirken. Rechtzeitige Information der zukünftigen Benutzer über die geplante Neuerung weckt

Interesse beim Mitarbeiter und motiviert ihn, sich später aktiv mit seinem Telefon und seiner Funktionalität auseinanderzusetzen. Er steht der Neuerung dann von vorneherein positiv gegenüber.

Persönliche Vorlieben

Es gibt Funktionen, deren Nutzen individuell unterschiedlich eingeschätzt wird.

Im *Rückruf im Freifall* sehen einige Benutzer eine Erleichterung und Entlastung, weil sie nicht immer wieder vergeblich versuchen, den Partner zu erreichen. Andere dagegen wollen den Zeitpunkt des Gesprächs selbst bestimmen. Sie befürchten, daß der Rückruf zu einem ungünstigen Zeitpunkt kommt, daß sie nicht optimal auf das Gespräch vorbereitet sind oder sich nicht mehr an den Anlaß ihres Anrufs erinnern.

Anklopfen bei einem besetzten Teilnehmer wird im allgemeinen nur bei dringlichen Gesprächen benutzt. Bei weniger wichtigen Anliegen bevorzugen Benutzer den *Rückruf*, um den anderen nicht zu stören. Die Einschätzung der Wichtigkeit eigener Anliegen ist allerdings individuell sehr unterschiedlich ausgeprägt.

Vertrauen zur eigenen Gedächtnisleistung bestimmt die Beurteilung der *Terminfunktion*. Ein Teil der Benutzer benutzt zur Terminverfolgung ausschließlich den herkömmlichen Terminkalender. Sie halten eine Terminfunktion am Telefon für überflüssig, weil sie die Termine vor Augen haben. Andere befürchten, in der Hektik des Tagesgeschäfts wichtige Termine zu vergessen. Diese Benutzergruppe führt zwar nach wie vor einen Terminkalender, speichert aber wichtige Termine und läßt sich per Telefon daran erinnern.

Ein - vielleicht aufgrund schlechter Erfahrungen - mißtrauischer Benutzer schaltet abends die *Berechtigung* seines Telefons herunter, weil er mißbräuchliche Benutzung befürchtet, der andere hält diese Vorsichtsmaßnahme für überflüssig und benutzt deshalb die Funktion nicht.

Bedienbarkeit

Einfache Bedienung ist eine wichtige Voraussetzung für Akzeptanz. Innerhalb des Benachrichtigungsdienstes wird die Funktion *Hinweisnachricht* von den Benutzern für außerordentlich nützlich gehalten. Mit Hilfe dieser Funktion kann der Benutzer für Anrufende eine Nachricht hinterlassen, z. B. "Bin zurück um ..." Wenn diese Funktion auf Tastendruck eingeschaltet werden kann und nur noch die Uhrzeit ergänzt werden muß, ist die Nutzung hoch, sind dagegen mehrere Bedienschritte erforderlich, bleibt die Nutzung hinter den Erwartungen zurück.

Übereinstimmung mit Ergebnissen der Akzeptanzforschung

Die Ergebnisse zu Hicom- Sprachfunktionen bestätigen die Ergebnisse der Akzeptanzforschung allgemein. Danach sind für die Akzeptanz mehrere Faktoren bestimmend: die Technik selbst, die Aufgabe, die mit Hilfe der Technik zu erledigen ist, der Mensch als

Benutzer und das organisatorische Umfeld. Diese Faktoren stehen in einer komplexen Wechselbeziehung und müssen bei Einführung neuer Produkte berücksichtigt werden, wenn aus technischen Neuentwicklungen Innovationen für die Arbeitswelt werden sollen.

Akzeptanz ist planbar

Die Akzeptanz komplexer technischer Geräte mit einer Vielzahl von Funktionen ist planbar, wenn Hersteller und Anwender von Technik die Ergebnisse der Akzeptanzforschung berücksichtigen. Technisch ausgereifte, auf die Bedürfnisse des Benutzers ausgerichtete, ergonomisch gestaltete Produkte sind die Grundvoraussetzung für Akzeptanz. (Dem Thema benutzergerechter Produktgestaltung sind andere Beiträge dieses Kongresses gewidmet). Bedarfsgerechte Auswahl der Funktionen und richtige Produkteinführung mit Information und Schulung der Benutzer müssen hinzukommen.

Bedarfsgerechte Auswahl der Funktionen

Moderne Telefonanlagen bieten ein Funktionsspektrum, das die Anforderungen verschiedenster Arbeitsplätze erfüllen kann. An einem konkreten Arbeitsplatz wird aber immer nur ein Teil dieses Spektrums gebraucht. Die Kunst besteht darin, die auf den jeweiligen Arbeitsplatz maßgeschneiderte Funktionsauswahl zu bestimmen. Der erste und entscheidende Schritt ist also die richtige Auswahl der Funktionen. Standardlayouts für bestimmte Arbeitsplätze und Anwendungen geben erste Anhaltspunkte, können aber eine kundenindividuelle Bedarfsanalyse nicht ersetzen. Kommunikationsanforderungen der Mitarbeiter, die räumliche Situation, das technische Umfeld müssen bekannt sein, um das Layout kunden- oder sogar benutzerindividuell abzuändern.

Kunden, die von einer Telefonanlage auf eine andere "umsteigen", müssen den vorherigen Funktionsumfang berücksichtigen. Bewährte und bei Benutzern beliebte Funktionen dürfen auch an dem neuen Telefon nicht fehlen - sonst ist mit massiven Akzeptanzproblemen zu rechnen. Benutzer dürfen sich nicht verschlechtern!

Der Nutzen von Technik zeigt sich oft erst in der Anwendung. Erst wenn die Telefonanlage mehrere Wochen in Betrieb ist, stellt man fest, ob wirklich die richtige Auswahl an Funktionen getroffen wurde. Eine Funktion, die zunächst für nützlich gehalten wurde, stellt sich als kritisch heraus, weil sie z. B. von Benutzern mißbraucht wird - ständiges Einschalten des *Anrufschutzes* ist ein solcher Fall. Eine andere Funktion, die man zunächst für überflüssig hielt, kann zunehmend bedeutsam werden. Wenn z.B. wegen geringer Verbreitung entsprechender Endgeräte ein *Benachrichtigungsdienst* zunächst nicht sinnvoll war, kann mit weiterem Ausbau der Anlage diese Funktion durchaus nützlich sein. Hicom bietet die Möglichkeit, Tastenlayouts zu verändern und andere Funktionen einzurichten.

Benutzer informieren und Interesse wecken

Die Entscheidung für eine neue Telefonanlage wird im allgemeinen ohne die Beteiligung der zukünftigen Benutzer getroffen. Nicht selten werden die Benutzer am Montag morgen von ihrem neuen Telefon überrascht. Der Austausch der Telefonanlage und der Endgeräte findet in der Regel am Wochenende statt. Ein unvorbereiteter Benutzer reagiert oft erst einmal mit Ablehnung. "Widerstand gegen Veränderungen" ist ein bekanntes psychologisches Phänomen, das man nicht nur bei großen Organisationsänderungen sondern auch im kleinen, beim Einsatz eines neuen Telefons, berücksichtigen muß. Unter Akzeptanzgesichtspunkten ist es unerläßlich, vor der Einführung einer neuen Telefonanlage die betroffenen Benutzer rechtzeitig und umfassend zu informieren. Ihnen müssen die Vorteile der Neuerung deutlich gemacht werden. Nur gut informierte Mitarbeiter stehen der neuen Technik aufgeschlossen gegenüber und bringen die Bereitschaft zum Lernen und Engagement bei der Lösung der eigenen Aufgaben mit den neuen technischen Hilfsmitteln mit.

Die Information für den Benutzer sollte werblich aufgemacht sein. Letztlich soll ja dem Benutzer das Telefon mit all seiner Funktionalität "verkauft" werden. Die aus der Werbung bekannte AIDA-Regel (AIDA = Attention, Interest, Desire, Action) kann auch für die Benutzerinformation umgesetzt werden. Aufmerksam auf das neue Telefon macht man durch auffälliges Informationsmaterial, durch Poster, ansprechende Prospekte, Rundschreiben, etc. Besser noch ist natürlich der Aufbau einer "Spielanlage" an allgemein zugänglicher Stelle, z. B. in der Kantine, wo der Benutzer die Funktionen "live" erleben kann. Interesse weckt man, indem man dem Benutzer die Vorteile aufzeigt, die sein neues Telefon ihm bringen kann. Eine Gegenüberstellung von bisherigen Problemen beim Telefonieren und deren Lösung durch neue Funktionen kann den Benutzer überzeugen. Er wird neugierig auf sein neues Arbeitsmittel sein, der Einführung positiv gegenüberstehen und die Funktionen aktiv erproben.

Benutzer einweisen und betreuen

Die Benutzer sollten im Gebrauch neuer Technik eingewiesen werden, auch wenn es sich "nur" um ein neues Telefon handelt. Das bloße Verteilen einer Bedienungsanleitung reicht selten aus. Bedienungsanleitungen werden als Nachschlagewerk bei auftretenden Problemen benutzt, nicht um systematisch Funktionen zu erproben. Die meisten Benutzer wollen nicht lesen, sie wollen unter Anleitung ausprobieren und Fragen stellen. Bei einer persönlichen Schulung geht es weniger um das Einüben von Bedienhandgriffen - das Handling ist im allgemeinen recht einfach. Wichtiger ist es, den Nutzen der Funktionen zu verdeutlichen.

Bewährt hat sich die Schulung in Gruppen von etwa vier bis sechs Personen. Wichtig ist den Benutzern, daß sie alles gleich ausprobieren können. Von Bedeutung ist auch, daß sie nicht nur sehen, was sie an ihrem Telefon tun, sondern auch merken, was daraufhin beim angerufenen Partner "passiert".

Die Benutzerschulung sollte nach Möglichkeit nicht am Arbeitsplatz durchgeführt werden, sondern in einem eigenen Schulungsraum, wo die Benutzer ungestört sind.

Besonders wichtig in den ersten Wochen nach der Systeminstallation ist die Benutzerbetreuung. Bewährt hat sich die Einrichtung einer Hot-line, wo Benutzer bei allen auftretenden Schwierigkeiten anrufen können und sofort Antwort auf ihre Fragen bekommen. Die ständige Präsenz eines Ansprechpartners vermittelt dem Benutzer die gerade in der Anfangsphase wichtige Sicherheit, nicht mit dem neuen Arbeitsmittel alleingelassen zu werden.

Persönliche Einweisung bedeutet selbstverständlich nicht Verzicht auf eine Bedienungsanleitung. Benutzer, die wesentliche Funktionen und Abläufe während der Einweisung kennengelernt haben, benutzen die Bedienungsanleitung als Nachschlagewerk.

Wichtig für die Akzeptanz einer Bedienungsanleitung ist, daß sie spezifisch für das jeweilige Gerät ist, also nur die Funktionen beschreibt, die dem Benutzer tatsächlich zur Verfügung stehen, und daß sie die Vorkenntnisse des Benutzers berücksichtigt. Ein "Umsteiger" von einem modernen Telefon auf ein anderes braucht andere Informationen als ein "Einsteiger", der bisher ein Telefon ohne Komfortfunktionen benutzte.

Fazit

Es wäre zu einfach, Akzeptanz nur in Abhängigkeit vom Angebot an Gerätefunktionen zu sehen. Es wurde gezeigt, daß noch viele andere Faktoren für die Zufriedenheit mit der eingesetzten Technik und der Nutzung ihrer Funktionen wichtig sind: die konkrete Tätigkeit, das Arbeitsumfeld, die Bedienbarkeit, Benutzerschulung und rechtzeitige Information, und nicht zuletzt die Persönlichkeit des Benutzers. Akzeptanz ist planbar, wenn man bei der Einführung neuer Technik all diese Faktoren berücksichtigt.

Kurzbeschreibung der im Text genannten Funktionen

Anklopfen	Ist der gewünschte Partner besetzt, kann der Anrufer durch Senden eines Anklopftons auf seinen dringenden Anruf aufmerksam machen.
Anrufschutz	Ein Teilnehmer kann zeitweise verhindern, daß er Anrufe bekommt. Er hat "Ruhe vor dem Telefon".
Anrufübernahme im Team	Innerhalb eines Teams können Anrufe für Kollegen am eigenen Telefon entgegengenommen werden.
Anrufumleitung	Ankommende Anrufe werden sofort automatisch zu einem vom Teilnehmer bestimmten, anderen Telefon umgeleitet.
Benachrichtigungs- dienst	Teilnehmer mit entsprechenden Telefonen können über das Display kurze Standardtexte - ergänzt mit individuellen Angaben - austauschen.
Berechtigungs- umschaltung	Teilnehmer können die ihnen in einer bestimmten Berechtigungs- klasse zugeteilten Funktionen auf eine alternative Berechtigungs- klasse umschalten. Funktionen sind dann nur noch eingeschränkt nutzbar. So kann ein Benutzer z. B. verhindern, daß während seiner Abwesenheit gebührenpflichtige Gespräche geführt werden.
Direkt ansprechen	Teilnehmer mit gleichartigen Telefonen können sich unmittelbar über den Lautsprecher ihres Telefons ansprechen und Durchsagen auch für andere Personen im Raum machen.
Freisprechen	Gespräche können ohne Abheben des Hörers über Mikrofon und Lautsprecher geführt werden.
Hinweisnachricht	Teilnehmer können am Display ihres Telefons eine kurze Text- meldung hinterlassen. Diese Nachricht wird Anrufern mit ent- sprechenden Telefonen angezeigt.
Konferenz	Während einer Verbindung können weitere Teilnehmer hinzuge- schaltet werden. Alle Teilnehmer hören sich und können mitein- ander sprechen.

Kurzwahl zentral	Teilnehmer haben Zugang zu zentral verwalteten Kurzwahllisten. Diese enthalten interne und/oder externe Rufnummern, die durch Wahl von Kurzrufnummern abgerufen und automatisch ausgesendet werden.
Kurzwahl individuell	Teilnehmer können eigene wichtige Rufnummern als Kurzrufnummern speichern und zur vereinfachten Wahl benutzen.
Makeln	Ein Teilnehmer kann zwischen zwei gleichzeitig bestehenden Verbindungen beliebig oft hin und her wechseln und abwechselnd mit den beiden Partnern sprechen.
Namentasten	Häufig benötigte interne und/oder externe Rufnummern können auf Namentasten gespeichert werden. Die Verbindung wird dann auf Knopfdruck hergestellt.
Parken	Eine Gesprächsverbindung wird gehalten und kann an einem anderen Apparat innerhalb eines Teams übernommen werden. Das Telefon, an dem geparkt wurde, ist sofort wieder frei für andere Anrufe.
Rückruf im Besetztfall	Ist der Anschluß des gewünschten Partners besetzt, kann ein Rückrufauftrag eingetragen werden. Sobald der Anschluß wieder frei ist, wird die Verbindung hergestellt.
Rückruf im Freifall	Ist der gewünschte Partner nicht am Platz oder meldet sich nicht, kann - bei entsprechenden Telefonen - ein Eintrag im Briefkasten des Partners veranlaßt werden. Dieser kann dann anrufen, sobald er zurück ist.
Termin	Durch die Eingabe eines Termins wird ein automatischer Anruf zu einem festgelegten Zeitpunkt veranlaßt.
Wahl bei aufliegendem Hörer	Haus- und Amtsverbindungen können hergestellt werden, ohne daß man den Hörer abhebt.
Wahlwiederholung	Die zuletzt gewählte Rufnummer kann für eine erneute Wahl gespeichert werden.

Telefon Hicom set 421

Test und Bewertung des Gebrauchsnutzens von Kommunikationsgeräten

P. Sieber

"Drum prüfe, wer sich ewig bindet, ob er nicht..." Sie kennen das alle, meine Damen
und Herren. Das, was im zwischenmenschlichen Bereich ganz hilfreich sein könnte,
damit so manche Ewigkeit nicht relativ kurz ausfiele, wird dort aber noch als eher
unsittlich angesehen: Der Vergleichstest. Möglicherweise wäre es auch zu anstrengend,
innerhalb eines bestimmten Zeitraumes ein bis zwei Dutzend Probanden nach gleichen
Kriterien abzuklopfen.

Welch Grund auch immer, bei Produkten und Geräten für den täglichen Bedarf ist es
anders: hier ist der vergleichende Warentest seit gut einem Vierteljahrhundert auch
in der Bundesrepublik Deutschland eingeführt und indessen - mit höchstrichterlichen
Stützungen - wohl etabliert. Und das, obwohl diese Produkte oder Geräte selten für
die Ewigkeit angeschafft werden. Wir wissen, daß wir das Auto nur so lange fahren,
bis daß der TÜV uns scheidet. Das Fernsehgerät macht nur so lange Freude, bis neue
Kommunikationsstandards es unmodern erscheinen lassen. Und Waschmittel werden gar mit
dem Ziel gekauft, sie ab dem nächsten Tag in kleinen Portionen wegzuschütten.

Dennoch wächst zunehmend das Interesse bei Verbrauchern, von vergleichbaren Produkten
Tests und Bewertungen zu erfahren, die Aufschluß über den objektiven Gebrauchsnutzen
dieser Produkte geben. Gebrauchsnutzen - diese Vokabel möchte ich zunächst als ver-
allgemeinertes Synonym für Benutzerfreundlichkeit setzen, ohne damit das Thema dieses
Kongresses und des heutigen Nachmittags umwidmen zu wollen. Aber - am benutzerfreund-
lichsten ist das Gerät, dessen Gebrauchsnutzen am höchsten ist. Am Beispiel eines
Kommunikationsgerätes: Die Freundlichkeit meines PCs mir als Benutzer gegenüber kann
zwar gelegentlich darin bestehen, mir nicht zu zeigen, daß ich zu dumm bin, mit ihm
optimal umzugehen. Im allgemeinen aber werde ich einen gleichmäßig hohen Gebrauchsnutzen als höchtes Maß seiner Freundlichkeit würdigen.

Wie aber ist dieser komplexe Begriff "Gebrauchsnutzen" definiert? Wie ist er zu
testen und zu bewerten?

Um diese Fragen zu beantworten, möchte ich beispielhaft unser Prüfprogramm für den
Vergleichstest von PCs der AT-Klasse näher erläutern. Dabei stoßen wir dann auf den

Abschnitt "Handhabungsprüfung", in dem die Handhabbarkeit als Benutzerfreundlichkeit im engeren Sinne untersucht wird.

Bei der Prüfung von AT-PCs werden zunächst "Allgemeine Angaben" aufgenommen, die nicht in die Bewertung eingehen und hier unberücksichtigt bleiben können. Im Block B sind unter dem Gruppenbegriff "Technische Prüfung" verschiedene für den Gebrauchsnutzen relevante Dinge wie Dauerprüfungen der einzelnen Rechnerkomponenten, Verarbeitungsqualität oder Funk-Entstörungsprüfung zusammengefaßt. Einige davon sind auch für die Benutzerfreundlichkeit mitbestimmend, ich nenne beispielhaft die Geräuschentwicklung.

Daß der Block "Sicherheitsprüfung" zum Gebrauchsnutzen beiträgt, erscheint fast trivial. Auf seine spezifische Eigenart möchte ich bei der Diskussion von Gewichtungsfragen noch einmal zurückkommen.

Der nächste Block mit "Funktionsprüfungen" scheint der wichtigste zur Bestimmung des Gebrauchsnutzens eines PCs überhaupt. Auch hier finden sich einige Punkte, die die Benutzerfreundlichkeit mitbestimmen. Dazu zählen beispielhaft die Leistungsdaten der Zentraleinheit und die Bildqualität des Monitors.

Wird an diese Prüfkriterien die Lupe gelegt, so ist erkennbar, daß sich diese Punkte nochmals aus etlichen Einzelkriterien zusemmensetzen. So werden bei den Leistungstests sowohl die Arbeitsgeschwindigkeiten des Prozessors als auch die Zugriffsgeschwindigkeiten auf Diskette und Festplatte gemessen, aber auch praktische Leistungstests mit verschiedenen Standard-PC-Programmen sowie unterschiedliche Benchmarktests ausgeführt. Durch diese vielfältigen Leistungstests wird der komplexen durchschnittlichen Arbeitssituation Rechnung getragen. Schließlich läßt sich das komplexe Fahrverhalten eines Autos auch nicht durch die bloße Angabe von Beschleunigung und Höchstgeschwindigkeit beschreiben, auch wenn immer noch gelegentlich so getan wird. Übrigens - wem der Zusammenhang zwischen Leistungsdaten und Benutzerfreundlichkeit nicht sofort erkennbar ist, kann es sich leicht am Gegenteil verdeutlichen, insbesondere wenn er schon längere Zeit vor einem langsamen Rechner verbracht hat. Da werden auch Wartezeiten von wenigen Sekunden, sofern sie bei Tastatureingaben, komplexen Befehlen oder bei Speicherzugriffen des öfteren auftreten, schnell als "unfreundlicher Akt" gegenüber dem Benutzer empfunden.

Die Bildqualität des Monitors muß ebenfalls nach mehreren Einzelkriterien beurteilt werden. Daß eine schlechte Auflösung benutzerunfreundlich ist, erscheint trivial. Hohe Bildauflösung ohne gleichzeitige hohe Stabilität kann sich aber auch schnell als benutzerunfreundlich erweisen. Ebenfalls müssen Nachleuchten und Bildwechselfrequenz gut aufeinander abgestimmt sein, um einerseits einen "schnellen", andererseits einen flimmerfreien Monitor zu erreichen.

Die beiden Prüfkriterien Leistungstests und Bildqualität wurden nicht nur wegen ihrer Komplexität, mit der sie die Benutzerfreundlichkeit mitbestimmen, etwas näher betrachtet. Diese beiden Prüfkriterien weisen noch einen wichtigen prinzipiellen Unterschied auf: die Leistungstests gehören zu den objektiv meßbaren Prüfkriterien, die Einzelkriterien zur Bildqualität des Monitors sind i. a. besser subjektiv zu beurteilen. "Nur" subjektiv zu beurteilen, wird häufig etwas abwertend gesagt. Dabei stehen nach einschlägigen Lehrbüchern der Qualitätssicherung objektive und subjektive Prüfkriterien durchaus gleichberechtigt nebeneinander, sofern die letztgenannten nur durch geeignete Maßnahmen objektiviert werden.

Dazu können Vorgehensweisen nach DIN 10 950 bis 10 962 zu sensorischen Prüfungen, die sorfältige Auswahl eines Prüfpanels nach Zahl, Art und Schulung der beurteilenden Personen, eine sorgfältige Anleitung durch den Testleiter, die strikte Anonymisierung der Prüfobjekte, eine peinliche Konstanthaltung von Umgebungseinflüssen sowie gegebenenfalls die Wahl geeigneter statistischer Methoden bei der Auswertung größerer Datenmengen verhelfen.

Wird durch solche Maßnahmen das Auftreten zufälliger Ergebnisse oder systematischer Verfälschungen ausgeschlossen, so haben subjektive Prüfungen aus unserer Sicht sogar einen bemerkenswerten Vorteil: sie kommen der Beurteilungsweise durch den Verbraucher sehr nahe. Dieser wird im allgemeinen nie Einzelmessungen an einem gekauften Produkt durchführen, sondern sich einen subjektiven, summarischen Eindruck verschaffen. Und dieser Eindruck sollte passen auf die Qualitätsbeurteilungen, die wir für im Vergleich getestete Produkte anbieten. Nehmen wir als Beispiel Lautsprecherboxen. Kein Verbraucher - von Spezialisten abgesehen - kann Frequenzverläufe messen oder eine Impulsantwort aufzeichnen. Allein nach Hörtests beurteilt er, ob der Klang seinen Vorstellungen entspricht. Daher haben auch bei unseren Untersuchungen von Lautsprecherboxen die Hörtests verschiedenster Programmquellen eine besondere Bedeutung. Ähnlich ist es bei Videorecordern, wo selbst durch viele Messungen der Gesamteindruck manchmal nicht so stimmig herausgearbeitet wird, wie es durch "integrale" Seh- und Hörtests möglich ist.

Der stimmige Gesamteindruck ist für den Verbraucher letztlich wichtiger als die absolute Wahrheit in den einzelnen objektiv meßbaren Einzelkriterien. Christine von Weizsäcker, Schwiegertochter unseres Bundespräsidenten und Verbrauchervertreterin im Kuratorium der Stiftung Warentest, hat diese Situation kürzlich sehr treffend formuliert: "Der Verbraucher beherrscht die Kunst des summarischen Urteilens über ein Produkt recht gut, obwohl ihm die jeweiligen Spezialisten in der Bewertung meßbarer Einzelkriterien immer überlegen sind." In diesem Sinne ist für uns die Nutzung subjektiver Prüfkriterien gerade im Vergleichstest voll gerechtfertigt, obwohl sie einigen Herstellern immer ein Dorn im Auge bleiben wird, da ihnen dadurch die letzte Sicherheit beim Nach- oder gar Vor-Vollziehen unserer Tests versagt bleibt.

Damit zurück zum Prüfprogramm und dem letzten Block, der Handhabungsprüfung. Hierzu gehören ausschließlich Punkte, die die Benutzerfreundlichkeit im engeren Sinne mitbestimmen. Beispielhaft einige herausgegriffen:

Bei Prüfung des Handbuchs oder der Dokumentation wird neben Vollständigkeit und Richtigkeit auch die Bebilderung im Hinblick auf Unterstützung des Verständnisses bewertet. Neben Lesbarkeit, Verständlichkeit und Übersichtlichkeit ist im strengsten Sinne der Handhabung auch die Handlichkeit zu bewerten.

Die Tastatur wird nach rund einem Dutzend Einzelkriterien auf ihre Handhabbarkeit untersucht. Jedes dieser Kriterien hat einen direkten Bezug zur Benutzerfreundlichkeit, nehmen wir etwa Verstellbarkeit und Neigung des Tastenfeldes, Größe und Abstand der Tasten, ihre Betätigungskraft in Verbindung mit einem Druckpunkt oder die Anordnung einzelner Tastenblöcke.

Ähnlich ist die Situation bei Beurteilung des Monitors, obwohl dort mehr die "Aughabung" als die Handhabung im Vordergrund steht.

All diese Kriterien zur Handhabungsprüfung sind von einem fünfköpfigen Prüfpanel unter Anleitung eines Testleiters mit Hilfe einer fünfstufigen Bewertungskala von "sehr gut" bis "sehr mangelhaft" zu beurteilen. Eine feinere Skala ist nach unserer Erfahrung wenig hilfreich, sie führt eher zu einer Scheingenauigkeit. Schon bei einer fünfstufigen Skala lassen wir darauf achten, daß die Beurteilungen eines bestimmten Kriteriums bei einem bestimmten Prüfling durch die verschiedenen Prüfer nicht unvertretbar weit voneinander abweichen. Liegen die maximalen Abweichungen höher als eine Bewertungsstufe, so muß der Testleiter prüfen, ob ein Mißverständnis oder Handhabungsfehler der Grund sein kann. Danach wird die Bewertung wiederholt. Bei unveränderter Diskrepanz ist ein Gruppenrichten mit Diskussion der Bewertungsmaßstäbe vorzunehmen.

Damit sind wir schon bei dem Komplex "Bewertung und Gewichtung". Bei nur subjektiv prüfbaren Kriterien ist naturgemäß gleich die Bewertung das primäre Prüfergebnis. Bei objektiv meßbaren Eigenschaften muß die erzielte Ergebnisreihe in die übliche fünfstufige Bewertungsreihe umgesetzt werden. Das fordert häufig viel technisches Fingerspitzengefühl, denn die Gesamtskala sollte in ihrer Überdeckung sowohl den Stand der Technik als auch das sinnvoll Machbare berücksichtigen. Bei der Unterteilung in die fünf Qualitätsniveaus ist oft ein Kompromiß zwischen wünschenswerter Äquidistanz und Nutzung natürlicher Zäsuren einzugehen, um nicht durch eng zusammenliegende Ergebnisse zu schneiden, Häufungen also willkürlich zu zerteilen.

Sind auf diesem Wege Meßergebnisse in Bewertungen umgesetzt, so kann die Gesamtdarstellung erarbeitet werden. Dazu muß ein Gewichtungsschema benutzt werden, das gestattet, aus den bewerteten Einzelkriterien Gruppenurteile für die einzelnen Prüfblöcke zu errechnen. Aus den wiederum gewichteten Gruppenurteilen wird dann das zusammenfassende Qualitätsurteil für das jeweilige Produkt ermittelt.

Wieder am Beispiel des PC-AT-Tests sieht das folgendermaßen aus:

Die "Allgemeinen Angaben" werden unbewertet gelassen, die nachfolgenden Blöcke haben Gewichtungen von

B. Technische Prüfung	30 %
C. Sicherheitsprüfung	10 %
D. Funktionsprüfung	30 %
E. Handhabungsprüfung	30 %

Die einzelnen Blöcke sind entsprechend aufgebaut, beispielsweise die Handhabungsprüfung:

1. Handbuch, Dokumentation Zentraleinheit	15 %
2. Aufbau, Anschlüsse, Schalter Zentraleinheit	10 %
3. Tastatur	15 %
4. Diskettenlaufwerk	10 %
5. Bedienungsanleitung Monitor	10 %
6. Aufbau, Anschlüsse, Schalter Monitor	20 %
7. Bedienen, Einstellen Monitor	20 %

Die darin aufgeführten untergliederten Punkte sind natürlich auch in ihrer Gewichtung weiter untergliedert.

Es ist sofort erkennbar, daß neben der Aufstellung der Prüfmerkmale und Prüfmethoden sowie Festlegung der Bewertungsgrenzen in der Gewichtung der einzelnen Prüfkriterien und -gruppen entscheidende Substanz für den Vergleichstest überhaupt liegt. Hier muß erfühlt werden, für wie wichtig der durchschnittliche Verbraucher eine bestimmte Geräteeigenschaft einschätzt. Das wird zusätzlich dadurch erschwert, daß diese Einschätzung bei vielen Kriterien keinesfalls "symmetrisch" ist. Sind etwa alle Sicherheitsanforderungen an ein Fernsehgerät erfüllt, ist das zwar gut, das allein aber gibt keinen wesentlichen Anteil an der Freude bei Benutzung des Gerätes. Der Verbraucher nimmt es eher als Selbstverständlichkeit. Ist dagegen ein Sicherheitskriterium nicht erfüllt, kann die Benutzerfreude schlagartig getrübt werden. Hier ist für den Negativfall eine überproportionale Wirkung anzusetzen, wir bezeichnen das als Abwertungseffekt.

Ähnlich bei der Funkentstörung. Es sollte selbstverständlich sein, daß ein Serienprodukt die maximal zulässigen Störpegel in den einzelnen Frequenzbereichen unterschreitet und damit weder im eigenen Haushalt noch in denen der Nachbarn stört. Im Negativfall wird gegen ein gültiges Gesetz verstoßen, hier muß das gesamte Gerät als mangelhaft allein aus diesem Grund bezeichnet werden, wir sprechen von einem Durchschlagseffekt.

Diese Fragen sind, wie das Prüfprogramm selbst, natürlich sehr sensible Punkte eines Warentests. Sie werden daher prinzipiell nicht von einem Mitarbeiter der Stiftung Warentest allein erarbeitet, sondern in einem jeweils zu Beginn eines Tests einberufenen spezifischen Expertengremium, dem sogenannten Fachbeirat, diskutiert. Die in dieser Diskussion gehörten Meinungen verdichten sich üblicherweise soweit zu einem klaren Bild, daß es anschließend dem Stiftungsmitarbeiter mit guter Absicherung möglich ist, die notwendigen Festlegungen zu treffen.

Um das Beispiel der Personal Computer ein letztes mal zu strapazieren, kann in diesem Fall die Kernfrage unserer momentanen Sitzung also folgendermaßen beantwortet werden: In der Gesamtheit aller Kriterien des Gebrauchsnutzens (= 100 %) macht die Handhabbarkeit als Block für die Benutzerfreundlichkeit im engeren Sinne einen Anteil von 30 % aus. Werden weitere Kriterien einbezogen, die die Benutzerfreundlichkeit beeinflussen, aber nichts mit Handhabung zu tun haben, so kommen sogar 60 % zusammen.

Bei anderen Produkten kann dieser Prozentsatz noch höher ausfallen, wenn für den Verbraucher die Bedienbarkeit einen besonderen Stellenwert hat. Hier können als Beispiel Autoradios genannt werden, deren technische Finessen nur dann auch zur Geltung kommen, wenn die Geräte bei praktischer Benutzung nahezu blind bedienbar sind. Oder noch einmal die schon angesprochenen Videorecorder oder auch CD-Player: wenn zur Nutzung seltener gebrauchter Funktionen immer erst die Bedienungsanleitung und anschließend die Lesebrille gesucht werden muß, wird die Freude an auch sehr guter Grundfunktionen erheblich getrübt. Ähnliches passiert, wenn bestimmte Bedienungselemente nur mit frisch angespitzten Fingern betätigt werden können. Solche Mängel im Bereich der Bedienung führen auch dazu, daß entsprechende Geräte bei älteren Verbrauchern wenig Gegenliebe finden. In diesem Kreis gibt es auch erhebliche Probleme mit fremdsprachigen Bezeichnungen von Funktionselementen. Das gilt sowohl für Geräte als auch für Fernbedienungen. Als letzter Ärgernispunkt - für alle Altersstufen - sei genannt, wenn Design über Funktionalität gesiegt hat. Attraktives Aussehen bleibt auf Dauer nur attraktiv, wenn die Handhabbarkeit nicht darunter leidet. Bei einem Test von Uhrenradios haben wir kürzlich gesehen, daß diese banal scheinende Weisheit offenbar so banal nicht ist.

Es ist also durchaus sinnvoll und lohnend, sich mit dem Komplex Benutzerfreundlichkeit auseinanderzusetzen, der Verbraucher weiß es zu schätzen.

Mehr Nutzen durch bessere Benutzbarkeit
– Strategien zur Verbesserung der Akzeptanz

R. Helmreich

Die Zielsetzung ist unbestritten: dem Benutzer von Kommunikationstechnik soll es möglichst einfach gemacht werden; der Einsatz der Technik muß leicht zu erlernen und die Handhabung unproblematisch sein. Der vorliegende Beitrag zeigt, wie man mit benutzerfreundlicher Technik, entstanden unter Beteiligung der Anwender, Akzeptanz und Effizienz im Büro steigern kann.

Das Büro der Zukunft

In den Büros werden die Arbeitsplätze mehr und mehr mit moderner Technik ausgestattet. Neue Produkte der Kommunikations- und Informationstechnik wie Datensichtgeräte, Textsysteme und Personalcomputer - um nur einige zu nennen - haben die Bürowelt von heute bereits verändert. Diese Entwicklung geht weiter und beschleunigt sich. Neue Systeme, integrierte Datenverarbeitungs- und Kommunikationsanlagen drängen nach. Multifunktionale Arbeitsplatzsysteme werden auf dem Schreibtisch stehen und diesen eines Tages vielleicht ersetzen.

Das Bild, das man sich heute bereits vom "Büro der Zukunft" machen kann, ist in der Tat beeindruckend. Computerleistung wird an jedem Arbeitsplatz und für jeden Mitarbeiter im Büro verfügbar sein. Unterschiedliche Dienste wie Sprachverbindungen, Dokumentversendung und Zugriff auf Datenbanken werden in einem Endgerät vereinigt. Kommunikationssysteme erlauben weltweiten Informationsaustausch mittels Sprache, Text, Daten und Bild.

Doch wie steht es um den Nutzen und die Nutzung dieser Möglichkeiten? Wird der Anwender die Vorteile erkennen, die die neue Technik bietet? Und wie müssen solche technischen Systeme im Büro gestaltet und organisiert sein, damit sie Akzeptanz finden?

Diese Fragen deuten an, daß es nicht genügt, Bürotechnik allein unter technologischer Perspektive zu betrachten. Es sind zwar neue Technologien, die durch erhöhte Verarbeitungs- und Speicherkapazität und schnellen Informationstransport die Technisierung des Büros erst ermöglichen. Das Büro der Zukunft ist aber mehr als moderne Technik. Die Aufgabe besteht vielmehr darin, aus technischen Neuerungen Innovationen für die Büroarbeitswelt zu machen.

Der Benutzer - hilflos vor den Tasten

Die Technik wird immer leistungsfähiger - doch was leistet sie tatsächlich für den Menschen? Die Erfahrung zeigt immer wieder, daß Funktionen nicht benutzt werden, weil sie umständlich zu handhaben oder so versteckt sind, daß sie der Benutzer gar nicht kennt. Statt sinnvoller Funktionsauswahl wird eine oft unüberschaubare Funktionsvielfalt geboten. Und Bedienungsanleitungen wirken hinsichtlich Aufmachung und Umfang nicht selten abschreckend.

Dem Benutzer wird es oft unnötig schwer gemacht. Dabei ist die Einsicht simpel: Was immer einer ersinnt, funktioniert nur, wenn er sich auf den Standpunkt dessen stellt, der es benutzen soll. Zu fordern ist, daß sich dieTechnik in viel stärkerem Maße an der Handhabbarkeit und am Nutzen ausrichtet. Worauf es letztlich ankommt, ist die Akzeptanz beim Benutzer.

Akzeptanz - ein Forschungsthema

Mit neuer Bürotechnik sollen zwei Ziele gleichrangig erreicht werden: Produktivitätssteigerung und qualitative Verbesserung. Dies schließt den Aspekt menschengerechter Gestaltung der Büroarbeit mit ein. Das Büro der Zukunft muß an den Menschen angepaßt und wirtschaftlich zugleich sein.

Eine Vielzahl von Labor- und Felduntersuchungen wurde in den letzten Jahren von Herstellern und Forschungsinstitutionen durchgeführt. Dabei ging es um Inhalte wie

- Anforderungen an Funktionen und Dienste neuer Bürotechnik,
- Benutzerverhalten,

- Einführung, Schulung, Lernunterstützung und organisatorische Anpassung von Bürosystemen,
- Auswirkungen auf Personen und die Organisation.

Die Untersuchungen kommen übereinstimmend zu dem Ergebnis, daß drei Wirkfaktoren für die Akzeptanz bestimmend sind: Erstens der Mensch als Benutzer. Zweitens die Arbeitsorganisation für die Aufgabe, die mit Hilfe der Technik zu erledigen ist. Und drittens die Technik selbst, insbesondere ihre konstruktive und funktionale Gestaltung.

Akzeptanz ist planbar

Wenn Akzeptanz zum Problem wird, ist es meist schon zu spät. Akzeptanz muß daher das oberste Planungsziel in allen Phasen technischer Innovation sein:

- beim Entwurf, damit die Bedürfnisse und Anforderungen richtig erkannt werden
- in der Entwicklungsphase, damit ergonomische Erkenntnisse genutzt und zukünftige Benutzer frühzeitig einbezogen werden
- beim Technikeinsatz, damit die Neuorganisation der Arbeit auch von allen Beteiligten mitgetragen wird; dazu gehören auch wirksame Schulungsmaßnahmen und intensive Benutzerbetreuung
- in der Evaluationsphase, damit Anwendernutzen und Produktivitätsgewinn nicht nur quantitativ, sondern auch nach qualitativen Kriterien beurteilt werden.

Akzeptanz, richtig geplant, nützt sowohl dem Hersteller moderner Kommunikationstechnik als auch seinen Kunden. Auf der einen Seite wird das Risiko von Fehlentwicklungen geringer. Beim Anwender wird der Gefahr von Fehlschlägen vorgebeugt, die immer dann drohen, wenn über die Köpfe der Betroffenen hinweg über den Technikeinsatz entschieden wird.

Bedürfnisse ermitteln

Der Entwurf neuer Kommunikationstechnik darf nicht ausschließlich davon bestimmt sein, was technisch möglich und machbar ist, sondern Ausgangspunkt sind die Wünsche der Benutzer und Anwender. Es gilt also, die Bedürfnisse dieser Personen zu ermitteln und aus dieser Analyse heraus Anforderungen an ein Produkt, seine Funktionen und seine Gestaltung zu spezifizieren.

Ein Kernproblem hierbei ist, daß Bedürfnisse nur indirekt erfaßbar sind. Fragt man den Benutzer direkt, wie die Technik für sein Büro denn aussehen und was sie leisten solle, so wird er hierauf kaum eine Antwort geben können. Denn er ist mit den Möglichkeiten und Grenzen der neuen Technik meist nicht ausreichend vertraut. Ein geeignetes Vorgehen zum Erkennen der relevanten Leistungsmerkmale ist darum die arbeitswissenschaftliche Analyse der Aufgaben, der Abläufe, der Gewohnheiten und der auftretenden Probleme.

Zukünftige Benutzer einbeziehen

Schon während des Entwicklungsprozesses lassen sich bestimmte Aspekte der neuen Technik erproben und gegebenenfalls modifizieren.

In Laborversuchen wird mit einer Gruppe von Versuchsteilnehmern, die für die späteren Benutzer repräsentativ sind, überprüft, ob Geräte und Systeme hinsichtlich konstruktiver und funktionaler Gestaltung sowie ihrer praktischen Handhabung benutzergerecht sind und akzeptiert werden. Verschiedene Gestaltungsvarianten können mit dem Ziel getestet werden, diejenige weiterzuentwickeln, die sich als optimal erwiesen hat.

Anhand von Labormodellen werden zum Beispiel das spätere Design beurteilt, die Darstellung von Bildschirminhalten und die Tastaturbelegung getestet sowie in realitätsnaher Simulation Bedienabläufe untersucht. Empirische Untersuchungen in der Frühphase der Entwicklung korrigieren - wenn erforderlich - "Planungen am grünen Tisch".

Die Erprobung neuer Kommunikationstechnik darf sich aber nicht auf Laborversuche beschränken; sie muß unter den realen Bedingungen des Büroalltags erfolgen. Laborversuche können zwar Aussagen über die technischen Aspekte der Akzeptanz machen; es läßt sich aber kaum die spätere konkrete Anwendungssituation für eine neue Technik simulieren. Weder die gestellten Aufgaben noch das Arbeitsumfeld können im Laborversuch so typisch sein, daß gesicherte Aussagen über die spätere Nutzung getroffen werden könnten.

Aus diesem Grund ist es unerläßlich, die praktische Bewährung einer neuen Technik im Rahmen von Betriebsversuchen mit Prototypen "im Feld" zu überprüfen. Die tatsächliche Leistung moderner Technik im Büro zeigt sich erst in der Anwendung. Nur solche Felduntersuchungen können Aussagen über das Zusammenwirken der Personen, der Aufgaben, der Organisation und der Technik liefern. Art und Ausmaß der Nutzung bei der Tagesarbeit sowie die Einstellung der Benutzer zu der neuen Technik sind Maßstäbe für die Akzeptanz.

Rapid Prototyping der Benutzungsoberfläche

Wie macht man zu einem frühen Zeitpunkt, d.h. noch in der Planungsphase, die Oberfläche eines Systems sichtbar und begreifbar? Eine Spezifikation in Papierform kann insbesondere bei mächtigen, dynamischen Systemen die geforderte Anschaulichkeit der Benutzungsoberfläche nicht vermitteln. Rapid Prototyping ist dagegen die geeignete Methode, bereits in der Planungsphase Oberflächen detailliert zu gestalten und zu testen. Der Aufwand dafür ist verhältnismäßig gering, da keine tatsächliche Funktionalität dahintersteht. Getestet wird der Prototyp durch Benutzer, so als ob er ihnen tatsächlich zur Erledigung ihrer Aufgaben zur Verfügung stünde. Diese Tests nehmen nur wenig Zeit in Anspruch. Schon nach Versuchsdurchgängen mit nur fünf bis zehn Benutzern ist absehbar, wo noch Mängel sind. Daraufhin wird der Prototyp überarbeitet. Ein zweiter Test findet statt.

Oberflächenprototyping ist somit ein zyklischer Prozeß. Eine wichtige Folge dieser Eigenschaft ist, daß zunächst mit einem Teil der Oberfläche begonnen werden kann und der Prototyp sukzessive vervollständigt wird. In diesen Zyklen wird erfahrungsgemäß sehr schnell - bereits nach zwei bis vier Durchläufen - ein Zustand erreicht, der die Anforderungen an die Benutzungsoberfläche weitgehend zufriedenstellt. Weitere Zyklen würden lediglich zu marginalen Verbesserungen führen.

Die richtigen Strategien finden

Die Integration neuer Bürotechnik in bestehende Strukturen ist ein Prozeß, der strategisch vorbereitet und organisatorisch unterstützt werden muß. Selten wird sich eine Technik "von selbst" einführen. Bürosysteme werden immer ein hohes Maß an Einsatz- und Anwendungsberatung erforderlich machen.

Vor der Systemeinführung sind die Benutzer rechtzeitig und umfassend zu informieren, sofern sie nicht schon in den Planungsprozeß einbezogen werden konnten. Dabei ist eine persönliche Einführung der schriftlichen Information eindeutig vorzuziehen.

Besonders wichtig in den ersten Wochen nach der Systeminstallation ist eine intensive Benutzerbetreuung. Es geht dabei weniger um das Einüben von Bedienhandgriffen, als vielmehr um das sinnvolle Einbeziehen des neuen Systems in die Tagesarbeit. Bisherige Erfahrungen zeigen, daß eine Bürotechnik, die unmittelbar den "Leidensdruck" am Arbeitsplatz reduziert, viel schneller und selbstverständlicher akzeptiert wird, als ein Technikeinsatz, deren Nutzen für den einzelnen nicht so unmittelbar erkenntlich ist und der massive Änderungen eingefahrener Gewohnheiten erfordert.

Den Anwendernutzen qualitativ bestimmen

Kriterien für das Bewerten moderner Kommunikationstechnik sind Anwendernutzen und Produktivitätsgewinn. Beides läßt sich nicht vollständig als quantitativ meßbare "Rendite" erfassen. Der Nutzen liegt sowohl in der Quantität als auch in der Qualität. Schnellerer Informationszugang, verbesserte Qualität von Bürodokumenten und erleichterte Kommunikationsmöglichkeiten können nur schwer in betriebswirtschaftliche Berechnungen eingehen. Bürokommunikationssssysteme machen Organisationen flexibler und handlungsfähiger und wirken so indirekt auf die Produktivität.

Der Anwendernutzen mißt sich auch daran, wie sich neue Technik auf die Arbeitszufriedenheit des einzelnen und das Betriebsklima insgesamt auswirkt. Rationalisierung und Humanisierung sind gleichwertige Bestimmungsgrößen für den Anwendernutzen. Bei der Einschätzung des Anwendernutzens sollte man sich immer vor Augen halten, daß die Wirtschaftlichkeit nicht von der Technik abhängt, sondern vielmehr vom Verhalten der Benutzer.

Ergonomie ist mehr als eine verstellbarer Stuhl

Mancher denkt bei Ergonomie zuerst an die richtige Sitzhaltung. Darüber hinaus ist unmittelbar einsichtig, daß blendfreie Leuchten, flache Tastaturen und eine flimmerfreie Bildschirmdarstellung mit schwarzer Schrift auf hellem Hintergrund Ergebnisse guter ergonomischer Gestaltung sind.

Der Arbeitsbereich für Ergonomen ist aber heute weitaus größer geworden. Er umfaßt auch die Software moderner Bürotechnik. Dabei geht es um die Art und Weise, wie sich die Funktionen dem Benutzer darstellen. Software-Ergonomie befaßt sich mit

- Funktionsangebot und Funktionsauswahl
- dem Dialogverhalten bei der Mensch-Maschine-Interaktion
- Transparenz und Konsistenz aus Benutzersicht
- Lernunterstützung, Hilfen und Manualen.

Überspitzt ausgedrückt könnte man sagen: Software-Ergonomie stellt die Frage "Wie geht das System mit dem Menschen um?"

Software-Ergonomie: neue Aufgabe für den Entwickler

Der ergonomische Blickwinkel verändert Prioritäten. Bislang zählten vorrangig die Funktionen und die Funktionsvielfalt der Produkte. Je mehr Funktionen, umso besser.

Unter ergonomischer Betrachtung kommt es dagegen darauf an, wie gut der Benutzer mit den Funktionen zurechtkommt. Die Erfahrung mit moderner Bürotechnik zeigt, daß Funktionen, die umständlich oder schwierig zu benutzen sind, meist gar nicht benutzt werden. Und: eine einfache, verständliche Oberfläche ist dem Benutzer oft wichtiger als Funktionsreichtum.

Der Schlüssel zur Benutzerfreundlichkeit eines Systems liegt in einer sorgfältig ausgearbeiteten Systemoberfläche mit klarer Dialogführung und verständlichen Fehlermeldungen. Zu jedem Zeitpunkt muß der Benutzer erkennen können, welcher Dialogschritt gerade ansteht und welche Alternativen zur Verfügung stehen: Die Zeitspanne zwischen Benutzeraktion und Systemreaktion soll kurz sein. Die Dinge müssen so ablaufen, wie sie der Benutzer nach einiger Übung erwartet. Eingaben des Benutzers dürfen nicht zu undefinierbaren Zuständen oder gar Systemzusammenbrüchen führen.

Wie aber kommen wir zu ergonomisch gelungenen Produkten? Die bloße Forderung, Software-Ergonomie ab sofort verstärkt zu berücksichtigen, genügt nicht. Der Software-Entwickler braucht Gestaltungsregeln, die so konkret formuliert sind, daß sie im Entwicklungsprozeß tatsächlich berücksichtigt werden können.

So gesehen ist die Floskel "Mehr Benutzerfreundlichkeit!" eine zu abstrakte oder gar vieldeutige Forderung. Der eine versteht darunter eine Dialogführung, die alles möglichst ausführlich erklärt. Ein anderer Benutzer würde dies als geschwätzig empfinden und sähe sich im raschen Erledigen seiner Aufgaben gebremst.

Vom Nutzen guter ergonomischer Gestaltung

Manch einer hält Ergonomie für ein Extra, welches Geld kostet, aber eigentlich keinen Nutzen bringt. Stimmt - solange man unter Ergonomie nur eine Art von "Produktkosmetik" versteht.

Tatsache ist jedoch, daß gute Ergonomie die Produktivität der eingesetzten Systeme steigert, denn sie sorgt dafür, daß der Benutzer genau die Leistungen erhält, die er für seine Arbeitsaufgabe benötigt. Funktionen, die so schwierig zu bedienen sind, daß sie nicht oder nur in geringem Umfang benutzt werden können, verschwinden. Der Schulungs- und Betreuungsaufwand wird geringer. Schließlich gibt es weniger Irrtümer und damit weniger Frustration beim Benutzer.

Die Kosten ergonomischer Gestaltung sind auf jeden Fall geringer als die Nachteile, die man sich einhandelt, wenn man Ergonomie nicht berücksichtigt. Denn gute ergonomische Gestaltung wirkt sowohl direkt auf die Produktivität als auch auf die Akzeptanz.

Die Benutzer sind zudem mehr und mehr in der Lage selbst festzustellen, welche Merkmale eine ergonomisch gelungene Gestaltung ausmachen. Damit ist Software-Ergonomie ein Erfordernis des Marktes geworden.

Jetzt mit der Innovation beginnen

Neue Technik eröffnet neue Gestaltungsspielräume, die es zu nutzen gilt. Es muß uns gelingen, die zukünftigen Benutzer stärker, als dies bisher der Fall ist, mit einzubeziehen. Worauf es letztlich ankommt, ist die Akzeptanz beim Benutzer. Akzeptanz ist nicht alles. Aber ohne Akzeptanz ist alles nichts.

Damit die Gestaltung von Bürokommunikationsgeräten nicht in Akzeptanzprobleme mündet, wird vorgeschlagen, die folgenden drei Maßnahmen zum festen Bestandteil der Planungsaktivitäten zu machen.

Erstens: Stets Nutzenkonzepte formulieren !

Wir diskutieren viel über die technisch richtige Lösung. Dabei kommen diese Fragen oft zu kurz: Welchen Vorteil hat der Benutzer? Bei welchen Aufgaben und in welcher Weise soll er die Technik einsetzen?

Stellen wir doch an den Anfang des Planungsprozesses das Nutzenkonzept! Dieses beschreibt in der Sprache des Benutzers Anforderungen an die Technik, skizziert die Funktionalität samt Oberfläche und gibt Einsatzbeispiele.

Zweitens: Verstärkt ergonomische Erkenntnisse nutzen !

Ergonomie - richtig eingesetzt - stellt sicher, daß der Benutzer mit den Funktionen zurechtkommt, daß ihm das Lernen erleichtert und bei Problemen geholfen wird.

Stellen wir doch verstärkt die Forderung nach software-ergonomisch gelungener Gestaltung der Kommunikationsendgeräte! Dann wird der Benutzer besser bedient sein. Schließlich ist eine gute, unverwechselbare Gestaltung der Benutzungsoberflächen ein Markenzeichen für jeden Hersteller.

Aber: gute Oberflächen entstehen nicht "nebenher" bei der Produktentwicklung. Erforderlich ist ein eigenständiges, produktbezogenes Vorfeld.

Drittens: Frühzeitig den Benutzer einbeziehen !

Über die Köpfe der Benutzer hinweg wird im Büro nichts laufen. Deshalb sollten in der Entwicklungsphase und erst recht beim Einsatz der Technik die Benutzer mitentscheiden können.

Ein leistungsfähiges Werkzeug ist hierbei das Rapid Prototyping. Zu einem sehr frühen Zeitpunkt wird – gleichsam in Vorwegnahme der späteren Entwicklung – die Benutzeroberfläche eines Systems sichtbar gemacht und mit Benutzern erprobt und verbessert. Wenn wir dieses Werkzeug in Zukunft verstärkt einsetzen, ersparen wir uns im Ergebnis die Entwicklung von Funktionen, die nichts nützen, weil sie nicht zu benutzen sind.

Designing Usable User-Interfaces
– A Challenge for the 90's

I. McClelland

INTRODUCTION

Philips is made up of a number of Product Divisions (PD's) which are responsible
for the development and manufacture of the products. Responsibility for industrial
and product design is carried by Corporate Industrial Design (CID). CID operates
from Eindhoven as a Corporate based service with offices in 21 countries and a
staff of about 250. In 1984 CID incorporated responsibility for Applied Ergonomics
into the range of services provided for the company. The Applied Ergonomics
group functions as a specialist support group working directly within project teams.
Basic research in Human Factors within Philips is the responsibility of the Institute
for Perception Research (IPO).

This paper outlines the development of strategies within CID which are:

   o contributing to the objective of designing more usable products, and

   o identifying more clearly the contribution which the ergonomist plays in
       meeting this objective.

This paper is written from the point of view of the ergonomist working within
product development.

The evolution of the `Information Technology and Communication' (ITC) market in
the 90's, in both consumer and professional sectors, will offer users many new
and novel ways in which information can be accessed, used and exchanged.

Clearly much of what will be realised in relation to products and services will be determined by many technical and economic factors. However it is also generally accepted that existing `user needs', and those that evolve as new patterns of usage emerge, are becoming increasingly important factors in shaping ideas about how products and systems should be configured. Indeed, meeting `customer needs' has become an explicit part of product development and marketing strategies within Philips as with many other companies in the ITC market.

In addition to general concerns for the customer, commercial and financial pressures are leading to demands for reductions in product development times and improvements in the reliability of design decisions. With respect to user issues these pressures are generally reflected in demands for improved understanding of `user needs' that a particular product should serve, and, secondly, improvements in the quality of feedback from the market on whether products are indeed successful from a users' perspective. It is clear that these pressures raise many issues which are not directly related to product design. However the climate of opinion created by such pressures is stimulating a greater interest in the development of design methods which lead to more usable products. As participants in the design process, the challenges is to develop design methods that articulate `user needs' in ways which are compatible with the demands of product design and development.

USABLE USER-INTERFACES AND USER NEEDS

It is fundamental that, for a product to be usable, it must be useful. That is to say the product should provide the basic 'tools' to support the activities and tasks which the user needs to carry out.

Secondly, the design of the user-interface should ensure satisfactory performance in use. In other words the user-interface should enable the product to be used effectively and efficiently to support the activities and tasks which the user wants to carry out. However much the product incorporates the facilities required by the user it will not be useful if the facilities are not made available in a usable form.

The basic needs are derived from the psychological and physiological capabilities and limitations of people. However once these basic requirements are satisfactorily accommodated many other factors will influence and shape the specific information and communication needs of users. An exhaustive listing of factors is, for the purposes of this paper, unnecessary but a few examples serve to illustrate the scope of what is involved:

amongst many global issues:

- o socio-economic relationships; peer groups and hierarchies,
- o socio-cultural aspects of communication practices,
- o formal and informal organisational structures,

issues related to particular types or groups of users:

- o education, training, and skill development,
- o levels of product expertise, both particular and general,

job specific issues related to particular users:

- o information and communication demands derived from specific tasks and job,
- o concurrent use of separate and complementary products or services,
- o the location of use; static, mobile, indoor, outdoor, etc,
- o shared and/or independent use.
- o casual and professional use,

Clearly users' perceptions of what is useful and usable will also be influenced by their experiences of the technologies they use in their day to day work, the demands placed on them by the organisations they work for, and the people they work with. These experiences will shape the requirements users and organisations have for the products they require in the future. See Carroll and Campbell for a more extensive discussion (Carroll, et al 1989).

Consequently the challenge is to articulate 'users needs' in ways which not only enable the design of useful and usable products, but also enable the evolution of usage patterns to be monitored . Successfully monitoring usage patterns should also enable the pressures and influences that shape and constrain the solution space available for new product directions to be better understood.

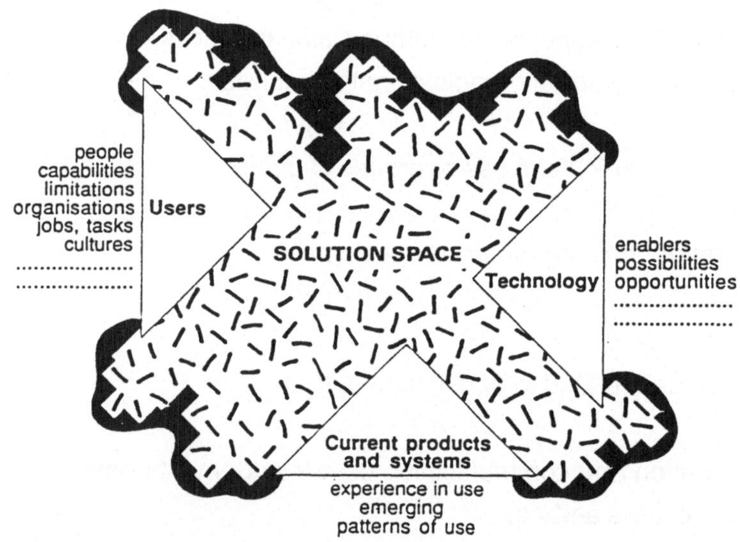

Figure 1

The solution space available for new products; constrained by users needs, experience with current products, and available technologies.

THE CID STRATEGY

The objective of the Applied Ergonomics group is to establish product usability as a specific design objective within the Company, and to build on the concept of product usability as an integral aspect of product quality.

Historically 'usability engineering has grown out of the long tradition of ergonomists working largely in a 'remedial' role with regard to product design. Weaknesses come to light through user experience, evaluation work is carried out, and corrective action recommended. Shackel (1986, 1987) provides some examples of this approach in discussing the development of 'usability engineering'.

Increasingly it is being recognised that a more 'prospective' style of involvement by ergonomists is required if usable products are to be designed. Experience in the US ITC industry stresses the importance of focussing on users and their requirements at the earliest stages of product development, Gould (1988,a), Gould et al (1985), Rubenstein et al (1984) Whiteside et al (1988). Particular emphasis is given to the correct formulation of user needs and identifying the important usability characteristics. Experience in the US ITC industry also shows that resource and organisational issues are critical if the objective of designing usable products is to be realised (Gould, 1988,b).

USER NEEDS ANALYSIS

A critical part of the CID strategy is therefore to start with an analysis of 'user needs'. The aim is to accurately describe the principal characteristics of the user group, the basic facilities and resources they require, and the basic tasks to be carried out. In the case of ITC products a major concern is to identify how the product is to support the use of information; accessing, interpreting, manipulating, generating, sharing, communicating, etc. For ITC products, especially where innovative products are required, `user needs' must be investigated in greater depth than previously. To quote from Johansen (1984); `One cannot just ask people as they file out of a conference room, "Could you have conducted that meeting with slow-scan plus audio plus fax?". Creative approaches are required to unravel the mysteries of user needs and wants'.

`User needs analysis' work is a traditional area for the ergonomist. It can take a variety of forms (Gould, 1988,a), and may be repeated several times to achieve the level of detail required. The aim is to build a holistic view of the context in which the new product is to be used, and the specific demands and expectations of users. Typical approaches include `desk based' research into available information, user tests of existing products, market test reports, consultation with in-house experts, etc. In addition observation studies and/or context situated interviews should be carried out. The results of such investigations should provide valuable insights into a number of aspects which can guide the design of a new product. These should include job and task analyses, strengths and weaknesses of existing designs, specific benefits which the new product should deliver, necessary utility and usability attributes, appropriate interaction technologies, etc.

Figure 2

User needs analysis

FROM USER NEEDS TO USABLE PRODUCTS

The information derived from `user needs analysis' studies must be interpreted into a form which is usable in a product development environment. In our work within Philips our approach is based on the following 'components'; user, utility, user-interface, and usability. In the following sections these components are described in relation to the issues addressed by the ergonomist.

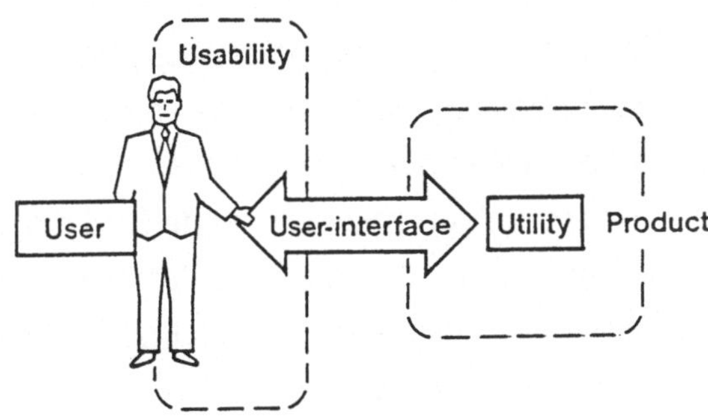

Figure 3
Designing usability into products - the basic components

The User; describe the relevant characteristics

The emphasis is on identifying the characteristics of the users which directly relate to successfully using the product. Attention must be focussed on the skills and expertise the users require to carry out their tasks successfully. Relevant characteristics may include job function, specific training, etc. The tendency to describe users in terms of characteristics such as age, sex and membership of particular groups (eg. the general public) should be discouraged unless such statements are directly relevant to the issue of usability. The content of a user description should be consistent with marketing and commercial perspectives. It is also the basis for selecting users for usability tests.

Utility; identify the facilities required by the user

A primary objective of the `user needs' analysis is to identify the facilities which the user requires to achieve their goals. These facilities we describe as the utility characteristics. Descriptions of the utility characteristics begin with general statements which are specifically intended to express users goals. Initially this may involve close collaboration with marketing. These general statements are then interpreted in more detail much of which will be derived directly from an analysis of existing tasks. This enables the main clusters, the hierarchies and the interrelationships of the utility characteristics to be accurately described. As the detail evolves a basic structure for the user-interface emerges, which can lead directly to specific dialogue design proposals.

There is a close parallel between utility and functionality. We make the distinction because currently, within Philips, functionality is formally specified with a heavy emphasis on the technical capability required of a product. We use utility, on the other hand, to describe, in behavioural terms, what the user should be able to achieve using the product.

The User-Interface

The user-interface is the focal point for the user when using the product. The term the `user-interface' refers to all the attributes of the product which the user encounters when using the product. It does not just refer to the software aspects. It is important to recognise the strong interrelationship between hardware and software aspects for the user. For the ergonomist particular areas of concern are the selection and design of appropriate interaction technologies and the design of interaction procedures. Closely related issues are the selection of appropriate conceptual models and metaphors for use in dialogues, and the design of instructional material.

Usability; selection of evaluation criteria

A highly usable product is one which performs well for the user. A basic question therefore is: what performance characteristics should a user-interface have which ensures that the user finds the design satisfactory? To measure the performance of a user-interface the measures must show whether the design is successful or not. The analysis of 'user needs' should provide valuable insights into what aspects are most important to users.

First usability criteria must be selected which are matched to the users, the tasks, and the circumstances under which the product will be used. The criteria, and their associated performance targets, must be defined in operational terms which reflect the way the product is intended to be used. The usability criteria selected should be used proactively in the development of design proposals. In later stages they provide the basis for evaluating user-interface design proposals in usability tests. The stages when usability tests are required during product development programmes should also be specified.

Experience has shown that to successfully design high levels of usability into user-interfaces requires a policy of iterative development. Usability criteria and associated performance targets are prerequisites for the implementation of such a policy (Buxton et al (1980), Gould (1988 a,b), Gould et al (1985), Rubenstein et al (1984) and, Whiteside et al (1988)).

TELEAPP - A CASE STUDY IN MEETING USER NEEDS

This case study illustrates how parts of our strategy are being interpreted within one current project.

The case study concerns a desktop communications appliance for the 90's, referred to here as TeleApp. TeleApp is a radical departure from products in the current range. The development of a product of this type presents a considerable challenge for the company, and equally for the Applied Ergonomics group. Ergonomics is able to make a key contribution to the success of the product by helping to identify the user needs, develop the product concept, and design in the levels of usability required.

The ergonomics contribution forms part of the work of a user-interface design team involving ergonomists, industrial and graphic designers, and software engineers. The design team first set out to identify a conceptual direction for the product before the development of formal `requirements' or `specification' documents.

User needs analysis

The first phase of the work focussed on identifying probable communication needs of office and home workers in the 90's. This required a subtle and creative approach which overcame difficulties users have in identifying their needs, especially their future needs. To provide the necessary insights we adopted the plan of work outlined in the Figure 4.

Activity	Insight
Expert interviews	Markets
User observations	Environment
User needs workshop 1	Needs
Designers' workshop	Solutions
User needs workshop 2	Evaluation

Figure 4
Plan of work for TeleApp user needs analysis

The first step involved interviews with marketing, sales and office automation experts within Philips. The issues discussed included customer behaviour, user characteristics and likely product demand. In parallel, a limited number of direct observations of users were made in a variety of situations where communication activities play a key role. In addition two User workshops and a Designers' workshop were held.

User needs workshop 1 provided a forum for a group of six users to discuss their communication needs and problems with respect to current tools and practices. The results of the workshop, together with the observation and interview data, provided a picture of needs and problems.

The needs and problems identified in the first workshop were then used as briefing material for the Designers workshop. This workshop was used to transfer the focus from the present to the future. Six professional industrial designers explored possible user-interface design solutions for particular usage scenarios. From this workshop five design directions were proposed.

In User needs workshop 2 the same group of six users returned to evaluate and discuss the five proposals. As a result of this workshop the five proposals were reviewed and nine proposals emerged.

The result of this user needs analysis stage was insight into a range of specific utility and usability issues which TeleApp should address. In addition, the preliminary design proposals which emerged form the basis for concepts which are being used in the development of the full product concept.

Usability assurance plan

Further development of this early work involved the production of a usability assurance plan (UAP). The UAP provides a framework which draws together the information required to support the development of TeleApp. The UAP for TeleApp follows the structure shown below.

Section	Content
A	- Title and purpose of product

B	- Conditions of use
	    B1 Intended uses of the product
	    B2 Intended users of the product
	    B3 Environmental requirements for use

C	- Usability
	    C1 Usability attributes of the product
	    C2 Actions taken to assure usability

D	- Additional information

Figure 5

Structure of the usability assurance plan for TeleApp

The UAP for TeleApp incorporates a description of the uses, the users, the conditions of use, the usability attributes, and defines the actions planned to ensure the usability of TeleApp. The information described is all interrelated; this is an essential aspect of the UAP. The information is directly contributing to the work of other members of the design team. The functional design, for example, directly reflects the utility goals, the interaction design and the product design take account of the usability goals.

The UAP is based on the Usability Assurance Statement which is being developed by the International Organisation for Standards working group on Software Ergonomics and Man-Machine Dialogue (ISO/TC159/SC4/WG5). The main purpose of the intended standard is to provide a framework within which the usability of a product can be operationally defined at a level which contributes to the development and selection of a product. It can also be seen as a tool for improving the communication between the producer and potential user of a product, with respect to usability.

The UAP for TeleApp describes the intended uses in section B1. These are the utility goals, many of which were derived from the user needs analysis. The goals are specified in terms of results the user can achieve, not functions or activities. Example of goals are:

   o "the user can exchange hand written information"
   o "the user can exchange text information"
   o "the user can minimise the cost of communication".

The intended users of TeleApp (B2) are specified in terms of the characteristics which they must have in order to be able to use the product successfully, for example:

   o numeracy and reading skills corresponding to intermediate level education
   o (corrected) normal vision in at least one eye
   o (corrected) normal hearing in at least one ear

> o normal manual dexterity (both hands)
> o familiarity with use of conventional telephone systems

The environmental requirements for use (B3) covers the conditions which apply and items which must be available for use with TeleApp such as hardware, software, documentation, support services, materials and the thermal and acoustic environments. The usability of TeleApp is dependent on these requirements being met.

The usability attributes, section C1, are expressed in terms of effectiveness (eg. productivity), efficiency (eg. reliability), comfort and acceptability (eg. likeability and user satisfaction). All aspects of operation from installation to long term use, and learnability are taken into account. For example:

> o for initial learning; without user orientation and without access to user guidance, successfully initiate a normal telephone call within 15 seconds.
> o after 30 minutes experience; user prefers TeleApp to the equipment and tools it replaces.

Section C2 summarises the actions planned to ensure the usability of TeleApp including:

> o user needs analysis (as described above)
> o task analysis (prospective analysis of tasks to be performed with TeleApp)
> o concept testing (user tests of new concepts)
> o usability qualification tests (to check that the usability criteria are met)
> o beta testing (involving early prototypes)

Following product development the same information can be used to provide a Usability Assurance Statement (following the ISO format) to demonstrate to potential customers that the product offers the required levels of usability. Thus, the Usability Assurance Plan and Usability Assurance Statement can be seen as important tools in demonstrating the ergonomics qualities of the product both within the company and to the customers.

An important addition to the UAP is the development of a Task-based Interaction Description. This documents interaction design proposals for the basic operational procedures for the aspects which are critical to daily use. Each section contains the following:

o the tasks the user has to carry out
o the current state of TeleApp
o actions the user must take and the corresponding feedback
o user knowledge and/or skills required for each action

The Task-based Interaction Description provides essential input for more detailed simulations and dialogue specifications, including graphic and product design proposals. This is the joint responsibility of the multidisciplinary design team.

CONCLUSIONS

We are only just beginning. An overview has been presented of a strategy which needs to be developed and evaluated. This must be done in collaboration with the technical and commercial functions within product development. A case study has been presented which in many respects is only demonstrating some important principles in relation to how, in the future, `usability' can be designed into products from the outset. Much has still to learned about how tools such as the UAP can be used effectively to support the development of usable user-interfaces. But nevertheless the case study described and experience gained from other projects gives us some important pointers for the future:

1, Utility, usability and user-interface concepts cannot be dealt with successfully sequentially. They are interdependent factors which directly affect user-interface design decisions at all levels of detail. A policy of iterative design development is essential so that a continual process of review and refinement is achieved.

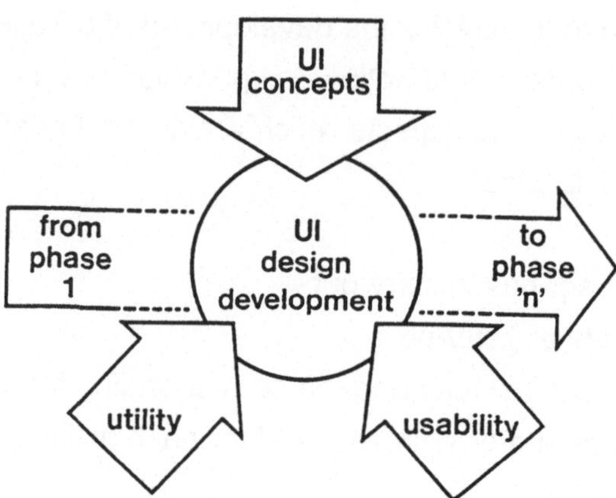

Figure 6

Utility, usability and user-interface concepts are interdependent

2, The issues of utility and usability are broad and deep, involving many people, and require a continual focus on users needs. This requires the development of interdisciplinary user-interface design teams that draw together people with the appropriate skills and knowledge.

3, Users can contribute in a direct and positive way to the development of useful and usable products from the very earliest stages in product development programmes.

4, The development of utility goals, usability goals, and early user-interface design proposals are tools to support the product specification process, and should not only be the consequences of it.

5, If we wish to design usable user-interfaces then the challenge for the 90's is to rethink our approaches to product design. It requires the development of new skills and resources to support the simulation, prototyping, and usability testing of products. Designing usable user-interfaces must be addressed as a strategic issue in relation to the total product development process.

Acknowledgements

The work of Fred Brigham, CID Applied Ergonomics group, in developing the TeleApp UAP, and colleagues from CID, IPO and the Philips, Innovation Centre Aachen, for their contributions to the work outlined in this paper.

REFERENCES

Buxton, B, and Schneiderman, R, 1980,
Iteration and the Design the Human-Computer Interface. Proceedings of the 13th Annual Meeting of the Human Factors Association of Canada.

Carroll, J M, and Campbell, R L, 1989,
Artifacts as psychological theories: the case of human-computer interaction.
Behaviour and Information Technology, Vol 8, 4, 247-256.

Gould, J D, 1988 a,
How to design usable systems. Handbook of Human-Computer Interaction,
Ed. M Helander North-Holland, Amsterdam.

Gould, J D, 1988 b,
Designing for usablity: the next iteration is to reduce organisational barriers.
Proceedings of the Human Factors Society, 32nd Annual Meeting.

Gould, J D, and Lewis, C, 1985,
Designing for Usability: key principles and what designers think. Communications of the ACM, 28(3),300-311.

Johansen, R, 1984,
Teleconferencing and Beyond: Communications in the Office of the Future.
McGraw Hill Publishing, New York

Rubinstein, R, Hersh, H M, 1984,
The Human Factor. Digital Press, Digital Equipment Corporation

Shackel, B, 1986,
Usability - context, framework, definition,design and evaluation. Proceedings of
the SERC CREST course; Human factors for informatics usability, HUSAT
Research Centre, University of Technology, Loughborough.

Shackel, B, 1987,
Human Factors for Usability Engineering ESPRIT'87; Achievements and impact.
Proceedings of the 4th Annual ESPRIT conference, Brussels, Sept 1987 Ed:
Commission of the European Communities, North-Holland, Amsterdam.

Whiteside, J, Bennett, J, and Holtzblatt, K, 1988,
Usability Engineering: our experience and evolution. Handbook of
Human-Computer Interaction, Ed. M Helander North-Holland, Amsterdam.

Anwendungsakzeptanz bei modernen Endgeräten

R. Lippmann

Viele Vortragsthemen des Kongresses lassen vermuten, daß die Ermittlung der Benutzerakzeptanz heute aktueller zu sein scheint als vor 4 1/2 Jahren, zu einer Zeit, als wir an der Fachhochschule Darmstadt entsprechende Versuche und Befragungen durchführten. Erst recht deuten die Themen auf ein bedeutsam gesteigertes Bewußtsein der geräteproduzierenden Industrie hin, ihre Produkte nicht nur den geschmacksabhängigen und durch Werbung zu steuernden Bedürfnissen der Anwender, sondern auch den menschbedingten Voraussetzungen, d.h. den menschlichen Anlagen und Fähigkeiten, anzupassen.

Das bis jetzt Vorgetragene läßt mich hoffen, daß nunmehr die technische Euphorie – produziert wird alles, was technisch machbar – durch das Filter einer methodisch konsequenten Ergonomie, und dazu gehören auch die ergonomisch begründeten Fragen zur Akzeptanz, relativiert wird.

Nach meinen Erfahrungen laufen die der Markteinführung eines Produktes vorausgehenden Akzeptanzermittlungen der Marketing- und Ergonomieabteilungen neben- oder nacheinander ab. Und nicht immer werden die Ergebnisse untereinander ausgetauscht oder gar gegenseitig relativiert. Naturgemäß läßt sich der Marketingfachmann von den Grundsätzen leiten, die den größten Markterfolg versprechen. Den Ergonomen dagegen interessiert, wie viele Tasten maximal vertretbar sind sowie ihre Größe, Form und Beschriftung. Für ihn ist die Informationsdarbietung auf dem alphanumerischen Display, Schriftgröße und Hilfsanweisung, Kompatibilität von Information und Tastaturlayout, Piktogrammeindeutigkeit und logische Tastenkombination wichtig. Auch der Ergonom will den Markterfolg erreichen, jedoch auf der Grundlage menschbezogener und objektiver Daten.

Um außer den Ergonomie-Daten gleichzeitig auch marketingrelevante Auskünfte zur Anwenderakzeptanz zu erhalten, führte die Arbeitsgruppe Telekommunikation der Fachhochschule Darmstadt ein gemischtes Versuchs- und Befragungsverfahren durch, bei dem die individuellen Meinungen zur Farbe, Gerätegröße, Tastenvielfalt etc. parallel zu den ergonomischen Versuchsabläufen ermittelt wurden.

Wenn wir davon ausgehen, daß schon ein schlichter Koffergriff weder solo noch am leeren Koffer, sondern nur am beladenen und auf verschiedenste Weise bewegten Objekt ergonomisch beurteilt werden kann, dann gilt das erst recht für das komplexe Telefon. Und da dieses Gerät nicht nur von Berufstätigen, sondern auch von Kindern und Senioren benutzt wird, sind diese Nutzergruppen bedingt in die Versuche und Akzeptanzermittlungen mit einzubeziehen.

Für die Teilnahme an unseren gemischten Versuchen Nr. 4, 4a und 4b konnten wir aus verschiedenen Berufsgruppen 50 Personen im Alter zwischen 15 und 63 Jahren gewinnen. In einem Darmstädter Altenheim stellten sich dank Unterstützung durch die Heimleitung 13 Senioren zur Verfügung. Und nach schriftlich eingeholter Genehmigung bei den Eltern konnten wir in einem Kindergarten mit 12 vier- bis sechsjährigen Kindern arbeiten.

Insgesamt wurden 42 Filme belichtet und 1140 Fotos hergestellt. 920 Aufnahmen waren ausreichend instruktiv und fanden, sortiert nach Gruppen (Berufstätige, Kinder, Senioren) und Tätigkeiten auf großen Dokumentationstafeln Verwendung.

Mit der Versuchsdurchführung waren vier Personen betraut. Sechs Helfer haben die Verfahren vorbereitet und die Ergebnisse ausgewertet. Der zeitliche Aufwand für die Versuche, die Dokumentation eingeschlossen, betrug 16 Arbeitstage. Vergleichbare Versuche in der Fachliteratur waren uns nicht bekannt.

VERSUCHSAUFBAU

Drei funktionsfähige Fernsprechendgeräte in der Farbe bordeauxrot standen zur Verfügung:

POST	FeTAp	7	Querauflieger
TN	FeTAp	14	Längsauflieger
TN	2 R	11	Längsauflieger

Um eine Schreibunterlage, auf der im Versuch 4 zwei Groß- und zwei Kleinbuchstaben aufgezeichnet waren, wurden die Telefone halbkreisförmig aufgestellt. Nach dem jeweils halben Durchgang fand ein Austausch in der Reihenfolge der Geräte statt. Auf der linken Schreibtischseite lag für Versuch 4 (Berufstätige) ein gefüllter Aktenordner bereit, und rechts hatten wir einen Kugelschreiber und ein Lineal sowie ein privates Telefonregister abgelegt. Sechs Schritte entfernt, auf einem weiteren, schräg hinter der

Person angeordneten Tisch, lag für die Probanden eine Nachricht. Im angrenzenden Raum mit Sichtverbindung stand für den Versuchsleiter ein Apparat (Telefon Nr. 4). Dieser war über Leitung mit den drei Testgeräten verbunden. Beide Seiten konnten wählen und angewählt werden.

Bei Versuch 4a (Kinder) standen statt der Schreibunterlage Malpapier und an Stelle von Kugelschreiber und Lineal zwei Kästchen Farbstifte zur Verfügung. Aktenordner und Telefonregister entfielen, ebenso der Sondertisch mit der Nachricht. Statt dessen stand an gleichem Ort ein großer Karton mit Geschenktüten.

In Versuch 4b (Senioren) lagen auf der Schreibunterlage ein Kugelschreiber und das private Telefonregister. Der Telefonaufbau für den Versuchsleiter war gleich dem von Versuch 4.

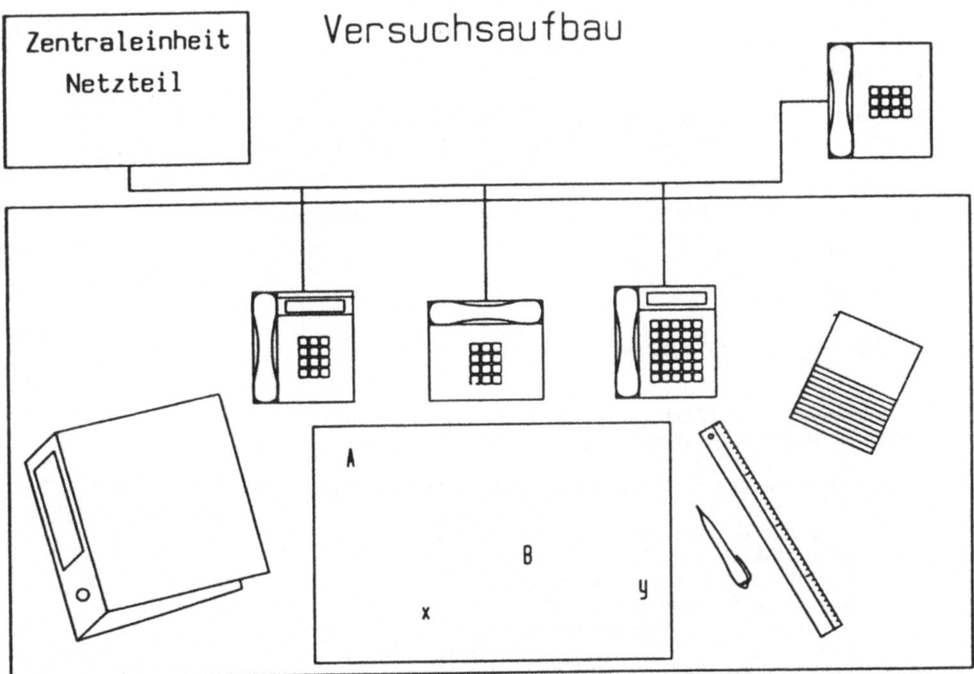

VERSUCHSABLAUF: BERUFSTÄTIGE

Die berufstätigen Probanden waren in der Hochschulverwaltung, in Labors oder Werkstätten beschäftigt. Ihre Teilnahme erfolgte auf eigenen Entschluß.

Nachdem ihnen erläutert worden war, daß der Versuch in zwei Durchgängen, d.h. im Stehen und im Sitzen, stattfinden soll und dabei gleiche oder ähnliche, aber auch unterschiedliche Handlungen erwartet werden, gingen die Probanden zum Schreibtisch, auf dem die Testutensilien aufgebaut waren.

1. Am Schreibtisch stehend wurden sie vom Helfer aufgefordert,
   nach einem Telefon ihrer Wahl zu greifen.

   (= 1. Foto)

2. Nach Vollzug erfolgte die Anweisung, die Nr. 11
   (Apparat des Versuchsleiters) zu wählen

   (= 2. Foto)

3. und den Handapparat (HA) ans Ohr zu führen.

   (= 3. Foto)

4. Über Telefon meldete sich der Versuchsleiter, erklärte kurz
   den Testzweck und bat, aus dem bereitliegenden Aktenordner
   ein näher bezeichnetes Prüfzeugnis der Fa. Telemax zu suchen

   (= 4. Foto)

5. und dessen Nummer oder Datum oben rechts auf der Schreibunterlage zu notieren.

   (= 5. Foto)

6. Dem folgte die Aufforderung, den HA abzulegen und den
   Ordner wieder in die Ausgangsposition zurückzugeben.

   (= 6. Foto)

   Nachdem der Proband auf dem Schreibtischstuhl Platz genommen
   hatte, erklärte der Helfer die gleiche Ausgangs-Prozedur.

7. Zum Telefon eigener Wahl greifen,

   (= 7. Foto)

8. die Nummer 11 wählen

   (= 8. Foto)

9. und den HA zum Ohr führen.

   (= 9. Foto)

Der Versuchsleiter führte mit dem Probanden ein Fünf-Minuten-Gespräch. Dabei wurden evtl. Hand- oder/und Ohrwechsel beobachtet.

Im Gespräch wurden u.a. die Akzeptanzfragen gestellt:

> bevorzugte HA-Ablage längs oder quer
> Handlichkeit und Gewicht des HA
> Farbe und Größe des Telefons
> Anzahl und Größe der Tasten
> Schriftgröße auf Tasten und Display

10. Nach dem Weckerzeichen erfolgte die Aufforderung, mit
    Hilfe von Kugelschreiber und Lineal auf der Schreib-
    unterlage von A nach B eine Linie zu ziehen.

    Danach wurde wieder über Telefon gebeten, auf gleiche
    Weise B mit x zu verbinden,

    (= 10. Foto)

    und nach Vollzug wurde zum Ziehen einer Linie
    von x nach y aufgefordert.

    (= 11. Foto)

11. Daran anschließend sollten die Probanden aus dem bereit-
    liegenden Telefonregister eine bestimmte zehnstellige
    Nummer suchen

                                                                (= 12. Foto)

12. und diese in das benutzte Telefon als Notiz eingeben.

                                                                (= 13. Foto)

13. Dem folgte die Aufforderung, aufzustehen, den gesamten
    Apparat zu greifen,

                                                                (= 14. Foto)

    zu dem schräg hinten angeordneten Tisch zu tragen und
    dort die vorbereitete Nachricht:

                "Der Versuch ist beendet, bitte tragen
                Sie das Telefon an seinen Platz zurück!
                Wir danken für Ihre freundliche Mitwirkung"

    zu lesen.

Pro Person wurden für den Versuch zwischen 14 und 20 Minuten benötigt. Mehrere blie-

ben nach ihrem Versuch, um dem Nachfolgenden bei seinen Handlungen zuzusehen und

seine Antworten zu hören, und viele erklärten spontan ihre Bereitschaft, bei einem

ähnlichen Versuch wieder mitzuwirken.

VERSUCHSABLAUF: KINDER

Mit einem Brief an die Eltern der fünfjährigen Kinder eines der Hochschule nahegelege-

nen Kindergartens gelang es, zwölf Kinder im Alter von 4-6 Jahren zur Teilnahme am

Versuch zu gewinnen. Sie wurden in drei Gruppen in die Hochschule geführt und, nach-

dem wir ihnen die unterschiedlichen Telefone gezeigt und zum "Aneinandergewöhnen"

vieles erklärt hatten, begaben sich die kleinen Probanden zu ihrem Platz.

Am Schreibtisch stehend wurden sie vom Helfer aufgefordert, ein Telefon oder etwas an-

deres zu malen.

1. Etwa drei Minuten später erfolgte die Anweisung, zu
   dem Telefon zu greifen, das ihnen am besten gefällt.

                                                                (= 1. Foto)

2. Nach Vollzug sollten die Kinder die Nummer 11 wählen

                                                                (= 2. Foto)

3. und den HA zum Ohr führen.

                                                                (= 3. Foto)

4. Während der Versuchsleiter sich über Telefon mit ihnen
   fünf Minuten lang unterhielt, mußten die Probanden an
   ihrem Bild weitermalen.

                                                                (= 4. Foto)

5. Danach wurden sie aufgefordert, das Telefon zu greifen

                                                                (= 5. Foto)

   und zum Tisch hinter dem großen Karton zu tragen und aus
   diesem eine Geschenktüte zu entnehmen.

6. Anschließend sollte der HA wieder aufgelegt und das Telefon
   zum Tisch zurückgetragen werden.

                                                                (= 6. Foto)

Durch die längere Eingewöhnungsphase wurden pro Kind ebenfalls
15-20 Minuten benötigt.

VERSUCHSABLAUF: SENIOREN

Nach mehreren Absagen erhielten wir schließlich in einem Altenheim doch noch die Erlaubnis, unseren Versuch durchführen zu dürfen. Zwölf Senioren im Alter von 67–102 Jahren und ein fünfundvierzigjähriger Frühinvalide erklärten ihre Teilnahmebereitschaft. In der Bibliothek durften wir unsere Utensilien ähnlich aufbauen, wie wir es mit Erfolg in der Hochschule praktiziert hatten. Den einzeln eintretenden Senioren wurde, nachdem sie am Schreibtisch Platz genommen hatten, unsere Absicht erklärt. Dabei konnte einigen nur mit Mühe verdeutlicht werden, daß von unseren Versuchstelefonen aus keine Verbindung zu ihren Kindern (in Amerika) hergestellt werden konnte.

1. Der Helfer bat die Senioren, zu dem Telefon zu greifen,
   das ihnen am meisten zusagte.

(= 1. Foto)

2. Danach erfolgte die Anweisung, die Nummer 11 zu wählen

(= 2. Foto)

3. und den HA zum Ohr zu führen.

(= 3. Foto)

4. Vom Nebenzimmer aus meldete sich über Telefon der Versuchsleiter und bat während eines kurzen unterhaltsamen Gesprächs, eine vierstellige Zahl – zweierperiodisch gesprochen – auf der Schreibunterlage zu notieren

(= 4. Foto)

5. und danach den HA wieder aufzulegen.

(= 5. Foto)

Vor Beginn des zweiten Versuchsteiles wurden die Probanden vom Helfer wieder aufgefordert,

6. zum Telefon ihrer Wahl zu greifen,

(= 6. Foto)

7. die Nummer 11 zu wählen

(= 7. Foto)

8. und den HA zum Ohr zu führen.

(= 8. Foto)

Der Versuchsleiter führte mit den Senioren ein Fünf-Minuten-Gespräch, in dem er neben den gleichen Akzeptanzfragen wie in Versuch 4 auch Wünsche und Vorschläge zur Telefongestaltung aus der Sicht von (teilweise stark behinderten) Senioren zu erfahren suchte.

9. Dem folgte die Bitte, aus dem Telefonregister eine Nummer zu suchen

(= 9. Foto)

10. und diese auf dem benutzten Telefon zu wählen.

(=10. Foto)

11. Vor Versuchsabschluß wurden die Senioren gebeten, den gesamten Apparat so zu greifen, als wollten sie ihn zu einem anderen Platz tragen.

(=11. Foto)

12. Mit der Bitte, den HA aufzulegen, war der Versuch beendet.

(=12. Foto)

Die älteren Herrschaften äußerten übereinstimmend die Meinung, daß der Versuch für sie sehr interessant und nicht schwer gewesen sei. Sie bedankten sich für die nette Abwechslung im immer gleichen Heim-Alltag. Nach Auskunft der Leiterin war unsere Arbeitsgruppe im ganzen Haus noch lange Zeit das Tagesgespräch.

DOKUMENTATIONSVERFAHREN

Um in der gering bemessenen Zeit von 75 Probanden viele Testergebnisse dokumentieren zu können, wurden vier Verfahren gleichzeitig eingesetzt.

1. Standfotos von gleichen nach Aufforderung ausgeführten Handlungen.
2. Eintragung in vorgefertigte einheitliche Protokollblätter.
3. Protokollieren der Antworten auf Tonband, als Sicherung der Protokollnotizen.
4. Textprotokolle der zusätzlichen relevanten Bemerkungen.

1. Fotos

Pro teilnehmendem erwerbstätigen Probanden wurden mind. 14, pro Kind und Senior 6 bzw. 7 Fotos für die jeweils gleiche Handlung angefertigt. Zur vergleichenden Übersicht haben wir die Fotos personen- und handlungsbezogen auf große Dokumentationstafeln geklebt. Die Fotos steigern den Informationsgehalt der Protokolle.

2. Protokollblätter

Für jede Teilnehmergruppe wurden nachfolgend kopierte aufeinander abgestimmte Protokollblätter angefertigt. In ihnen konnten wir Antworten zu Standardfragen sowie standardisierte Handlungen vergleichbar festhalten (s.Analyse-Ergebnisse).

3. Tonbandprotokoll

Um ermüdungsbedingte Protokollierfehler zu relativieren, haben wir mit Einverständnis der Probanden einen Tonband-Mitschnitt vorgenommen, den wir bei der Auswertung im Zweifelsfall zu Rate ziehen konnten.

4. Textprotokolle

Um Anregungen für ähnliche, jedoch weiterführende Versuche zu erhalten, wurden nahezu alle ungefragten Äußerungen der Probanden zum Themenkomplex protokolliert.

LV 4	PROTOKOLLBOGEN: BERUFSTÄTIGE	Person-Nr.
Reg.-Nr.	Handapparat Handling-Dokumentation	Film/Karte

männlich □   weiblich □   Alter □   00 1,2,3

Linkshänder □ Rechtshänder □ 01 1,2

Büro □ Labor □ Werkstatt □   Wohnung □ 02 1,2,3,4

Bild

Handlungen im Stehen   li | mi | re

1 Greifen zum Handapparat (HA)   Telefon 03 1,2,3
                                         Hand   03 4,5

2 Wählen   Zeigefinger □Mittelfinger □ mehrfingrig □ 04 1,2,3

3 HA zum Ohr führen   linkes Ohr □ rechtes Ohr □ 05 1,2

4 in Akten blättern   Handwechsel □ Ohrwechsel □ 06 1,2

5 Notiz anfertigen   HA weg-legen □Handwechsel □ Ohrwechsel □ 07 1,2,3

6 Handapparat zurücklegen

Handlungen im Sitzen   li | mi | re

7 Greifen zum (HA)   Telefon 08 1,2,3
                                         Hand   08 4,5

8 Wählen   Zeigefinger □Mittelfinger □ mehrfingrig □ 09 1,2,3

9 HA zum Ohr führen   linkes Ohr □ rechtes Ohr □ 10 1,2

10 Fünf-Minuten-Gespräch   Handwechsel □ Ohrwechsel □ 11 1,2

11 beidhd.Manipulation an Zeichn.   weglegen □ Schulter-klemmung □ 12 1,2

12 Tel.Nr. suchen und wählen   weglegen □ einhändig □ 13 1,2

13 aufstehen, Tel.greifen und wegtragen   re □   li □ 14 1,2

HA zurücklegen

Akzeptanz-Fragen

HA-Ablage bevorzugt   quer □ längs □ 15 1,2

HA-Griffbereich handlich genug   ja □ nein □ ausreichend □ 16 1,2,3

Farbe des Apparates   lieber hell □ dunkel □ wie hier □ 17 1,2,3

Größe des Apparates   lieber kleiner □ größer □ wie hier □ 18 1,2,3

Stören die vielen Tasten?   ja □ nein □ ein wenig □ 19 1,2,3

LV 4a	PROTOKOLLBOGEN: KINDER	Person-Nr.
Reg.-Nr.	Handapparat Handling-Dokumentation	Film/Karte

männlich ☐   weiblich ☐   Alter ☐   00 1,2,3

Linkshänder ☐ Rechtshänder ☐   01 1,2

schon mal telefoniert ☐ oft telef. ☐   selbst gewählt ☐   02 1,2,3,4

Bild	Handlungen im Stehen	li	mi	re		
1	Greifen zum Handapparat (HA)				Telefon	03 1,2,3
					Hand	03 4,5
2	Wählen Zeigefinger ☐ Mittelfinger ☐ mehrfingrig ☐					04 1,2,3
3	HA zum Ohr führen linkes Ohr ☐ rechtes Ohr ☐					05 1,2
4	Malen beim Telefonieren Handwechsel ☐ Ohrwechsel ☐					06 1,2
5	aufstehen, Tel.greifen und wegtragen re ☐ li ☐					07 1,2,3
6	HA zurücklegen					

LV 4b	PROTOKOLLBOGEN: SENIOREN	Person-Nr.
Reg.-Nr.	Handapparat · Handling-Dokumentation	Film/Karte

	männlich ☐ weiblich ☐ Alter ☐	00 1,2,3
	Linkshänder ☐ Rechtshänder ☐	01 1,2
	früher viel telefoniert ☐ wenig telef. ☐ wird jetzt noch telef. ☐	02 1,2,3
Bild	Handlungen im Sitzen	
1	Greifen zum (HA) li│mi│re Telefon / Hand	03 1,2,3 / 03 4,5
2	Wählen Zeigefinger ☐ Mittelfinger ☐ mehrfingrig ☐	04 1,2,3
3	HA zum Ohr führen linkes Ohr ☐ rechtes Ohr ☐	05 1,2
4	genannte Tel.Nr.schreiben Handwechsel ☐ Ohrwechsel ☐	06 1,2
5	HA zurücklegen	
6	Greifen zum (HA) li│mi│re Telefon / Hand	07 1,2,3 / 07 4,5
7	Wählen Zeigefinger ☐ Mittelfinger ☐ mehrfingrig ☐	08 1,2,3
8	HA zum Ohr führen linkes Ohr ☐ rechtes Ohr ☐	09 1,2
9	Tel.Nr. suchen und wählen weglegen ☐ einhändig ☐	10 1,2
10	aufstehen, Tel.greifen und wegtragen re ☐ li ☐	11 1,2
	HA zurücklegen	

Akzeptanz-Fragen

HA-Ablage bevorzugt	quer ☐ längs ☐	12 1,2
HA-Griffbereich handlich genug	ja ☐ nein ☐ ausreichend ☐	13 1,2
Farbe des Apparates	lieber hell ☐ dunkel ☐ wie hier ☐	14 1,2,3
Größe des Apparates	lieber kleiner ☐ größer ☐ wie hier ☐	15 1,2,3
Stören die vielen Tasten?	ja ☐ nein ☐ ein wenig ☐	16 1,2,3
Größe der Tasten	lieber kleiner ☐ wie hier ☐	17 1,2
Größe der Schrift	lieber kleiner ☐ wie hier ☐	18 1,2

ANALYSE-ERGEBNISSE   BERUFSTÄTIGE

A   Zur Person

Teilnehmer	männl.	weibl.		insgesamt
	36		72%	
		14	28%	50 = 100 %
Linkshänder	2		6%	
		0	0%	2 = 4 %
Rechtshänder	34		94%	
		12	86%	48 = 96 %
Durchschnittsalter	35			
		38		37
überwiegend telefoniert				
wird in Büro	13		36%	
		10	71%	23 = 46 %
Labor	6		17%	
		1	7%	7 = 14 %
Werkstatt	5		14%	
		0	0%	5 = 10 %
Wohnung	12		33%	
		3	21%	15 = 30 %

B 1 Handlung im Stehen

1. Greifen zum HA des				
linken Telefons	6		17%	
		6	43%	12 = 24 %
mittleren Telefons	14		39%	
		4	29%	18 = 36 %
rechten Telefons	16		44%	
		4	29%	20 = 40 %
mit linker Hand	23		64%	
		9	64%	32 = 64 %
rechter Hand	13		36%	
		5	36%	18 = 36 %
Handwechsel	3		8%	
		3	21%	6 = 12 %

Teilnehmer	männl.	weibl.		insgesamt
2. Nummer 11 wählen				
mit Zeigefinger	33		92%	
		12	86%	45 = 90 %
Mittelfinger	3*		8%	
		2	14%	5 = 10 %
mehrfingrig	0		0%	
		0	0%	0 = 0 %
3. Handapparat zum				
linken Ohr	27		75%	
		11	79%	38 = 760 %
rechten Ohr	9		25%	
		3	21%	12 = 24 %
4. Gleichzeitig in				
Akten blättern				
HA weglegen	20		56%	
		1	7%	21 = 42 %
Handwechsel	8		22%	
		5	36%	13 = 36 %
Ohrwechsel	5		14%	
		1	7%	6 = 12 %
Schulterklemmung	8		22%	
		7	50%	15 = 30 %
5. Gleichzeitig Notiz				
anfertigen				
HA weglegen	20		56%	
		1	7%	21 = 42 %
Handwechsel	8		22%	
		5	36%	13 = 36 %
Ohrwechsel	5		14%	
		1	7%	6 = 12 %
Schulterklemmung	5		14%	
		2	14%	7 = 14 %
6. Handapparat zurück-				
legen mit				
linker Hand	27		75%	
		12	86%	39 = 78 %
rechter Hand	9		25%	
		2	14%	11 = 22 %

* davon ein Teilnehmer mit Ringfinger

B 2 Handlung im Sitzen

Teilnehmer	männl.	weibl.		insgesamt
7. Greifen zum HA des	11		31%	
linken Telefons		4	29%	15 = 30 %
mittleren Telefons	17		46%	
		8	56%	25 = 50 %
rechten Telefons	8		22%	
		2	14%	10 = 20 %
mit linker Hand	27		75%	
		12	86%	39 = 78 %
rechter Hand	9		25%	
		2	14%	11 = 22 %
Handwechsel	0		0%	
		0	0%	0 = 0 %
8. Nummer 11 wählen				
mit Zeigefinger	27		75%	
		9	64%	36 = 72 %
Mittelfinger	5		14%	
		9	64%	14 = 28 %
mehrfingrig	0		0%	
		0	0%	0 = 0 %
9. Handapparat zum				
linken Ohr	30		83%	
		12	86%	42 = 84 %
rechten Ohr	6		17%	
		2	14%	8 = 16 %
Fünfminuten-Gespräch				
Handwechsel	9		25%	
		2	14%	11 = 22 %
Ohrwechsel	4		11%	
		1	7%	6 = 12 %
Schulterklemmung	8		22%	
		7	50%	5 = 10 %
10. Gleichzeitig mit Lineal zeichnen				
HA weglegen	23*		64%	
		3	21%	26 = 52 %
Schulterklemmung	14		39%	
		10	71%	24 = 48 %

* davon ein Teilnehmer vom Ohr genommen,
jedoch in der Hand behalten.

Teilnehmer	männl.	weibl.	insgesamt
11. Telefonnummer suchen			
HA weglegen	5		14%
		0	0%	5 = 10 %
einhändig	28		78%
		3	21%	31 = 62 %
Schulterklemmung	3		8%
		1	7%	4 = 8 %
12. Zehnstellige Telefonnummer wählen			
mit Zeigefinger	24		67%
		6	43%	30 = 60 %
Mittelfinger	8		22%
		3	21%	11 = 22 %
mehrfingrig	4		11%
		5	36%	9 = 18 %
13. Telefon greifen und wegtragen mit			
linker Hand	7		19%
		2	14%	9 = 18 %
rechter Hand	28		78%
		10	71%	38 = 76 %
beidhändig	1		3%
		2	14%	3 = 6 %

Spontan wurde zu folgenden Telefonen gegriffen

1. Versuch

	männl.	weibl.		insgesamt
FeTAp 7 Queraufleger	13		36%	
		6	43%	19 = 38 %
T 4 Längsaufleger	16		44%	
		4	29%	20 = 40 %
R 11 Längsaufleger	7		19%	
		4	29%	11 = 22 %

2. Versuch

	männl.	weibl.		insgesamt
FeTAp 7 Queraufleger	17		46%	
		7	50%	24 = 48 %
T 4 Längsaufleger	8		22%	
		2	14%	10 = 20 %
R 11 Längsaufleger	11		31%	
		5	36%	16 = 32 %

1. und 2. Versuch

	männl.	weibl.		insgesamt
FeTAp 7 Queraufleger	30		42%	
		13	46%	43 = 43 %
T 4 Längsaufleger	24		33%	
		6	21%	30 = 30 %
R 11 Längsaufleger	18		25%	
		9	32%	27 = 27 %

Mit insgesamt 43 % erhält der FeTAp 7 Queraufleger den eindeutigen Vorzug vor den etwa gleich verteilten T 4 (30 %) und R 11 (27 %).

Die Telefon-Auswahl deckt sich nicht ganz mit den Antworten zur Akzeptanzermittlung. 44 % würden einen Queraufleger und 44 % einen Längsaufleger kaufen, die übrigen hatten keine Meinung.

Interessant ist das Beharrungs- oder Wechselverhalten. Trotz des Hinweises, es kann gewechselt werden, blieben im 2. Versuch 31 Personen (62 %) beim selben Apparat.

	männl.	weibl.		insgesamt
FeTAp 7 Queraufleger	11		31%	
		5	36%	16 = 32 %
T 4 Längsaufleger	7		19%	
		1	7%	8 = 16 %
R 11 Längsaufleger	4		11%	
		3	21%	7 = 14 %

32 % blieben auch im 2. Versuch beim Queraufleger. Der Längsaufleger wurde von 30 % der Personen wieder gewählt.

Dagegen wechselten 19 Personen (38 %) im 2. Versuch den Telefonapparat.

	männl.	weibl.		insgesamt
von FeTAp 7 nach T 4	1		3%	
		0	0%	1 = 2 %
von T 4 nach FeTAp 7	3		8%	
		2	14%	5 = 10 %
von FeTAp 7 nach R11	1		3%	
		1	0%	2 = 4 %
von R 11 nach FeTAp 7	3		8%	
		0	0%	3 = 6 %
von T 4 nach R 11	6		17%	
		1	7%	7 = 14 %
von R 11 nach T 4	0		0%	
		1	7%	1 = 2 %

Bezieht man das Ergebnis auf die HA-Ablage, dann wechselten drei Personen (6%) vom Quer- zum Längsaufleger, gegen acht Personen (16%), die den Längsaufleger mit dem Queraufleger vertauschten.

Stellt man die Tastenzahl in den Mittelpunkt des Vergleichs, so nehmen Mut oder Neugier im zweiten Versuch zu, denn während im ersten Versuch nur elf Personen (22%) den Reihenapparat auswählten, waren es im zweiten Versuch 16 Personen (32%). Davon hatten acht Personen schon im ersten Versuch mit dem Reihenapparat telefoniert, acht Personen hatten zu ihm gewechselt.

Nicht alle Probanden faßten den HA beim Sprechen im Griffelement an. Während des zweiten Versuchs wurde einmal am Lautsprecherteil angefaßt. Wie der HA sonst genutzt wurde, zeigen folgende Tabellen.

1. Versuch	männl.	weibl.		insgesamt
am Griff	25		69%	
		10	71%	35 = 70 %
am Mikrophon	11		31%	
		4	29%	15 = 30 %
2. Versuch				
am Griff	27		75%	
		13	46%	40 = 80 %
am Mikrophon	8		22%	
		1	7%	9 = 18 %
am Lautsprecher	1		3%	
		0	0%	1 = 2 %

Sechs von elf männlichen Probanden und eine von vier weiblichen Testteilnehmerinnen umfaßten auch im zweiten Versuch den HA wieder im Bereich des Mikrophons, während zwei Männer beim zweiten Durchgang den HA nun am unteren Ende griffen. Innerhalb der beiden Versuche wechselten acht Personen ihre Griffweise.

Im Gegensatz zu Laborversuch 1 mit Studenten (Studie vom Dezember 1984), in dem beim Wählen von zehnstelligen Nummern 78 % der Nutzer die Tasten mit einem Finger und 14 % mehrfingrig betätigten (8% wechselten mehrmals), wurde in Laborversuch 4 die lange Nummer von 82 % der Probanden einfingrig, von 18 % mehrfingrig eingegeben.
Beim Wählen der zweistelligen Nummer weicht das Ergebnis ab. Bei Addition beider Versuche wählten 91 % mit einem und 9 % mit mehreren Fingern.

Auffallend hoch ist der Prozentsatz derer, die während des Schreibens, beim Zeichnen oder Suchen den HA zwischen Ohr und Schulter festklemmen. Bei vier dafür sinnvollen Möglichkeiten wurde die Schulterklemmung insgesamt 50 mal (25%) vorgenommen.

FAZIT

Die Arbeitsgruppe Telekommunikation der Fachhochschule Darmstadt hat mit den beschriebenen Versuchen empirisch ermittelte Ergebnisse zur Akzeptanz und Nutzungsart bei drei im Markt eingeführten Telefonapparaten erzielt und für weiterführende Analysen vierfach dokumentiert. Die Analyseergebnisse Kinder und Senioren sind in diesem Bericht nicht enthalten.

Mit 75 Probanden im Alter zwischen 4 und 102 Jahren liegen zu folgenden Problembereichen Erkenntnisse vor:

1. Handlung im Stehen und Sitzen
    Nutzung des HA bei oder während folgender Tätigkeiten:

greifen	Akten suchen
wählen	schreiben
zum Ohr führen	zeichnen
sprechen kurzzeitig	malen (bei Kindern)
sprechen langzeitig	Telefonnummer suchen

    Nutzung der Tasten: Kurznummern wählen
                        10-stellige Nummer wählen

    Telefonapparat: greifen
                    Anordnung in der engeren Arbeitsumgebung

2. Beharrungs- und Wechselverhalten bei zwei Versuchsdurchgängen

3. Akzeptanz

Handapparat:	Maße	Telefonapparat:	Größe
	Form		Form
	Gewicht		Farbe
	Handlichkeit		Handlichkeit
	Schulterklemmung		Greifmöglichkeit
	Querauflage		
	Längsauflage		
Tasten:	Größe	Schrift:	Größe
	Anzahl		Informationsgehalt

Die Arbeitsgruppe war sich jederzeit bewußt, daß die Ergebnisse nicht ausreichend repräsentativ sind und Kontroll- und Vergleichsversuche folgen müssen. Dem Wunsch, solche im beauftragenden Unternehmen und auf Messen durchzuführen, wurde nicht entsprochen. Dennoch boten die erzielten Erkenntnisse, gemeinsam mit den auf anderen Wegen gewonnenen, wertvolle Grundlagen für ein neues, nach ergonomischen und benutzerfreundlichen Bedingungen entwickeltes Gerätedesign.

Wir meinen, daß die Koppelung von individueller Akzeptanzermittlung (Befragung) und objektiver, ergonomisch relevanter Handlungsdokumentation grundsätzlich sinnvoll und effizient ist. Vor allem dann, wenn alle mit dem Produkt umgehenden Anwendergruppen im Test repräsentativ vertreten sind und die Handlungen realitätsnahe ausgeführt und redundant dokumentiert werden.

Nutzungsgerechte Mobilkommunikation

R. Vollmer

Information und Kommunikation werden im Automobil immer wichtiger
und vielfältiger. Die entsprechenden Systeme machen ein gut Teil
der Kfz-Elektronik aus, der heute bei ca. 12 % der Herstellkosten
eines Kraftfahrzeuges liegt und sich in den kommenden 15 Jahren
noch einmal verdoppeln dürfte /1/. Systeme zur Überwachung der
Zuverlässigkeit eines Fahrzeugs bieten dem Fahrer ebenso Information wie Systeme zur Sicherung im Fahrzeugnahbereich. Komfort-
systeme wollen bedient werden und stellen zum Teil überaus komplexe Information in aufbereiteter Form für den Fahrer zur Verfügung. Empfangseinrichtungen ermöglichen Unterhaltung im Fahrzeug, aber ebenso auch die kollektive Informationsübermittelung von
beispielsweise Verkehrsfunk oder die individuelle Informationsübermittlung, die durch öffentliche Personenrufsysteme, wie City-
Ruf, stärkere Verbreitung erfährt. Schließlich machen Sende- und
Empfangseinrichtungen die bidirektionale Mobilkommunikation möglich,
die Kommunikation von Mensch zu Mensch über das Mobiltelefon, aber
auch den Informationsaustausch mit ortsfesten Systemen und öffentlichen Postdiensten, was den Arbeitsplatz im Fahrzeug zu einem
"mobilen Büro" werden läßt.

Bild 1 - Informations- und Kommunikationssystem im Automobil

Einige der heute in Kraftfahrzeugen verbauten Systeme zeigt Bild 1.
Das Problem, das sich aus der Vielzahl der Informations- und Kommunikationssysteme ergibt, ist die Überforderung des Fahrers durch
Informationsüberflutung. Die Einbringung eigenständiger Systeme
mit jeweils eigenständigen Bedienkonzepten ist hier sicher nicht
der richtige Weg. So wenig Information wie möglich, so viel wie
nötig muß es heißen. Die Konzentration auf das jeweils Wesentliche
macht ein integriertes zentrales Anzeige- und Bediensystem notwendig als adäquate Mensch/Maschine-Schnittstelle im Fahrzeug.

Bild 2 -   Demonstrationsanlage für ein integriertes zentrales
           Anzeige- und Bediensystem

In einer Demonstrationsanlage (Bild 2) hat Bosch/Blaupunkt die Integration unterschiedlicher Systeme in ein einheitliches Bedienkonzept
dargestellt, auf Messen gezeigt und diskutiert. Ein-Knopf-Bedienung
(vom Lenkrad) und Menüsteuerung wurden hier auf die Spitze getrieben,
um die Möglichkeiten deutlich zu machen, die sich bei konsequenter
Vernetzung und flexibler Anzeige ergeben. Letztlich muß die benutzerfreundliche Gestaltung der Informationseingabe und -ausgabe aber in
das Bedienkonzept des Fahrzeugs eingebunden sein.

Um eines vorwegzunehmen: Es gibt nicht "das Bedienkonzept" und erst recht keine Vorschrift für die Gestaltung eines integrierten Bedienkonzepts für die Systeme mobiler Kommunikation im Kfz, bestenfalls einige Leitlinien, die am Schluß dieses Aufsatzes als Thesen formuliert sind. Unterschiedliche Markenimages und unterschiedliche Fahrzeug-Konzepte werden dafür sorgen, daß den individuellen Wünschen und Anforderungen der Autofahrer seitens der Automobil-Industrie in unterschiedlicher Weise begegnet wird.

Das Autoradio als Keimzelle eines integrierten Informations- und Kommunikationssystems

Dieses meistverbreitete Endgerät der Mobilkommunikation hat sich aufgrund der Wünsche und Bedürfnisse der Autofahrer nach Unterhaltung und Informationsübermittlung einen standardisierten Einbauraum im Kfz "erobert", von dessen Existenz auch in absehbarer Zukunft ausgegangen werden kann. Diesen Raum optimal zu nutzen, galt es in der Vergangenheit und wird es auch weiterhin gelten. Dabei hat die Ergonomie eines Autoradios im Vordergrund zu stehen, denn der Mensch, der dieses Gerät bedienen will, hat sich primär auf den Straßenverkehr zu konzentrieren, muß das Radio also eher beiläufig bedienen können. Nun läßt sich trefflich darüber streiten, inwieweit insbesondere Handelsgeräte dieser Anforderung gerecht werden. Jedoch muß hier angemerkt werden, daß die Ausgangssituation für Autoradios im Handel und in der Erstausrüstung grundverschieden ist. Die gravierendsten Unterschiede sind in Bild 3 aufgeführt.

Handel	Erstausrüstung
Einbauort und Position zum Fahrer variabel	Einbauort und Position zum Fahrer bekannt
Eigenständiges Design-Objekt	Design an Fahrzeug-Cockpit angepaßt
Features und Funktionen als Unterscheidungsmerkmal zu Wettbewerbern	Bedienkonzept in Fahrzeugkonzept integriert

Bild 3 – Situation für Autoradios in Handel und Erstausrüstung

Nicht zuletzt aus Gründen der besseren Ergonomie ist der Ausrüstungsgrad bei den Automobilfirmen in den letzten Jahren beachtlich gestiegen, für die nähere Zukunft werden weitere Steigerungen prognostiziert. Schon in der Vergangenheit ist die Benutzerfreundlichkeit von Autoradios durch verschiedene Kfz-induzierte Innovationen verbessert worden /2/. Weitere befinden sich in der Entwicklung oder stehen kurz vor Markteinführung. Alle haben das Ziel, den Fahrer von unnötigen Bedienvorgängen zu entlasten und notwendige Bedienvorgänge so einfach wie irgend möglich zu gestalten. Immer intelligentere, aber auch aufwendigere Systeme optimieren situationsabhängig das Empfangsverhalten, passen das Audio-Signal an die individuellen ständig wechselnden Umgebungseinflüsse im Kraftfahrzeug an und ermöglichen eine sicherheitsorientierte Gestaltung des Anzeige- und Bedienkonzepts /3/. Das Mehr an Komfort wird somit direkt in ein Mehr an Sicherheit umgesetzt. In Bild 4 sind wesentliche Innovationen, die durch die Anwendung im Kfz bestimmt sind, zusammengefaßt.

Empfang
- Automatische Störunterdrückung
- Verkehrsfunk (ARI, RDS)
- Frequenz-Diversity (PCI, RDS)
- Antennen-Diversity

Audio
- Automatische Lautstärkeregelung (AVC)
- Parametrischer Verstärker (PSA)
- Selbsteinmessender Equalizer
- Dynamik-Kompression
- Verkopplung mit anderen Systemen (Telefon, Sprachsysteme)

Bedienung
- Suchlauf
- Automatisch programmierbare Stationstasten
- Selbstbeschriftende Stationstasten
- Nachtdesign
- Reverse-Laufwerk
- Titelsuchlauf bei CC (CPS)
- Integrierte CD-Wechslerbedienung
- Zweitbedienteil (Lenkrad, Handbedienteil)
- Zweitdisplay
- BUS-Schnittstelle für Integration ins Fahrzeugkonzept

Bild 4 - Kfz-induzierte Innovationen im Autoradio

Erweiterung des Autoradios um autoradiofremde Subsysteme

Die komplette oder teilweise Integration von Subsystemen in das den Einbauraum ausfüllende Autoradio hat Konsequenzen hinsichtlich der Anzeige und Bedienelemente. Diese Konsequenzen können immer weniger von reinen Handelsgeräten berücksichtigt werden. Vielmehr wird das Autoradio dadurch verstärkt in Design und Bedienkonzept eines bestimmten Fahrzeugs integriert. Die erwähnten Auswirkungen auf das Autoradio könnten sein:

1. Doppel- bzw. Mehrfachbelegung von Tasten und Multifunktions-
    display.

2. Mehr und/oder ergonomischer gestaltete Bedienelemente anstelle
    des Displays und als Folge davon Mitbenutzung eines Multifunk-
    tionsdisplays im Armaturenbrett.

3. Vergrößerung der Bedienoberfläche eines Autoradios nach oben,
    unten, links oder rechts unter Beibehaltung des vorgegebenen
    Einbauraums.

4. Selbstbeschriftende Soft-Key-Tastatur, d. h. funktionale Ver-
    knüpfung von Anzeige- und Bedienelementen.

Systeme, die in ein Autoradio und damit in den vorhandenen
Einbauraum komplett oder teilweise integrierbar wären, könnten sein:
Bordcomputer mit eingeschränktem Funktionsumfang, Einfach-Alarmanlage
oder Sensorsignalverarbeitung bzw. Statusanzeige einer komplexeren
Alarmanlage. Die kürzlich vorgestellte Keycard, Bild 5 zeigt sie
beim Autoradio Hamburg SQR 40, die zur Diebstahlsicherung und zur

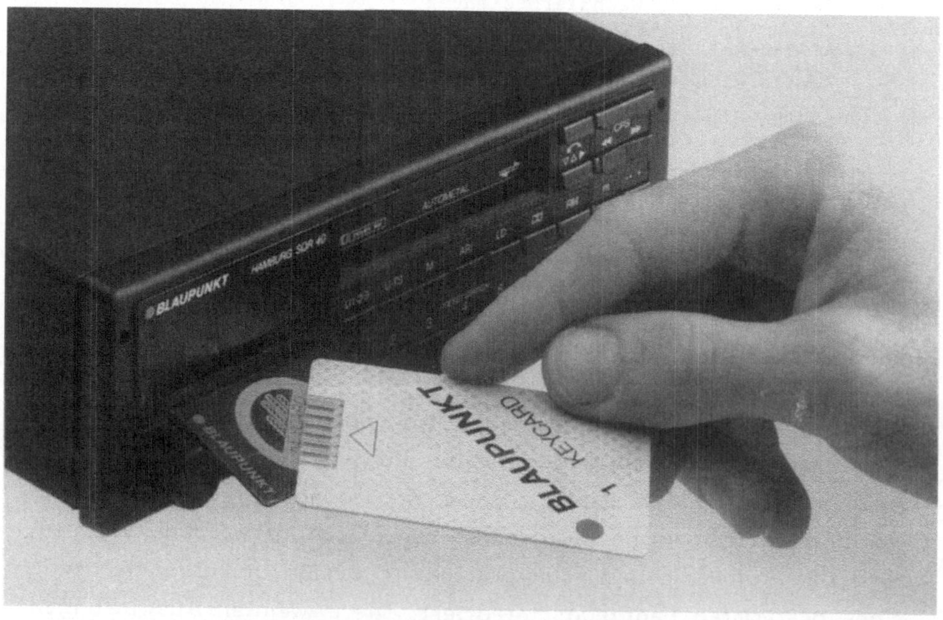

Bild 5 - Keycard im Autoradio Hamburg SQR 40

Personalisierung des Autoradios genutzt wird, kann in ihrer Bedeutung natürlich ebenfalls auf integrierte Subsysteme ausgedehnt werden. Die Information zur Personalisierung kann aber auch von außen durch Infrarot-Übertragung oder einen "intelligenten Autoschlüssel" /4/ eingebracht werden. Die Information, welcher der möglichen Fahrer das Fahrzeug samt seiner Subsysteme nutzen möchte, kann per Busschnittstelle an weitere externe Subsysteme gegeben werden. Dieser Busanschluß gibt darüber hinaus die Möglichkeit, wichtige Bedienfunktionen aus dem Radio herauszuverlagern, z. B. in Form einer Lenkradfernbedienung oder Nutzung einer separaten Multifunktionsanzeige.

Vernetzung von Systemen zu einem zentralen Anzeige- und Bediensystem

Sollen weitere Systeme, die nicht im vorhandenen standardisierten Einbauraum untergebracht werden können, in ein einheitliches Bedienkonzept für das gesamte Fahrzeug einbezogen werden, ist eine konsequente Vernetzung der Informationssysteme notwendig. Dabei muß seitens der Zulieferindustrie der interne Datenaustausch, also die Steuerung der integrierten Subsysteme, so gestaltet sein, daß unterschiedliche Bedienkonzepte nach den Vorgaben der jeweiligen Kraftfahrzeughersteller bzw. letztlich nach den mannigfaltigen Wünschen und Anforderungen der Endbenutzer möglich sind. Eine Vernetzung mit für das Kraftfahrzeug geeigneten Schnittstellen und fehlersicherer Datenübertragung läßt die Erweiterung des zentralen Anzeige- und Bediensystems nach einer Art Baukastenprinzip zu /5, 6, 7/. Die Bedingungen im Kraftfahrzeug stellen spezifische Anforderungen an ein Bussystem, in Bild 6 sind sie zusammengefaßt. Verschiedene Busprotokolle sind z. Z. im Gespräch, für einige sind die entsprechenden Halbleiterbausteine mittlerweile verfügbar.

> Datenrate: 50 - 100 kbit/s
>
> Multi-Master-Bus mit Priorisierung des Buszugriffs nach Wichtig-
> keit der Botschaft
>
> Kurze Übertragungszeiten
>
> Hohe Sicherheit gegen Übertragungsfehler
>
> Verarbeitung einer großen Anzahl unterschiedlicher Botschaften
>
> Möglichst niedrige Gesamtkosten

Bild 6 - Anforderungen an den Datenbus

Darüber hinaus zeichnen sich neue Perspektiven und Möglichkeiten
ab, wie etwa die Mehrfachnutzung von Teilsystemen oder die
Erzielung komplexer Funktionen durch das Zusammenspiel mehrerer
Komponenten.

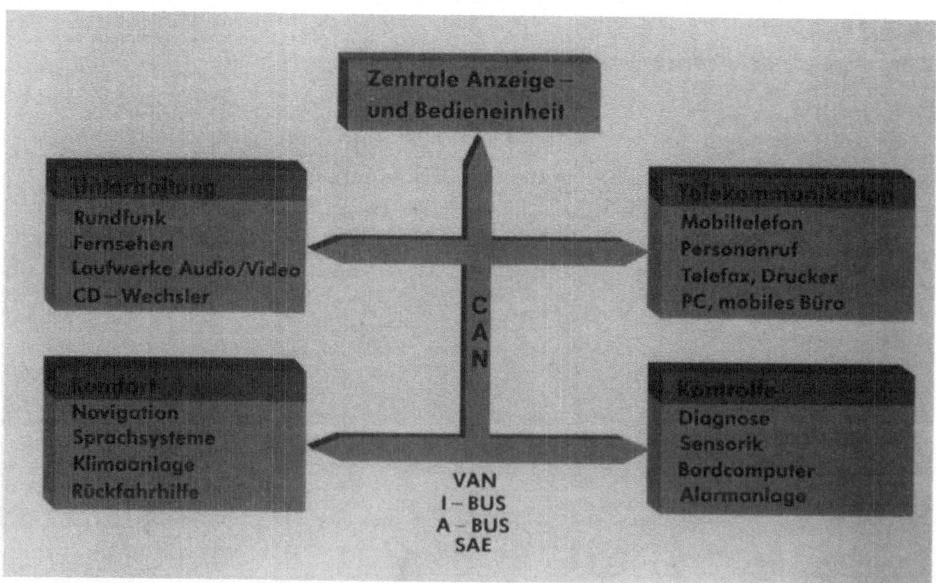

Bild 7 - Board Information Terminal (BIT)

Bild 7 zeigt die stark schematisierte Darstellung eines vernetzten integrierten Informations- und Kommunikationssystems, zu "neudeutsch" Board Information Terminal (BIT), mit den vier großen Komplexen Unterhaltung, Telekommunikation, Komfort und Kontrolle. Die einzelnen Systeme sind über einen Datenbus oder über mehrere per Gateway verbundene Bussegmente miteinander vernetzt, die zentrale Anzeige- und Bedieneinheit stellt die Mensch/Maschine-Schnittstelle zum Benutzer dar. Auf die Technik der einzelnen Systeme soll an dieser Stelle nicht vertiefend eingegangen werden, dies war Gegenstand des vom Münchener Kreis abgehaltenen Kongresses "Mobilkommunikation" im April 1989 /8/. Vielmehr sollen die Möglichkeiten angesprochen werden, die sich durch die konsequente Vernetzung der einzelnen Systeme ergeben. Die Vielzahl der Informationen sowie die Vielzahl der Bedien- und Anzeigemöglichkeiten stellt große Anforderungen an das Bedienkonzept. Denn schließlich ist es nach wie vor die Sicherheit des Autofahrers, die bei allem Komfort und aller Information und Kommunikation die oberste Leitlinie darstellt.

Was spricht dagegen, daß bei Ansprechen der Alarmanlage das Mobiltelefon automatisch eine gespeicherte Botschaft an einen vorgegebenen Teilnehmer aussendet? Sofern ein Navigationssystem vorhanden ist, kann die Ortungsinformation, also die Antwort auf die Frage, "wo befindet sich das Fahrzeug", dieser auszusendenden Botschaft hinzugegeben werden. Über ein Gateway zur Motor- und Fahrwerkselektronik können bei eingeschalteter Alarmanlage auch wesentliche Systeme blockiert werden. Das Navigationssystem kann die digitalen Verkehrsmeldungen vom Autoradio übernehmen und selbst zur Berechnung einer neuen, zu empfehlenden Fahrtroute benutzen. Im Gegenzug kann die vom Navigationssystem empfohlene Route zur Einschränkung der Ausgabe von Verkehrsmeldungen auf die für den Fahrer relevanten genutzt werden. Das gilt sowohl bei Verkehrsmeldungen, die über RDS-TMC digital übertragen werden als auch bei den in gewohnter Weise analog übertragenen, die per RDS mit Kennungen versehen werden. Selbstverständlich bietet sich das Mikrofon der Telefonfreisprechanlage beispielsweise ebenfalls zur Messung des Fahrgeräuschs für die Geräuschmaskierung oder zur Spracheingabe der Spracherkennung an. Verstärker und Lautsprecher der Audio-Anlage können zusätzlich zur Ausgabe synthetischer Sprache oder im Freisprechmode beim Mobiltelefon mitbenutzt werden. Das Mobiltelefon kann außerdem Kern eines mobilen Büros sein, wenn über Dateninterface die notwendigen öffentlichen Datenkommunikationsdienste, wie z. B. Telefax oder Bildschirmtext, angeschlossen sind oder der PC des Geschäftsmannes über diese Schnittstelle mit einem externen Rechner beispielsweise in seinem Unternehmen Datenaustausch betreiben kann. Dabei sind sowohl Anlagen realisierbar, die primär auf den Fahrer eines Fahrzeugs ausgerichtet sind, als auch solche, die den Beifahrer im Fond als Ansprechpartner sehen.

Wie anhand dieser wenigen Beispiele zu sehen, sind die Möglichkeiten, die sich in einem so konzipierten Board Information Terminal ergeben, überaus vielfältig. Es geht nun nicht mehr darum, das technisch Machbare zu realisieren, sondern vielmehr sich auf das Entscheidende und Wesentliche so zu begrenzen, daß der Fahrer aus den aufbereiteten und ausgegebenen Informationen bzw. aus den im Hintergrund ablaufenden Steuerungen einen Vorteil ziehen kann, ohne bei der Bedienung des Gesamtsystems vom Geschehen auf der Straße abgelenkt zu werden. Sicher wird die Sprachausgabe den primären Ausgabeweg für im konkreten Augenblick wichtige Informationen an den Fahrer darstellen, die Anzeige von alphanumerischen und/oder grafischen Informationen wird aber unumgänglich bleiben.

Alphanumerische Anzeige oder graphikfähige Anzeige

Da die Realisierung eines Board Information Terminals sich im besonderen Maße an dem ökonomisch Vertretbaren orientieren muß, wird sich das Feld solcher integrierten Informations- und Kommunikationssysteme infolge der hohen Kosten für größere und anspruchsvollere LCD sehr wahrscheinlich zweiteilen. Zum einen gibt es eine große Zahl von Subsystemen, die sich in der optischen Informationsausgabe auf ein mehr oder weniger anspruchsvolles alphanumerisches Display mit einer begrenzten Anzahl gleichzeitig darstellbarer Charakter beschränken können. Neben dem Autoradio einschl. der Komponenten einer Audio-Anlage (z. B. CD-Wechsler, Equalizer) und dem Bordcomputer dürfen hier reine Anzeigesysteme genannt werden, wie z. B. Check-Control, Ultraschall-Rückfahrhilfe oder Personenrufempfänger. Aber es lassen sich ohne weiteres auch Systeme, in deren Bedienkonzept Anzeige und Bedienung eng miteinander verbunden sind, mit einem solchen Multifunktions-Display realisieren. Beispiele wären hier das Mobiltelefon oder die mit der Klimaanlage verbundene Standheizung.

Die zweite Gruppe von Subsystemen läßt sich kennzeichnen durch die Notwendigkeit einer grafischen Informationsdarstellung, meist natürlich in Verbindung mit alphanumerischen Informationen. Der exemplarische Vertreter dieser Gruppe ist das Navigationssystem. Eine Kartendarstellung und/oder die grafische Darstellung von Fahrempfehlungen erfordert unabdingbar ein hochauflösendes Farbdisplay, das darüber hinaus insbesondere hinsichtlich des Temperaturbereichs kraftfahrzeugtauglich sein muß. Leider liegen die Kosten für ein solches Display zur Zeit wie auch in naher Zukunft relativ hoch, und die Einhaltung des vollen Kfz-Temperaturbereichs stellt ebenfalls noch ein Problem dar. Dieses komfortable Display kann selbstverständlich auch als Endgerät für diverse öffentliche Datendienste bzw. im Zusammenhang mit Flotten- und Fuhrparkmanagement eingesetzt werden, ja sogar als Bildschirm einer mobilen TV-Anlage, auf der im Stau das gerade laufende Tennismatch verfolgt werden kann. Ist ein solches Display aus den zuvor genannten Gründen vorhanden, dann kann es infolge seiner großen Flexibilität natürlich auch für die Realisierung eines noch klareren, noch benutzerfreundlicheren Bedienkonzepts des gesamten Board Information Terminals genutzt werden.

Benutzerfreundlichkeit als Voraussetzung für die Akzeptanz

Entscheidend für die sichere Bedienung eines integrierten Informations- und Kommunikationssystems und damit für die Akzeptanz ist die benutzerfreundliche Gestaltung des Dialogs zwischen Mensch und technischer Einrichtung. Selbstverständlich liegt die Gestaltung der Bedieneroberfläche eines reinen Erstausrüsterautoradios, eines um integrierte Systeme erweiterten Autoradios sowie eines kompletten Board Information Terminals in der Verantwortung des jeweiligen Kraftfahrzeugherstellers. Denn das Bedienkonzept der Informations- und Kommunikationssysteme ist naturgemäß eng mit der Bedienphilosophie des Fahrzeugs verknüpft und damit Teil der Markenstrategie und Modellpolitik eines Herstellers. Die Aufgabe der Zulieferindustrie kann es somit nur sein, die Voraussetzungen für die Realisierung unterschiedlicher individueller Bedienkonzepte zu schaffen. Trotzdem soll an dieser Stelle der Versuch gemacht werden, einige Grundgedanken zu formulieren.

Die Ergonomie eines jeden Bedienkonzepts steht unter der Maßgabe: ein Maximum an Sicherheit für den Fahrer und für andere Verkehrsteilnehmer bei optimaler Gestaltung von Unterhaltung, Information und Kommunikation im Fahrzeug. Hierbei ist das unterschiedliche Maß an Ablenkung durch visuelle, motorische, akustische und mentale Beanspruchung zu berücksichtigen. Aus dieser Tatsache lassen sich für die Gestaltung der Informationsausgabe vorrangig über Anzeigen und Sprachausgabe, für die Gestaltung der Informationseingabe insbesondere über Bedienelemente und Spracheingabe sowie für die Gestaltung des Bedien- und Anzeigedialogs einige Anforderungen ableiten, die in Bild 8 zusammengefaßt sind /3, 9, 10/.

Informationsausgabe:
- Minimale Blickdauer und Blickhäufigkeit
- Maximale Lesezeit für neue Information: 2 sec
- Minimale Zeichenhöhe: 5 mm
- Informationsanzeige immer an der gleichen Stelle
- Klare Anzeige des Wesentlichen
- Unterscheidung in Statusinformation und Auswahlinformation
- Position der Anzeige im primären Blickfeld
- Sprachausgabe

Informationseingabe:
- Eingabeelemente blind lokalisierbar
- Einfache Eingabeelemente im primären Greifraum
- Haptische Unterstützung der Eingabegestaltung
- Direktzugriff auf zeitkritische oder häufig genutzte Eingabeelemente
- Begrenzung der Anzahl von Bedienelementen
- Einheitliche Gestaltung und Position von sicherheitsrelevanten Bedienelementen
- Spracheingabe, Spracherkennung

Bedien- und Anzeigedialog:
- Trennung in Primärfunktionen und Sekundärfunktionen
- Trennung in Fahrt- und Stillstandsdialog
- Verwendung möglichst weniger gleichartiger Dialogbausteine
- Menüsteuerung bei minimalem Vorwissen
- Persönliche Menüs für erfahrene Benutzer
- Softkey-Steuerung der Multifunktions-Tastatur
- Toleranz von Unterbrechungen
- Einfaches Umschalten zwischen Subsystemen

Bild 8 - Informationsausgabe, Informationseingabe und Bedienkonzept

Besonders kritisch hinsichtlich der Verkehrssicherheit ist die Ablenkung der Augen, deshalb kommt der Gestaltung der Anzeigen eine besondere Bedeutung zu. Ziel muß es sein, die Blickdauer und die Blickhäufigkeit auf ein notwendiges Minimum zu begrenzen. Aus dieser Forderung leiten sich die Thesen zu Lesezeit, Zeichenhöhe sowie Verläßlichkeit und klarer Interpretierbarkeit der Anzeige ab. Es ist empfehlenswert, Statusinformation und Auswahlinformation deutlich voneinander zu unterscheiden, z. B. durch Position oder Gestaltung der Anzeige. Selbstverständlich sollte die Anzeige auf jeden Fall im primären Blickfeld des Fahrers untergebracht sein, damit beim Blick auf diese Anzeige das Verkehrsgeschehen zumindest noch peripher erfaßt wird. Sicherlich ist die Ablenkung durch eine Sprachausgabe am geringsten. Hier muß allerdings aus Akzeptanzgründen ein sparsamer Gebrauch angemahnt werden. Es scheint angebracht zu sein, sie auf die Ausgabe von nicht durch den Fahrer induzierten wichtigen Botschaften zu begrenzen (z. B. bei Alarmmeldungen des Check-Control-Systems, beim Navigationssystem u.a.). Auf jeden Fall sollte die Sprachausgabe abschaltbar sein.

Die Forderung nach möglichst geringer visueller Ablenkung läßt sich auch auf die Gestaltung der Informationseingabe anwenden. Die Eingabelemente müssen blind lokalisierbar, mit haptischen Unterstützungen versehen und naturgemäß im primären Greifraum untergebracht sein. Insbesondere gilt dies bei zeitkritischen oder häufig genutzten Eingabeelementen, für die darüber hinaus auch die Forderung nach Direktzugriff gilt. Angesichts der Vielzahl von Informations- und Kommunikationssystemen ist es unmöglich, alle mit eigenen Bedienelementen auszustatten. Eine Begrenzung der Anzahl und Konzentration in Multifunktionselementen bietet sich hier an. Die Gestaltung und die Position von sicherheitsrelevanten Bedienelementen sollte auf jeden Fall einheitlich sein. Denkt man z. B. an eine Notruftaste, so müßte eine Variantenvielfalt wie bei Warnblinkanlage oder Sicherheitsgurtschloß vermieden werden. Natürlich ist der akustische Kanal auch zur Informationseingabe am besten geeignet. Das Problem der Sprecherabhängigkeit und der begrenzten Erkennungswahrscheinlichkeit, insbesondere in dem sich ständig ändernden Geräuschumfeld des Fahrzeugs, kann zur Zeit noch nicht als gelöst angesehen werden, obwohl in Forschung und Entwicklung für eingeschränkte Anwendungsgebiete brauchbare Ergebnisse vorliegen.

Entscheidend für Verkehrssicherheit und Akzeptanz durch den Benutzer ist letztlich aber das Bedienkonzept eines Informations- und Kommunikationssystems, der Dialog mit dem Menschen. Um eine Konzentration auf das Wesentliche zu ermöglichen, muß eine klare Trennung in Primärfunktionen und Sekundärfunktionen durchgeführt werden. Es ist zu überlegen, ob weniger wichtige Funktionen nur im Stand eines Fahrzeugs oder durch einen Beifahrer bedient werden sollten. Auf jeden Fall ist es anzustreben, möglichst wenige gleichartige Dialogbausteine zu verwenden. Die Wahl einer Telefonnummer aus dem Kurzwahlspeicher sollte beispielsweise in gleicher Weise erfolgen wie die Senderwahl beim Autoradio oder die Wahl eines Zieles beim Navigationssystem. Nur eine übersichtlich gestaltete Menüsteuerung erlaubt die Bedienung bei minimalem Vorwissen, da der Benutzer Bedienfunktionen auswählen kann anstatt sie zu generieren oder aus dem Gedächtnis zu reproduzieren. Aus Akzeptanzgründen sollte es dem erfahrenen Benutzer möglich sein, persönliche Menüs zu nutzen, um möglichst direkt individuell gewünschte Bedienfunktionen ansprechen zu können. Ohne eine Multifunktionstastatur mit Softkey-Steuerung scheint das Bedienkonzept eines komplexen Systems überhaupt nicht mehr realisierbar zu sein.

Zusammenfassung

Angesichts der hohen Anforderungen durch das Verkehrsgeschehen, denen sich der Fahrer eines Automobils ausgesetzt sieht, sind der Mobilkommunikation enge Grenzen gesetzt. Die wachsende Anzahl an Systemen der Unterhaltung und Kommunikation, an Komfortsystemen und Kontrollsystemen muß so ausgelegt sein, daß die im Fahrzeug zu verbringende Zeit angenehm und nutzbringend gestaltet werden kann. Dabei steht die Forderung nach maximaler Verkehrssicherheit an allerhöchster Stelle, eine nutzungsgerechte Mobilkommunikation hat dies auf jeden Fall zu berücksichtigen.

Der wachsende Ausrüstungsgrad der Kraftfahrzeuge sowie der genormte Einbauraum im Armaturenbrett machen das Autoradio zu einer Keimzelle für das Board Information Terminal. Weitere Systeme können von hier aus einbezogen werden. Zum Teil sind diese Systeme im Autoradio integrierbar, und sei es unter Vergrößerung der Bedienoberfläche oder unter Mitbenutzung eines Multifunktionsdisplays. Zum anderen Teil sind die zusätzlichen Systeme nur durch eine konsequente Busvernetzung in das Bedienkonzept des Fahrzeugs einzubinden. Die Busvernetzung der einzelnen Systeme gibt darüber hinaus die Möglichkeit, Teilsysteme mehrfach zu nutzen bzw. neue Funktionen durch das "automatische" Zusammenspiel unterschiedlicher Systeme zu realisieren. Aufgrund der Kosten für Anzeigemedien werden die darzustellenden Informationen über Leistungsfähigkeit und Performance der Displays, über den Einsatz alphanumerischer Anzeigen oder graphikfähiger Anzeigen entscheiden. Abhängig von den Möglichkeiten und der Flexibilität des Anzeigemediums wird schließlich das jeweils zu entwickelnde Bedienkonzept sein.

Ausschlaggebend für Verkehrssicherheit und Akzeptanz durch den Benutzer wird aber letztlich ein Bedienkonzept sein, das den Fahrer vor Informationsüberflutung bewahrt, das sich auf das jeweils Wesentliche beschränkt und das sich an die Anforderungen des ungeübten wie des erfahrenen Benutzers anpassen kann. Eine eher beiläufige Bedienung der Primärfunktionen sollte ebenso Bedingung sein wie eine konzentrierte, deutliche Rückmeldung und Informationsausgabe. Es ist letztlich der Mensch, an dessen Wünschen, aber auch an dessen Möglichkeiten und Beschränkungen sich eine nutzungsgerechte Mobilkommunikation ausrichten muß.

Literatur

/1/   Karsten Ehlers
      Elektronik-Management tut jetzt not
      Automobil-Elektronik, 11.89

/2/   Helmut Stein
      Die Weiterentwicklung des Autoradios
      Telecommunications 14, Springer Verlag 1989

/3/   Berthold Färber, Brigitte Färber
      Sicherheitsorientierte Bewertung von Anzeige und Bedien-
      elementen in Kraftfahrzeugen
      FAT-Schriftenreihe Nr. 74, 11.88

/4/   Rainer Bogner
      Der Autoschlüssel – Multifunktionaler Datenträger von Morgen?
      Impulse 9, 12.89

/5/   CAN – Controller Area Network
      Spezifikation
      Robert Bosch GmbH, 1988

/6/   VAN – Vehicle Area Network
      Spezifikation
      French Experts Proposal V 1.2, 6.89

/7/   A-BUS – Automobile Bitserielle Universal-Schnittstelle
      Systemdokumentation
      Volkswagen AG, 6.88

/8/   Günther Bolle (Hrsg.)
      Mobilkommunikation,
      Telekommunikation, Information und Navigation für den Autofahrer
      Kongreß des Münchner Kreises, 4.89
      Telecommunications 14, Springer Verlag 1989

/9/ Peter Knoll, Frieder Heintz, Klaus Neidhard
The Application of Graphic Displays in Automobiles
Proceeding SID Conference
New Orleans, 1987

/10/ Peter Knoll
Moderne Informationstechnik im Straßenverkehr der Zukunft
Fakultätskolloquium Elektrotechnik
Universität Karlsruhe, 7.87

Die Auswirkung der Wiedergabequalität auf die Güte der Sprachkommunikation

W. Reinicke

1 Einführung

Bei der natürlichen Sprachkommunikation steht den beteiligten Menschen für das direkte Gespräch jeweils ein Kanal zum Sprechen und zum beidohrigen Hören gleichzeitig zur Verfügung. Das bekannteste und älteste technische Sprachkommunikations-System, das Telefon, reduziert zunächst den Austausch des gesprochenen Wortes auf zwei Partner. Für diese bietet es allerdings Dialog-Möglichkeiten über weltweite Entfernungen.

Die Schnittstellen Mikrofon und Hörkapsel werden mit dem Handapparat des Telefons dicht an Mund und ein Ohr gebracht, so daß eine ausreichende Lautstärke der Sprachübertragung erzielt wird. Das gilt für die Mehrzahl der Situationen, obwohl auf der Aufnahme- und Wiedergabeseite auch störende Geräusche in den Nutzkanal eindringen können. Sie werden, wenn sie auf der Aufnahmeseite auftreten, mit der Sprache zusammen übertragen. Treten sie dagegen als Raumgeräusch auf der Wiedergabeseite auf, dann stören sie über den elektrischen Rückhörweg des eigenen Mikrofons, weniger über das akustische Leck der Hörkapsel-Schnittstelle und nicht nachweisbar über das freie Ohr. Trotzdem ist gerade der Handapparat ein vorteilhaftes "Endgerät", denn er bewirkt im Prinzip einen günstigen Signal-Störabstand [1].

Das beim Telefon übertragene Sprachband ist auf den Frequenzbereich 300 bis 3400 Hz begrenzt. Dennoch befriedigt die damit erreichte Verständlichkeit und Natürlichkeit der Sprache die praktischen Bedürfnisse. Dazu haben entscheidend die Verbesserungen der elektroakustischen Wandler beigetragen, die heute verzerrungsarm und stabil sind. Die begrenzte Verständlichkeit einzelner Laute wird hörbar, wenn das Sprachmaterial Straßen- oder Familiennamen enthält. Sie lassen sich im Kontext des Gesprächs oft nicht erschließen, sondern müssen eventuell buchstabiert werden.

Im ISDN wird es keine entfernungsabhängige Dämpfung mehr geben. Daher ist unabhängig von der Verbindung eine gleichbleibende Lautstärke zu erwarten. Störende Leitungsgeräusche dürften infolge der digitalen Übertragung entfallen.

Technische Entwicklungen, die zu neuen Diensten oder Dienstmerkmalen führen, ergeben für die Sprachkommunikation geänderte Bedingungen. Deshalb ist es sinnvoll, nach den Auswirkungen auf die Wiedergabequalität von Sprache zu fragen und die erreichbare Güte der Sprachkommunikation insgesamt zu bewerten.

2 Freisprechen

Für das freihändige Telefonieren ohne Handapparat ist eine Anordnung aus Mikrofon und Lautsprecher erforderlich. Diese können in einem Endgerät zusammengefaßt werden, das dann aber etwa 0,5 m von Mund und beiden Ohren entfernt ist. Da für die Sprachübertragung dieselben Sende- und Empfangspegel wie beim Betrieb mit Handapparat erreicht werden sollen, sind im Sende- und Empfangsweg (S, E) entsprechende Verstärkungen (V_S, V_E) notwendig. Wegen der akustischen Kopplung zwischen Lautsprecher und Mikrofon (a_K) würde eine solche Einrichtung zu selbsterregtem Pfeifen neigen, weil auch - bei bisherigen Telefonschaltungen - elektrisch bedingte Rückflüsse (a_H) im eigenen Apparat oder an anderer Stelle auftreten und eine gleiche Einrichtung mit akustischer Kopplung beim anderen Teilnehmer vorauszusetzen ist. Auch bei einer vierdrähtigen Durchschaltung mit "akustisch offenen Enden" aus Mikrofonen und Lautsprechern läßt sich kein pfeifstabiler Betrieb herstellen, wenn natürliche Pegel für die Sprachaufnahme und -wiedergabe das Ziel sind.

Man behilft sich bisher mit sprachgesteuerten Dämpfungsgliedern (a_S, a_E), die jeweils den Sendeweg freigeben und den Empfangsweg bedämpfen und umgekehrt (Bild 1). Diese Richtungssteuerung erschwert das Gegensprechen umso mehr, je größer der eingestellte Dämpfungshub ist. Außerdem sollen die Pegeldetektoren Sprache und Geräusch unterscheiden können. Die Trägheit und Pegelabhängigkeit der Umschaltung können die Sprache verstümmeln.

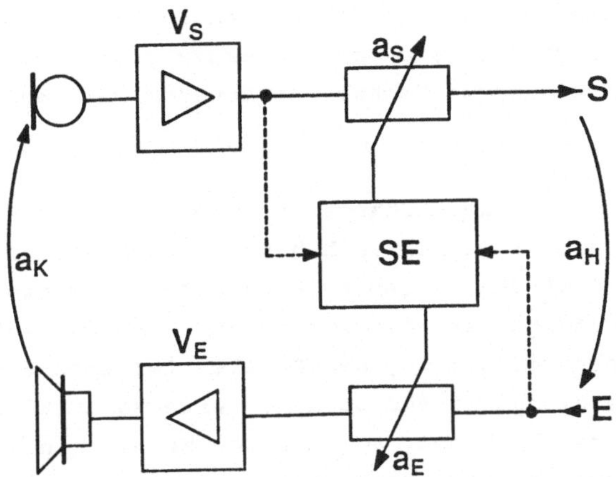

Bild 1. Prinzip einer Freisprecheinrichtung mit Sprachsteuerung. SE ist die Steuereinheit zur Pegeldetektion und Regelung der Dämpfung im Sende- und Empfangszweig.

Diese bekannten Nachteile haben aber auch zu neuen Lösungsansätzen angeregt [2] bis [6]. Denn es ist leicht einzusehen, daß Freisprechen bei Audio- und Videokonferenzen, Bildtelefon und Mobilfunk angestrebt wird. Die Güte der Sprachkommunikation wird offensichtlich verbessert, wenn Sprechen und Hören wie im natürlichen Gespräch erfolgen können.

Das beidohrige Hören einkanalig übertragener Sprache mit Lautsprecherwiedergabe beim Freisprechen wirkt sich gegenüber Störgeräusch und Raumeinfluß auf der Empfangsseite günstig aus. Der größere Mikrofonabstand bedingt aber auf der Sendeseite in jedem Fall einen stärkeren Umgebungseinfluß: die Halligkeit eines Raumes und das dort vorhandene Geräusch treten verstärkt in Erscheinung. Erfolge der Geräusch- und Nachhallreduktion durch Signalverarbeitung lassen hier auf Lösungen hoffen [7] bis [9].

3 Frequenzband-Erweiterung

Für das gegenwärtig beim Telefon übertragene Frequenzband von 300 bis 3400 Hz kann mit einer Logatom- oder Silbenverständlichkeit von 91 % und einer Satzverständlichkeit von 99 % gerechnet werden. Welche Vorteile bietet eine Erweiterung zu höheren und tieferen Frequenzen hin?

Vor allem wird eine bessere **Natürlichkeit** der übertragenen Sprache erzielt. Eine Frequenzband-Erweiterung bei hohen Frequenzen bis 7 kHz

würde etwa die Wiedergabe der Zischlaute entscheidend verbessern, obwohl die zusätzlich übertragene Sprachenergie gering ist. Dies erfordert aber einen ausreichenden Signal-Störabstand der gesamten Übertragung.

Bei der Erweiterung des Frequenzbandes zu noch tieferen Frequenzen ist
zu bedenken, daß dann zugleich auch häufig vorhandene tieffrequente
Geräusche übertragen werden. Gegebene Aussteuerungsgrenzen für den Ge-
samtpegel würden infolge der energiereichen tieffrequenten Sprachan-
teile sogar zu einer Reduzierung des Pegels für andere Bereiche führen. Ein optimales Klangbild für Sprache wird jedenfalls nicht durch
mehr tiefe Frequenzen bestimmt, so daß 200 Hz als untere Grenze der
Sprachübertragung ausreichend erscheinen.

In Verbindung mit Bildtelefon-Kommunikation zwischen je zwei Personen
haben experimentelle Untersuchungen im Labor gezeigt [10]

- Die **Tonqualität** allein wird für die normale Telefonsprache - über
  Handapparat und im Freisprechbetrieb - deutlich schlechter beurteilt als Sprachübertragung bis 7 kHz.

- Unter dem Gesichtspunkt einer per Telefon zu lösenden Aufgabe wird
  der Unterschied in der Beurteilung der Tonqualität gering: für
  praktische Anforderungen ist Telefonsprache gut genug (Bild 2).

- Die **Sprachverständlichkeit** normaler Telefonsprache und mit erweitertem Frequenzbereich bis 7 kHz wird - ob mit oder ohne Bildübertragung - wenig unterschiedlich beurteilt: auch für das Bildtelefon
  reicht das übliche Frequenzband offenbar aus, insbesondere in guter
  Freisprech-Darbietung ohne Störungen.

Unter den Gesichtspunkten der Zufriedenheit mit der Kommunikation oder
der Bereitschaft zu höheren Kosten für mehr Qualität ergab sich kein
Hinweise, daß 7 kHz Bandbreite unbedingt notwendig ist.

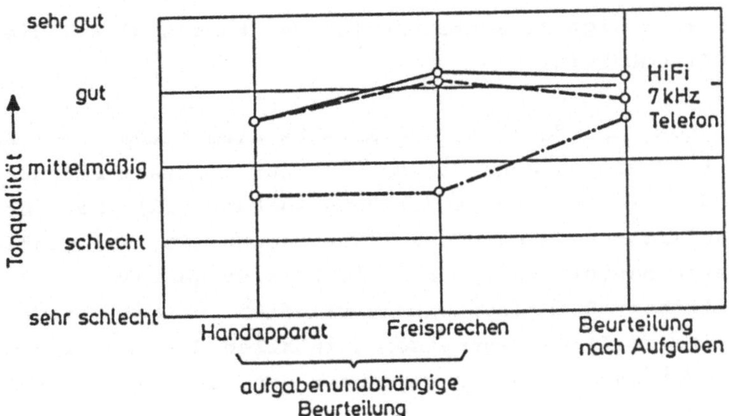

Bild 2. Beurteilung der Tonqualität (Mittelwerte) von normaler Telefonsprache, bei erweitertem Frequenzband 100 Hz bis 7 kHz und HiFi-Qualität [10].

4 Stereofonie

Die im vorigen Abschnitt erwähnten Untersuchungen [10] hatten auch das Ziel, die Auswirkung einer zweikanaligen (stereofonen) Sprachwiedergabe gegenüber einer einkanaligen (monauralen) Darbietung beim Bildtelefon festzustellen. Zwar verbessert die stereofone Wiedergabe etwas die soziale Präsenz ("Gesprächspartner anscheinend im gleichen Raum", Bild 3), aber auch bei zunehmendem Geräusch auf der Wiedergabeseite

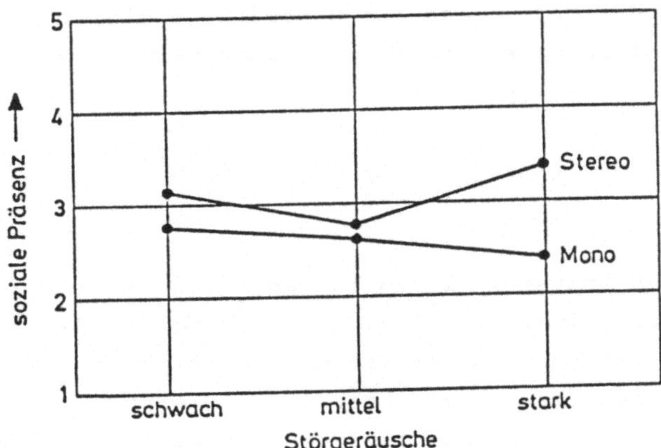

Bild 3. Beurteilung der sozialen Präsenz (Mittelwerte) von einkanaliger oder stereofoner Sprachwiedergabe bei unterschiedlichem Störgeräusch auf der Wiedergabeseite [10].

ergab sich kein signifikanter Einfluß der Kanalzahl auf die Tonqualität oder Zufriedenheit.

Stereofone oder pseudostereofone Effekte sind sicher bei Audio-, Vi-
deo- oder Bildtelefon-Konferenzen mit mehr als zwei Partnern eher von
Bedeutung. Dies zeigt eine andere Untersuchung [11]. Bei ihr wurde eine Audiokonferenz in stereofoner Übertragung mit zwei Kanälen in normaler Telefon-Bandbreite 300 bis 3400 Hz dargestellt. Fünf Personen
unterschiedlicher Stimmlage waren räumlich verteilt angeordnet. Auf
der Gegenseite stellten Testpersonen in allen drei Positionen der Mitte, links oder rechts davon gegenüber den zwei Wiedergabe-Lautspre-
chern fest

- Die **Lokalisation** der fünf Personen gelingt recht gut.

- Ein gesprochener Text ist bei stereofoner Darbietung in kürzerer
  Zeit nachzuschreiben, wenn gleichzeitig sendeseitig eine weitere
  Unterhaltung als Geräusch einwirkt (bessere Verständlichkeit bei
  Störung).

- Je nach Position der Testpersonen finden 82 % bis 100 % (Mitte),
  daß sie der stereofonen Darbietung leichter folgen können und
  bevorzugen daher diese Übertragung.

Auch pseudostereofone Effekte erfordern auf der Wiedergabeseite mindestens zwei Lautsprecher, denen die Mikrofonsignale einzelner ferner
Sprecherplätze oder Sprecherorte so zugeführt werden müssen, daß ein
räumlicher Eindruck entsteht.

5 Telekonferenzen

Im beruflichen oder privaten Alltag ist es nicht selten, daß nacheinander und wiederholt dieselben Partner angerufen werden müssen. Ein
effektiverer Austausch von Informationen und Meinungen kann erfolgen,
wenn nicht nur je zwei Teilnehmer über das Telefon verbunden werden,
sondern erstmals im ISDN drei bis fünf Teilnehmer sich selbst zu einer
Telefonkonferenz zusammenschalten können. Der Vorteil dieser **Mehr-
punkt**-Kommunikation ist schon dann gegeben, wenn der Handapparat benutzt wird. Freisprech- oder Bildtelefon-Übertragung mit gleichzeiti-

ger Bewegtbild-Darstellung der Teilnehmer wären Erweiterungen dieses
Dienstmerkmals [12].

Im Fall einer Telekonferenz zwischen **zwei Punkten** werden zwei Gruppen
von Teilnehmern verbunden, die sich jede an einem Ort versammelt haben. Der Mindestaufwand wäre je ein Freisprechtelefon; er steigt an
bis zur Videokonferenz [13], [14]. Auch Mehrpunkt-Videokonferenzen
sind schon erprobt worden: hier kann nur noch der jeweils sprechende
Teilnehmer mit seiner Gruppe gleichzeitig an allen Konferenzorten dargestellt werden.

Unabhängig von der Bilddarbietung treten bei der Verbindung von mehr
als zwei Orten Probleme der Gesprächsführung auf [15].

Für die elektroakustische Ausstattung bei Telekonferenzen zur Aufnahme, Übertragung und Wiedergabe von Sprache gelten die Feststellungen
der Abschnitte zum Freisprechen, Frequenzband und zur Stereofonie
sinngemäß. Im CCITT-Blaubuch von 1989 gibt es dafür weitere Hinweise
[16], [17]. Grundsätzlich ist für eine gute Sprachwiedergabe zu beachten, daß die Richtwirkung der Mikrofone und ihr Abstand vom Sprecher in angemessenem Verhältnis zur Raumschalldämpfung und zum vorhandenen Störgeräusch stehen müssen (Bild 4).

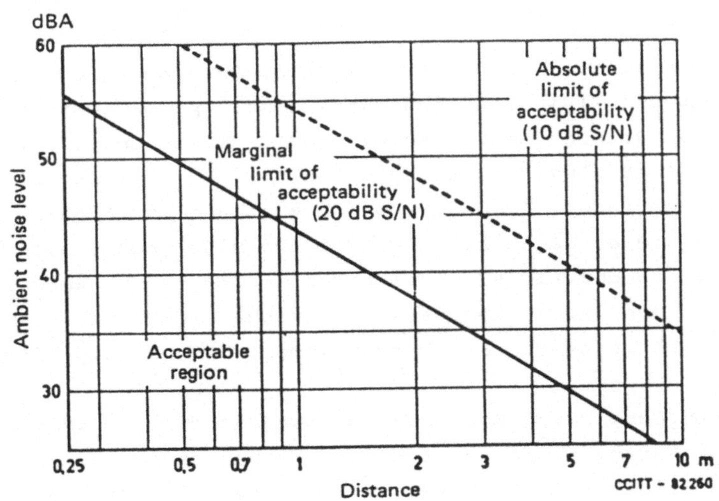

Bild 4. Maximale Entfernung D_{max} Sprecher-Mikrofon (N = 1, ohne Richtwirkung) bei Signal-Störabstand 20 dB oder 10 dB für Umge-
bungsgeräuschpegel bis 60 dB(A) [16].

Drei Sprecher können oft mit einem Mikrofon auskommen. Die Zahl gleichzeitig eingeschalteter Mikrofone sollte so gering wie möglich sein, da sich mit ihrer Anzahl der Signal-Störabstand verschlechtert. Der wirksame Störgeräuschpegel wächst etwa um 3 dB je Verdopplung der eingeschalteten Mikrofonzahl N. Ebenso wird die Pfeifstabilität umso mehr herabgesetzt, je mehr Mikrofone oder Endgeräte in Mehrpunkt-Verbindungen zusammengeschaltet sind.

6 Echos und Verzögerungen

Akustische und elektrische Rückflüsse der gesendeten Signale einer Sprachverbindung führen zu hörbaren und störenden Echos, wenn sie mit einer Verzögerung von mehr als 25 bis 50 ms zum Sprecher zurückkehren. Bei einer Satellitenverbindung muß mit Laufzeiten von mehr als 260 ms je Richtung gerechnet werden. Verzögerungen ergeben sich aber auch durch die Signalverarbeitung bei der Quellencodierung der Bild- und Sprachsignale. Die hierbei angestrebte Datenreduktion führt beim Bildtelefon auf Werte um mindestens 250 ms oder beim Mobilfunk auf etwa 90 ms für eine Richtung. Bei den längeren Verzögerungen, die infolge der Bildübertragung notwendig werden, muß die Sprache um einen gleichen Betrag verzögert werden, damit Bild und Ton lippensynchron bleiben.

Echos lassen sich am besten am Ort ihrer Entstehung durch Echokompensatoren beheben [18]. Bei ihnen wird die Impulsantwort des Rückfluß-Systems - akustisch: Lautsprecher, Raum, Mikrofon; elektrisch: Übergang Vierdraht-/Zweidrahtleitung - mit einem adaptiven Transversalfilter nachgebildet. Die Faltung des empfangenen Signals mit den Koeffizienten dieser Nachbildung ergibt ein Modellecho, mit dem das Originalecho im Sendezweig elektrisch kompensiert wird. Beim fernen Sprecher tritt dann kein Echo seiner Sprache mehr auf. Die Sprechwege bleiben jedoch in beiden Richtungen immer gleichzeitig offen.

Eine Entkopplung durch Kompensation von Rückflüssen läßt sich - unabhängig von Verzögerungen - auch zur Verbesserung von Freisprecheinrichtungen einsetzen [3], [4], [18]. Hierbei kann sogar die Pfeifgrenze hinausgeschoben werden.

Nicht behoben werden kann aber die **Verzögerung**, die ab Werten von 300 bis 400 ms in einer Richtung eine spürbare Trägheit des Gesprächs bedingt: für eine Reaktion des Partners ergeben sich dann allein übertragungsmäßig 600 bis 800 ms, um die sich scheinbar seine persönliche Reaktionszeit verlängert. Es kommt vermehrt zu gleichzeitigem Schweigen und unbeabsichtigtem Doppelsprechen. Daran kann eine zusätzliche Bewegtbildübertragung nichts ändern.

Es ist falsch, diese störenden, technisch bedingten Verzögerungen, die ja im natürlichen Gespräch unbekannt sind, als Unterstützung der Gesprächsdisziplin zu deklarieren. Da terrestrische Leitungen gegenüber Satelliten kürzere Laufzeiten auch bei den längsten Zweipunkt-Verbindungen haben, stellen nationale und internationale Satellitenverbindungen unter dem Gesichtspunkt der laufzeitbedingten Verzögerung keine gute Gesprächskommunikation sicher. Besonders kritisch wird die Kombination mit Diensten wie Mobilfunk, Videokonferenz oder Bildtelefon, die zusätzliche Verzögerungen derselben Größenordnung infolge Signalverarbeitung besitzen.

Literaturverzeichnis

[1] Gierlich, H.W.: Sprachverständlichkeit beim Fernsprechen unter Störschalleinfluß mit besonderer Berücksichtigung von Freisprecheinrichtungen. Der Fernmeldeingenieur, 42(1988), Hefte 8 bis 9. Die Arbeit enthält ein umfangreiches Literaturverzeichnis zu den Fragen der folgenden Abschnitte unseres Aufsatzes.

[2] Hätty, B.; Sitzmann, J.: Application of digital signal processing to prevention of howling in handset-free telephones. Proc. EUSIPCO-86 Third European Signal Processing Conference, S. 1133-1136, Amsterdam: Elsevier 1986.

[3] Hätty, B.; Petri, U.: Sprachgesteuerte Unterdrückung akustischer Echos in Frequenzteilbändern. Digitale Sprachverarbeitung, Prinzipien und Anwendungen. ITG Fachbericht 105, Digitale Sprachverarbeitung, S. 75-80, Berlin/Offenbach: VDE-Verlag 1988.

[4] Armbrüster, W.: High quality hands-free telephony using voice switching optimised with echo cancellation. Proc. EUSIPCO-88 Fourth European Signal Processing Conference, S. 495-498, Amsterdam: Elsevier 1988.

[5] Köhler, G.; Walker, M.: Freisprecheinrichtung für hochwertige Sprachübertragung. ITG Fachbericht 101, Endgeräte, S. 229-237, Berlin/Offenbach: VDE-Verlag 1988.

[6] Krafft, W.: Digitales Freisprechen: ISDN-Komfort freihändig nutzen. telcom report 12(1989)3, S. 90-93.

[7] Zelinski, R.: A microphone array with adaptive post-filtering for noise reduction in reverberant rooms. Proc. Int. Conf. Acoustics, Speech and Signal Processing ICASSP-88, S. 2578-2581, New York 1988.

[8] Zelinski, R.: Adaptive Einstellung der Signallaufzeit für ein Geräusch-Reduktionssystem mit Mikrofongruppe. ITG Fachbericht 107, Stochastische Informationstechnik, S. 307-312, Berlin/Offenbach: VDE-Verlag 1989.

[9] Hirsch, H.G.; Finster, H.: Die Enthallung von Sprache zur automatischen Spracherkennung in Räumen. ITG Fachbericht 105, Digitale Sprachverarbeitung, S. 81-86, Berlin/Offenbach: VDE-Verlag 1988.

[10] Mühlbach, L.; Kellner, B.: Zur Tonqualität beim Bildfernsprechen - Ergebnisse experimenteller Untersuchungen. ntz Archiv 9(1987)7, S. 177-184.

[11] Botros, R.; Abdel-Alim, O.; Damaske, P.: Stereophonic speech teleconference. Proc. Int. Conf. Acoustics, Speech and Signal Processing ICASSP-86, S. 1321-1324, Tokyo 1986.

[12] Mühlbach, L.; Arif, M.; Hopf, K; Romahn, G.: Mehrpunkt-Telekonferenzen. Nachrichtentechn. Z. 42(1989)1, S. 8-12.

[13] Burmeister, J.: Über Telefonkoppler konferieren. nachrichten elektronik + telematic net 39(1985)5, S. 183-184.

[14] Schwarz, E.; Tilse, U.: Die Benutzerzufriedenheit mit 12 verschiedenen Videokonferenzsystemen und einer Audiokonferenz im Vergleich zu normalen Konferenzen. ntz Archiv 2(1980)5, S. 87-94.

[15] Enste, N.: Wirtschaftsjunioren tagten per Videokonferenz (Mehrpunkt-VK, Gesprächsführung). Z. Post Telekommunikation (1989)10, S. 44-45.

[16] Guidelines for placement of microphones and loudspeakers in telephone conference rooms and for group audio terminals (GATs). CCITT Blue Book, Vol. V, Suppl. No. 16, S. 363-367, Genf 1989.

[17] Transmission performance of group audio terminals (GATs). CCITT Blue Book, Vol. V, Rec. P.30, S. 51-54, Genf 1989.

[18] Reinicke, W.C.: Neue Lösungsansätze für bessere Audio-Endgeräte. Kleinheubacher Berichte 30(1987), S. 403-407, Fernmeldetechn. Zentralamt: Darmstadt 1987.

A Field Trial with Speech Recognition for Telecommunication

F. L. van Nes

Abstract

In 1983 the Dutch PTT and Philips set up a joint working party under
the name of 'Speech Processing', 'to allow reliable statements to be
made on the usability of speech processing in subscriber telecommunication services'. To this end, the working party investigated the
feasibility of an information service for the general public with voice
commands and voice output, to be accessible via the regular telephone
network.
In order to be able to use speaker-independent speech recognition,
samples of all words needed in the service were collected from about
180 male and female speakers and used to make recognition templates.
To accommodate the needs of new as well as experienced users, several
dialogue structures were conceived and tested in a Wizard-of-Oz
experiment with simulated voice recognition. These dialogues were then
used in a field experiment with 122 subjects. The results of this
experiment showed that a simple public network information service with
speaker-independent speech recognition is feasible, both technically
and in terms of user performance, although not without problems for
quite a few users. Error correction proved awkward; in speech-recognition systems where this is the case the overall recognition score
should be higher than 80%, in order to ensure that users are only
confronted with the difficult correction procedures in exceptional
cases.

Keywords: speech recognition - phone-based interfaces - dialogue
structures - field test

INTRODUCTION

In June 1983 the Dutch PTT and Philips set up a joint working party, 'Speech Processing', to assess the usability of speech-processing technologies in regular subscriber services. The working party decided to carry out this task by investigating experimentally the feasibility of a service with speech recognition and voice output for the general public, i.e. people not accustomed to voice I/O. The potential of such services is enormous since no terminals, personal computers etc. would be needed to use the service: an ordinary telephone would suffice, albeit that a phone-based interface is needed to exploit the service fully. Of the many different factors in a project of this type, only a few may be investigated in a limited period of time. Therefore, a single speaker-independent speech-recognition system for isolated words, constructed in the Philips laboratory in Hamburg, was used. One network configuration was employed in the final test, via a '06' exchange used for the Dutch equivalent of the '800 service' in the United States. The specific test service provided information on a variety of general-interest topics. The reason for this choice of service, called 'Auditel' by analogy with the viewdata information service 'Viditel' provided by the Dutch PTT, is that its potential value is easy to explain to subjects, who may then be given information-retrieval tasks, the performance of which can be measured quantitatively. Also, an information service provides ample opportunity to vary features of the user-service dialogue, such as menu structure and size. This dialogue was chosen as the source of experimental variables in the project because of the hitherto limited knowledge in the area of speech interfaces and dialogues.

PHASES OF THE PROJECT

The project was executed in six phases which can be summarized as follows and which will be described hereinafter.

Phase 1: specification of user procedures for the information system and its general set-up.

Phase 2: testing these procedures in a Wizard-of-Oz experiment:
subjects had to obtain information from a system featuring
various dialogue structures and a speech-recognition system
that was simulated by the experimenter.

Phase 3: acquisition of recognition templates for the real speaker-
independent speech-recognition system in the planned information service.

Phase 4: evaluation of this speech-recognition system per se, i.e.
without the complicating effects of its use in an actual
information-exchange dialogue.

Phase 5: testing the automatic information system 'Auditel' in more or
less real-life circumstances, with users of this information
service in their own homes or offices, communicating with the
system over the public telephone network. This test included
an evaluation of the speech-recognition system under conditions as may be encountered in practice, and an evaluation of
the dialogue structure, including ways to correct errors.

Phase 6: evaluation of the whole project, especially the 'Auditel'
system, in the light of its scientific, technical and
operational aims.

PHASE 1: SPECIFICATION OF USER PROCEDURES

In this phase the general set-up of the information service and its
access routes were determined.

Data base structure. A hierarchical structure was chosen. In such data
bases access is obtained in a top-down fashion: the user makes a number
of choices at the various hierarchical levels, going from general to
more and more specific information categories as he proceeds from the
top downwards. One main branch of the tree structure used is shown in
Fig. 1. With visual presentation of alternative categories and manual
selection via one or more key presses, this procedure now is well known
(Frankhuizen and Vrins, 1980; Lee, 1982; Van Nes and Tromp, 1979).
However, in voice dialogues the situation is completely different. One
of the most characteristic properties of such dialogues is the
inherently successive presentation of alternatives, in contrast to the
generally simultaneous presentation in 'visual' dialogues. Furthermore,

these successive presentations are all volatile because of the
transitoriness of sound (Van Nes, 1982).

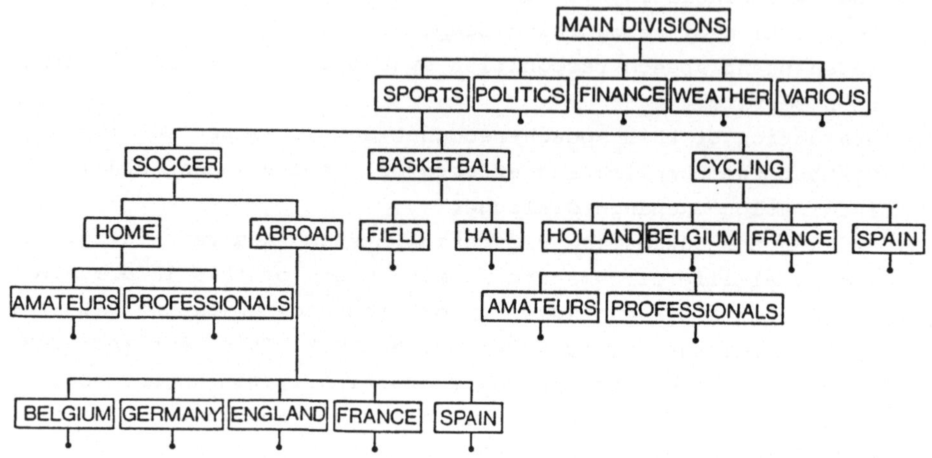

Figure 1: Data base structure

<u>Menu selection</u>. The human participant in a spoken dialogue may be
bothered by short-term memory limitations when having to select from a
menu of information categories, especially if he is uncertain as to
which category corresponds to his needs: then he may have to remember
and consider a number of mentioned categories before he can choose.
Menu length is therefore an important parameter in voice dialogues,
even more so than in visual dialogues. But this applies less if the
user is allowed to select an alternative <u>immediately</u> after its
presentation instead of after the last item of the menu.
Therefore, in this project two menu-selection possibilities were
designed and tested:
- after completion of the menu, in the 'full-menu dialogue'.
- after each menu item mentioned, in the 'partial-menu dialogue'.
  The menu item just mentioned may be selected by saying 'yes' (if the
  user says 'no' or nothing the menu presentation will continue) or by
  repeating it. However, at this point the user may also say an item
  which was presented earlier in the list, or even one which is to
  follow.

If the presentation of menu items is not interrupted, the partial
menu becomes a full menu.

In principle, the presentation per item lasts longer in a partial-
menu dialogue than in a full-menu dialogue because a recognition pause
has to be included after each menu item: during this pause, the user
can give his voice command.

Short cuts. The auditory sequential presentation of menus, be it full
or partial, takes time and may bore or annoy experienced users, who
already know which alternatives to choose. To provide such users with
fast access routes, a number of short cuts through the dialogue were
created by incorporating recognition pauses before the presentation of
some menus, and by loading the speech recognizer with a subvocabulary
including the items of these forthcoming menus at such pauses.
This procedure can also be used in other phases of the dialogue, for
instance before a prompt from the system (Leopold and Van Nes, 1987).

Recognition subvocabularies. The choice of the subvocabularies that
obtain in the different dialogue steps greatly influences the flexibility of the dialogue on the one hand, and its fool-proofness on the
other, by preventing recognition errors and the subsequent problems.
For example: a subvocabulary which includes terms that may be used as
commands at other levels in the hierarchy, enables the user to jump to
those levels. This enhances flexibility but may also confuse a user
after an erroneous recognition of a command, leading to an unexpected
departure from the level where the command was given.
In general terms there is always a trade-off, mediated by menu size,
between recognition speed and -safety on the one hand (small menus) and
dialogue flexibility on the other (larger menus). The choice of size
depends on the estimated probability of an erroneous recognition and
also on the known duration of the recognition process, given the number
of words for each subvocabulary. In Auditel, the largest subvocabulary
had 14 words.

System messages. These messages to the user include prompts and
feedback on recognition results etc. They should be carefully designed
and tested. The wording of prompts, for example, is very important
since it influences the users' utterances and therefore the probability
of successful recognition. Recognition feedback may reassure, but may
also annoy the user, depending for instance on the frequency of errors
(Leiser et al., 1987).

PHASE 2: TESTING THE USER PROCEDURES

Introduction. A 'Wizard-of-Oz' experiment was performed to test the
aforementioned dialogue parameters with a simulated voice recognizer,
i.e. the experimenter. He performed within the constraints of the real
recognizer as to acceptability of the subjects' utterances for the
different dialogue steps etc., but made no recognition errors. In this
way, the intelligibility of system instructions, appropriateness of
user commands, transparency of the hierarchical structure of the data
base, etc. can be tested without the extra complexity caused by
erroneous recognition. Changes are still possible at modest cost.
Ideally, with the results of such a Wizard-of-Oz experiment the
usability of the modified dialogues is guaranteed under technically
optimal conditions, i.e. no recognition errors.

Method. It is important to use 'uninitiated' subjects for such an
experiment, because only they can, by their understanding of the
dialogue or otherwise, judge how well the system designers succeeded in
making possible a 'natural' communication between user and system. 18
such subjects, 8 male and 10 female, participated in this experiment.
Their ages were between 22 and 59.
Of these subjects, 10 had to work only with the full-menu dialogue,
whereas the remaining 8 subjects had to work only with the partial-menu
dialogue. In both cases it was possible to make short cuts. For all
subjects, the experiment consisted of two parts. In the first one they
had to answer 18 questions; 'recognition' of their commands was always
correct. In the second one subjects had to answer another 3 questions;
this time, 'recognition' of their commands was sometimes deliberately
incorrect in order to investigate how they coped with this situation.
They were told that they could protest verbally in the case of an
erroneous recognition, and then continue with their retrieval task.
However, no examples were given of protest utterances, in order to see
whether particular words would be used spontaneously by most subjects.

Results. All subjects managed finally to retrieve the desired data.
There were large individual differences, mainly due to whether or not
they took short cuts.
For the full-menu dialogue, subjects needed between 13.5 and 23 minutes
to answer the 18 questions, with a mean of 17.8 and a standard
deviation of 3.5 minutes.
For the partial-menu dialogue, subjects needed between 17 and 44

minutes to answer the 18 questions, with a mean of 24.2 and a standard deviation of 7.0 minutes. The larger variation in this case resulted from the fact that not all subjects interrupted the menu after their item was mentioned, but rather waited until the whole menu was presented.

These performance differences between the two dialogue types were considered too small to choose one or the other. Since there were no clear-cut preference differences either, it was decided also to use both dialogue types in the Auditel experiment.

As to typical protest words, no particularly suitable, i.e. very frequently used ones were noted.

PHASE 3: MAKING RECOGNITION TEMPLATES

The planned information service obviously needed speaker-independent voice recognition. This meant that each word to be recognized had to be spoken by a fairly large number of speakers. 91 males and 88 females from a particular region of The Netherlands were recruited to say each of the 110 words to be used, 80 of them in the experiment proper, via a telephone connection of known properties. The words, having to serve as templates for the recognition of commands from the user in the actual information exchange dialogue, preferably ought to be spoken in a context similar to that of the dialogue. They certainly should not be just recited by their speakers. Therefore, a special acquisition dialogue was made, with a series of questions from the template acquisition system. The questions had to be answered by the speaker with either a target word or with 'none'. Which answer was given depended on the presence or absence of the target word, for instance 'Spain', in a short list of similar words mentioned by the system, for instance 'England, Belgium, France or Germany'. In this example the answer was 'none'; it was required in 10% of all cases.

The recordings of all utterances acquired were played back and judged by human listeners as to their quality. Reasons to exclude a recorded utterance from the collection used to make recognition templates were: background noise, such as crying children, barking dogs, doors being banged; bad switching clicks on the line; the spoken utterance was for some reason wholly or partly different from the intended one.

After this qualification procedure, between 50 and 80 samples per word remained, both for the male and the female speakers. They were used to

make two reference template sets:
- 'Ref-all', with 110 templates, one for each word to be recognized,
made from all the available qualified samples.
- 'Ref-30', with 110 templates from the first 30 qualified samples of
each word. This set was thus made with an equal number of samples for
each template.

PHASE 4: EVALUATION OF THE SPEECH-RECOGNITION SYSTEM PER SE

This evaluation was done by having the system, equipped with recognition templates from the Ref-30 set just described, recognize words from
the remaining qualified samples that were collected in Phase 3 for the
purpose of making reference templates. Such an evaluation can be said
to determine an upper limit for the performance of a speech-recognition
system, since the words to be recognized were spoken in the same
circumstances as the samples forming the templates had been, i.e.
without possibly straining influences etc. from the actual user-system
dialogue.
The result of the evaluation depends on the setting of the rejection
threshold, i.e. the maximum distance allowed between the representation
of an incoming word and those of the 110 templates. For the threshold
setting used in the Auditel experiment the percentage of correct
recognition was 96.82, the percentage of substitutions 2.41 and the
percentage of rejections 0.77. These three values are averages over all
110 words.

PHASE 5: THE AUDITEL EXPERIMENT

This experiment had some of the characteristics of a laboratory
experiment: the participating subjects were given specific data-
retrieval tasks, their behaviour in executing these tasks was monitored
closely and they were interviewed immediately after the experiment.
On the other hand, the subjects were using their own telephone sets, in
their own homes, and communication between them and the computers
hosting the information service was via the public network: conditions
that could be expected in a field test.

This laboratory-field experiment was split into two parts, each consisting of three sessions, with different subjects for the two parts. 55 Subjects (28 female, 27 male) participated in the first part, 67 (30 female, 37 male) in the second. The subjects came from the same region in The Netherlands as the speakers from whose words the recognition templates had been made. In each session they had to answer seven questions by retrieving data from the information service. Of the results, which have been described in detail elsewhere (Van Noorden, 1988), only the following will be reported here.

Speech-recognition performance. A distinction should be made between two types of utterance:
- appropriate words, spoken with the proper timing and loudness; their average recognition percentage varied over experimental sessions between 84.2 and 93.5. The number of times each of the 80 words was used was different. It may be concluded that using a word in the context of the dialogue lowered the chance of it being recognized correctly by between 3 and 13% with respect to saying it in the same manner as used for making the recognition templates.
- words (or even phrases) that did not belong to the current sub-vocabulary and words that did, but that were not spoken loud enough, or not at the right moment. The latter situation can be split into: speaking too early, viz. while a previous system message is still being uttered; speaking after this system message but before the recognizer is responsive; and speaking too late, i.e. while the recognizer again becomes inoperative (to prevent it from responding to system messages or other unwanted noises). Subjects' utterances could be categorized in this class of 'words which are impossible to recognize correctly' as the experimenter labelled them during the experiment. If this category is taken into account the recognition score over experimental sessions drops to between 57.0 and 82.9%, the average value being 80%. These are the recognition scores the subjects will subjectively experience.

Subjects' performance. In no less than about 30% of all sessions, i.e. 10% of all utterances, the subject more than once spoke too briefly or at the wrong moment (viz. too early, too late or while the system was addressing him or her).
In 24% of all sessions the subject more than once used a wrong ('illegal') word. In 4% of all sessions utterances of more than one word were used, which was not allowed.

Each subject participated in three sessions. During the third session on average only half as many errors were made as during the first one: an obvious learning effect.
Not all subjects completed their task: 95% answered the seven questions, in 8-30 minutes.

PHASE 6: EVALUATION OF THE PROJECT AND CONCLUSIONS

In technical terms the project can be called a success: it showed that a simple public network service with speaker-independent speech recognition is now possible. It remains to be seen whether the public would be willing to pay for such a service and to put up with the inconvenience of erroneous recognition.
Judging by the sighs of subjects during their task, as heard by the experimenters, the all-in recognition percentage achieved, 80%, is hardly sufficient. Some technical improvements are possible, such as echo cancellation, whereby timing of the subjects' utterances should be less critical. However, better timing is one of the things the subjects learned anyway during the experiment. What they did not learn so easily was to speak loud enough and use valid words, i.e. words belonging to the recognition vocabularies. This, as well as the fact that the possibility of erroneous recognition of valid words cannot be ruled out, means that the options open to the user after a recognition error should be made very clear and easy to implement.
One should realize that if this aim were achieved, or even if an error-less speech-recognition system were available, a dialogue of the type used in Auditel is limited and does not allow for questions meant to clarify details of the information provided, questions that are common in human dialogues. This meant that, except for very simple messages, clarity of terminology, distribution of information over time and length of a message and memorizability of these messages are very important in a service of this type.

ACKNOWLEDGEMENT

The writer of this article was a member of the before-mentioned working
party of the Dutch PTT and Philips, 'Speech Processing', and herewith
gratefully acknowledges the work of his fellow-members L. van Bavel,
A.W. Belt, J.P.M. Hendriks, L.J.P. van Heugten, A.J. Klapwijk, F.F.
Leopold, J. Mierop, A. Mostert, L.P.A.S. van Noorden, F.J. Schäffers
(project leader), E. Weldink and R. de Winter.
Without their truly joint efforts the project would never have succeeded, and therefore this article, which is the modified successor of
a manuscript previously published in the Proceedings of the 12th
International Symposium on Human Factors in Telecommunication, held in
The Hague in May 1988, would never have been written.

REFERENCES

Frankhuizen, J.L. and Vrins, T.G.M. (1980): 'Human factors studies with
   Viewdata'. Proc. of the 9th Int. Symp. on Human Factors in Telecom-
   munication, 1980, Red Bank, New Jersey.
Lee, E.S.; Whalen, T.E.; McEwen, S. and Latrémouille, S. (1982): 'Human
   Factors in Videotex Information Retrieval'. Proc. of the 1982 Int.
   Zürich Seminar on Digital Communications - Man-Machine Interaction,
   p. 225-232.
Leiser, R.G.; De Alberdi, M.; Carr, D. and Jones, J. (1987): 'Human
   factors in dialogue development for voice control of PABX features'.
   Proc. of the 2nd Symp. on Occupational Ergonomics, Zadar, Yugoslavia,
   April 1987.
Leopold, F.F. and Van Nes, F.L. (1987): 'Control of data processing
   systems by voice commands'. Behaviour and Information Technology, 6,
   no. 3, p. 323-326.
Van Nes. F.L. and Tromp, J.H. (1979): 'Is viewdata easy to use?' IPO
   Annual Progress Report 14, p. 120-123.
Van Nes, F.L. (1982): 'Perceptive, cognitive and communicative aspects
   of data processing equipment'. Proc. of the 1982 Int. Zürich Seminar
   on Digital Communications - Man-Machine Interaction, p. 259-262.
Van Noorden, L.P.A.S. (1989): 'AUDITEL: details of the experiments and
   results'. Proc. of the 12th Int. Symp. on Human Factors in Telecommunication, HFT '88, The Hague, May 1988.

Gestaltung und Nutzen von Erkennungssystemen

W. Doster, J. Schürmann

ZUSAMMENFASSUNG

Dieser Beitrag beschäftigt sich mit der Gestaltung und dem Nutzen von Erkennungssystemen. Der Schwerpunkt liegt auf Sprach- und vor allem Handschrifteingabe und -erkennung. Im Anschluß an die Einleitung werden Erkennungssysteme betrachtet sowie die Aspekte Integration und Nutzen beleuchtet. Es soll nicht auf die Technik von Erkennungssystemen eingegangen sondern diese nur soweit betrachtet werden, wie es zum grundsätzlichen Verständnis erforderlich ist. Einige Beispiele verdeutlichen den ganzen Sachverhalt. An diesen experimentellen Systemen werden die Aspekte Gestaltung und Nutzen gezielt betrachtet, um auch dem Leser ein Gespür für die Integration von Erkennungssystemen in bestehende oder neue Arbeitsplätze zu geben. Eine Zusammenfassung mit Ausblick schließt den Beitrag ab.

EINLEITUNG

Betrachten wir die Kommunikation zwischen Mensch und Maschine, dann finden wir in der Regel als Kommunikationswege zur Maschine hin die Tastatur, eventuell auch nur einige Knöpfe und vielleicht eine Maus. Der Weg von der Maschine zum Menschen hin ist durch den Bildschirm, eventuell auch zusätzliche Kontrollampen und Signalgeber gekennzeichnet.

Die Kommunikation zwischen Menschen vollzieht sich auf der Basis von Schrift, Sprache und Gestik. Vergleichen wir die beiden Formen der Kommunikation, dann findet man demnach keine Gemeinsamkeiten. Um die Bedienung von Maschinen benutzergerechter zu machen, müssen Elemente der zwischenmenschlichen Kommunikation eingebunden werden. Schrift, Sprache und Gestik sind jedoch keine Signale, die einer Maschine wie die Sequenz eines bestimmten Tastendrucks zugespielt werden, sie müssen zunächst erkannt und interpretiert werden.

Eingaben für diese Erkennungssysteme kommen je nach dem Ort der Erzeugung auf verschiedenen Kanälen in das technische System. Sprache über ein Mikrofon, Schrift auf Papier über einen Scanner, Schrift und Gestik - im folgenden soll darunter nicht Gestik allgemein, sondern Symbole verstanden werden - kommen über ein Graphiktablett in das Erkennungssystem. Die Erkennung ganz allgemeiner Gestik steckt noch in den Forschungskinderschuhen und wird heute nur in ganz wohldefinierten Anwendungsfällen demonstriert. Beispiele sind das Erkennen von Augenbewegungen und von Zeigebewegungen /BOL87/.

In Bild 1 sind für die drei erwähnten Erkennungsvorgänge die Eingangssequenzen und das Ergebnis der Erkennung dargestellt. Der obere Teil zeigt das Sprachsignal zum gesprochenen Wort "München", die Mitte für das Beispiel Schrifterkennung ein handgeschriebenes "M" und der untere Teil für die Erkennung von Symbolen ein Symbol, dem die Bedeutung "Lösche den Rest der Zeile" zugeordnet ist.

Unabhängig von dem zu erkennenden Element, sei es Sprache, Schrift oder Symbole, lassen sich Gemeinsamkeiten der Erkennungssysteme aufzeigen.

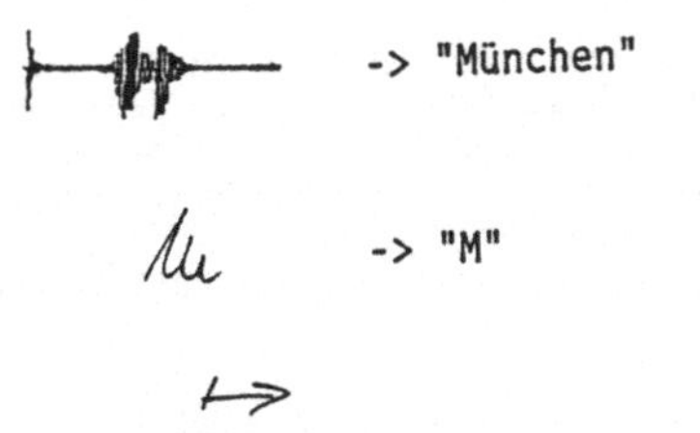

Bild 1: Beispiele von Eingangssignalen für Sprach-, Schrift- und Symbolerkennung

ERKENNUNGSSYSTEME

Erkennungssysteme können benutzerabhängig, benutzeradaptiv oder aber benutzerunabhängig sein. Sie können darauf ausgelegt sein, isolierte oder verbundene Einheiten zu erkennen. Benutzerabhängig bedeutet, daß ein Benutzer das System mit seinen Symbolen, seiner Schrift oder seinen Sprachäußerungen trainieren muß. Typischerweise ist dazu ein mehrmaliger Trainingsdurchlauf notwendig. Beim Betrieb werden bei der Initialisierung eines Systems die Referenzen des jeweiligen Benutzers geladen. Benutzeradaptive Systeme können schon gleich zu Beginn entweder eine eingeschränkte Menge von Äußerungen oder Symbolen erkennen oder aber alles noch nicht besonders "gut" erkennen. In einem Vorlauf oder auch während der Benutzung werden aus den Eingaben und den Erkennungsergebnissen die typischen Charakteristika der Sprache oder der Schrift des Benutzers ermittelt und die Referenzen an den Benutzer adaptiert. Benutzerunabhängige Systeme sind von ihrer Struktur her auf ein großes Kollektiv von Benutzern ausgerichtet. In allen drei Fällen können die Erkennungssysteme auf die Erkennung isolierter Einheiten spezialisiert oder auf die Erkennung verbundener Einheiten zugeschnitten sein. Auch Mischungen sind denkbar.

Für den Bereich Handschrifterkennung zeigt Bild 2, /TAP84/, die verschiedenen Typen von zu erkennenden Schriften. Beginnend mit in Kästchen geschriebenen Buchstaben führt die Abbildung über isoliert geschriebene Zeichen zu fortlaufend aneinandergereihten Buchstaben und dann zu verbunden geschriebener Schrift, wie sie in der Schule gelernt wird. Üblicherweise ist jedoch eine Schreibweise wie ganz unten dargestellt zu beobachten: eine Kombination von einzelnen isolierten Zeichen und verbunden geschriebenen Wortteilen. An diesem Bild kann auch erläutert werden, wo der heutige Stand der Erkennungstechnik anzusiedeln ist.

BOXED DISCRETE CHAR

Spaced Discrete Characters

Run-on discretely written characters

pure cursive script writing

Mixed Cursive and Discrete

Bild 2: Verschiedene Kategorien von Handschriften

Erkennungssysteme für Schrift und Symbole sind heute in der Lage, Zeichen in Kästchen und isoliert geschriebene Zeichen zu erkennen. Die Zeichen müssen nicht so isoliert wie in diesem Bild sein, sie können sich überlappen. Bei Eingabe über Graphiktablett können durch Vorhandensein der zeitlichen Information der Entstehung der Zeichen auch fortlaufend geschriebenen Zeichenfolgen wie im mittleren Bereich erkannt werden. Die Erkennung von verbunden geschriebenen Wörtern ist weiterhin Thema in der Forschung.

Bei der Erkennung von Sprache ist es ganz ähnlich bestellt, die Erkennung von benutzerabhängigen isolierten Kommandos oder Wörtern wird schon mit kommerziell erhältlichen Geräten erreicht - allerdings mit zunehmender Größe des Vokabulars nur bei Einschränkung auf bestimmte Anwendungsbereiche. Die Erkennung kontinuierlich gesprochener Sprache ist nur bei kleinen erlaubten Vokabularien gewährleistet. Für allgemeine Anwendungen ist auch dieser Bereich Gegenstand intensiver Forschung.

Sowohl Schrift- als auch Spracherkennung können benutzerabhängig / -adaptiv oder benutzerunabhängig sein. Bei der Spracherkennung ist jedoch anzumerken, daß benutzerunabhängige Systeme heute noch ein stark limitiertes Vokabular erfordern, siehe auch /WOL90/.

Ein weiteres großes Problem bei der Spracherkennung sind Störgeräusche. Auch wenn im Büro Gespräche stattfinden oder im Auto das Radio läuft oder das Schiebedach geöffnet ist, sollte die Erkennung noch funktionieren. Dieser Themenbereich Geräuschminderung / -elimination ist ebenfalls Gegenstand weiterer Forschung.

INTEGRATION UND NUTZEN

Bei der Integration sind die zentralen Fragen:

- Wie gut verbindet sich ein Erkennungssystem mit der Arbeitsumgebung?
  und
- Wie unauffällig und unbemerkbar ist es?

Ein gutes Beispiel ist die Spracherkennung. Bei einer Anwendung, bei der sowieso ein Mikrofon benutzt werden muß, kann viel eleganter ein Spracherkenner integriert werden als bei einer Anwendung, bei der das Mikrofon neu hinzukommt. Typische Fälle sind Spracherkenner in Verbindung mit dem Telefon - sei es mobil oder stationär.

Beim Nutzen ist die zentrale Frage, was habe ich als Benutzer davon? Kann ich eine durchzuführende Aktion einfacher, schneller oder bequemer erledigen? Nur wenn diesen beiden Aspekten genügend Rechnung getragen wird, wird auch ein Erkennungssystem erfolgreich eingesetzt werden können.

Bei der Integration müssen die Bereiche Hardware-Integration und Software-Integration unterschieden werden. Beim Nutzen ist klar zu trennen zwischen dem Anteil, der objektiv meßbar ist, z.B. Verkürzung der Bearbeitung, und dem oftmals schwierig oder überhaupt nicht meßbaren Anteil in der Steigerung der Qualität der Bedienung. Die Hardware-Integration wird bei den Beispielen ausführlicher betrachtet, bei der Software-Integration muß man sich immer vor Augen halten, daß es nur sehr selten völlig neue Anwendungen unabhängig von existierenden gibt. Dies hat zur Folge, daß bei der Einbindung neuer Eingabekanäle immer auf die Welt voller existierender Programme Rücksicht zu nehmen ist. Das bedeutet, daß für die Software-Integration z.B. eine Abbildung auf den Tastaturpuffer vorgesehen werden muß. Für ein Anwendungsprogramm ist dann nicht mehr unterscheidbar, woher die Eingabe erfolgte. Einerlei, ob über Spracherkenner, Schrifterkenner oder Symbolerkenner, das Erkennungsergebnis kommt in den gleichen internen Puffer wie bei einer Tastatureingabe. Entsprechendes gilt bei Eingaben zur Cursor- oder Maussteuerung.

Nur bei neu zu schreibenden Anwendungen können erweiterte Schnittstellen zwischen
Erkennungssystemen und Anwendungsprogrammen eingesetzt werden. Ein Erkennungssystem
kann verschiedene Bedeutungsalternativen liefern und darüber hinaus zusätzliche
Information an das aktuelle Anwendungsprogramm weitergeben, beispielsweise bei der
Eingabe über ein Graphiktablett Angaben zur Lage und Größe eines geschriebenen
Symboles. Ist im Anwendungsprogramm eine Stelle erreicht, an der nur Ziffernein-
gabe erlaubt ist, schickt das Anwendungsprogramm einen entsprechenden Maskierungs-
befehl an den Erkenner. Zur Klassifizierung sind im Erkennungssystem dann nur die
maskierten Klassen als potentielle Bedeutungen zugelassen. Diese Reduktion der
möglichen Bedeutungsalternativen hat eine deutliche Steigerung der Erkennungsleistung zur Folge.

BEISPIELE

Als erstes Beispiel wird die Integration eines Erkennungssystems zur Erkennung von
Zeichen auf Papier demonstriert. Die Einbindung soll in eine fensterorientierte
Benutzeroberfläche erfolgen, ein auf Papier vorliegender Text soll erkannt werden.
Dazu wird das Blatt in einen Scanner eingelegt und das Symbol zum Starten des
Scanners angeklickt. Die Vorlage wird gescannt und auf dem Bildschirm dargestellt.
Mit der Maus kann, falls erforderlich, ein Teilbereich ausgewählt werden. Durch
weiteres Anklicken des Erkennesymbols wird die Erkennung gestartet. Auf dem Bild-
schirm erscheint als nächstes das in Bild 3 dargestellte Fenster.

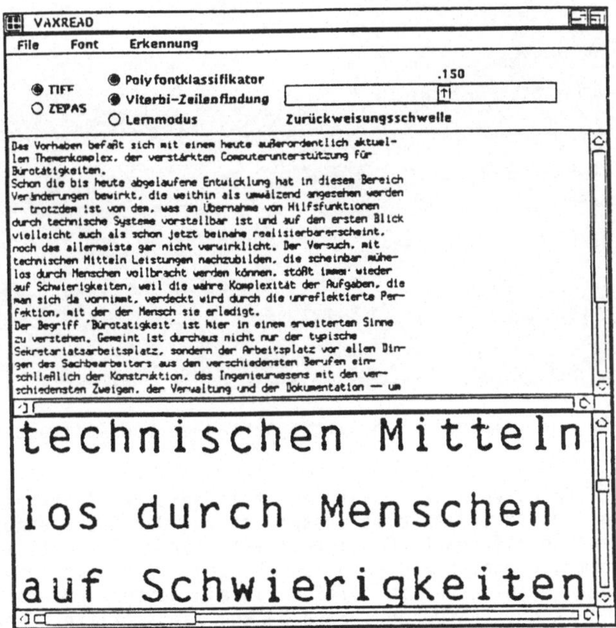

Bild 3: Benutzeroberfläche eines Erkennungssystems für Textvorlagen

In einem Teilfenster ist das Originalrasterbild und in dem anderen Teilfenster
das Ergebnis der Erkennung zu sehen. Beides steht gleichzeitig zur Verfügung und
es kann bei notwendig werdenden manuellen Korrekturen / Ergänzungen direkt das
Originalbild betrachtet werden. Im oberen Bereich sind weitere Steuerungsfunktionen
zu sehen, z. B. der Lernmodus. Ist dieser eingeschaltet, dann wird, sobald ein

noch nicht bekanntes Zeichen bei der Erkennung vorliegt, das zugehörige Rasterbild
dargestellt und vom Benutzer die Eingabe der Bedeutung verlangt.

Der Nutzen eines solchen Erkennungsprogrammes ist ganz offensichtlich. Falls die
Erkennung so gut funktioniert, daß sehr selten Fehler vorkommen und nur wenig Interaktion vom Benutzer erforderlich ist, wird ein solches Erkennungssystem akzeptiert werden, sonst nicht. Durch das Abtippen der Vorlagen läßt sich ein direkter
meßbarer Vergleich durchführen. Zur Integration ist im vorliegenden Fall zu sagen,
daß sich alle notwendigen Funktionen in die Fensteroberfläche einfügen und auch
genau wie die anderen Anwendungen bedient werden.

Ein weiteres Beispiel zeigt Bild 4.

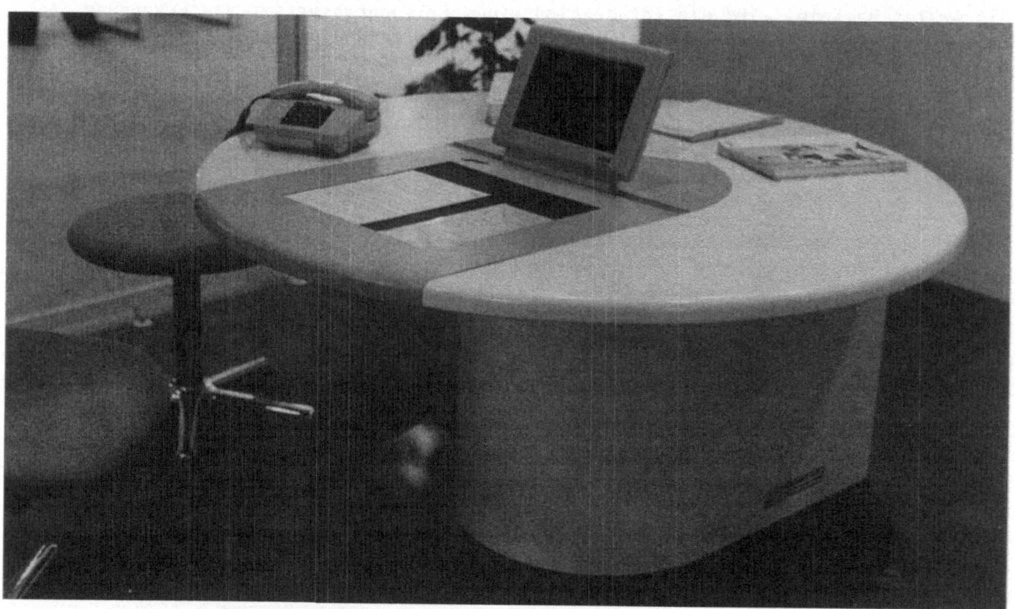

Bild 4: Arbeitsplatz zur telefonischen Auftragsannanhme und Auftragsvermittlung

Hier handelt es sich um einen Arbeitsplatz zur telefonischen Auftragsannahme und
Auftragsvermittlung. Das experimentelle System ist auf der Basis eines PCs mit
entsprechender Ergänzung aufgebaut. Ein integriertes Graphiktablett ist an eine
Zusatzkarte mit einem geeigneten Prozessor und Programm zur Erkennung von handge-
schriebenen Zeichen angeschlossen. Im Telefon ist ein weiteres Mikrofon integriert
und mit einem Spracherkenner verbunden. Sprach- und Handschrifterkenner sind be-
nutzerabhängige Systeme, d.h. entsprechende Trainingsabläufe sind durchzuführen.

Der Grundgedanke und Ablauf ist, daß eine Fachkraft an diesem Arbeitsplatz einen
Auftrag telefonisch entgegennimmt, einen Originalbeleg erstellt und den Auftrag
vermittelt. Gleichzeitig mit dem Ausfüllen des Beleges erfolgt die Erkennung der
geschriebenen Zeichen. Auf dem Bildschirm - hier ein Flachdisplay - wird immer der
gerade bearbeitete Teil des Formulars angezeigt. Bild 5 zeigt einen entsprechenden
Ausschnitt. Hier ist noch keine Eingabe erfolgt. Im unteren Bereich sind Kommandos
angezeigt, dies sind die aktuell gültigen Sprachkommandos, hier "Weiterbearbeiten",
"Auftrag abbrechen" und "Formular löschen." Nehmen wir nun an, daß ein Kunde an-
ruft und einen Auftrag meldet. Die Fachkraft füllt das Formular aus, wir sehen es
in Bild 6.

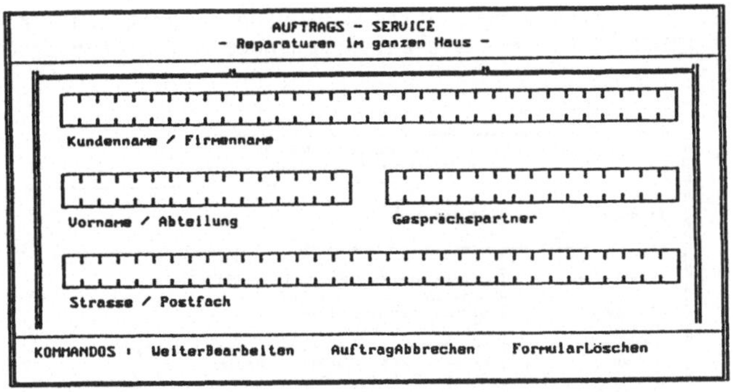

Bild 5: Bildschirmdarstellung des aktuell bearbeiteten Teils des Formulars

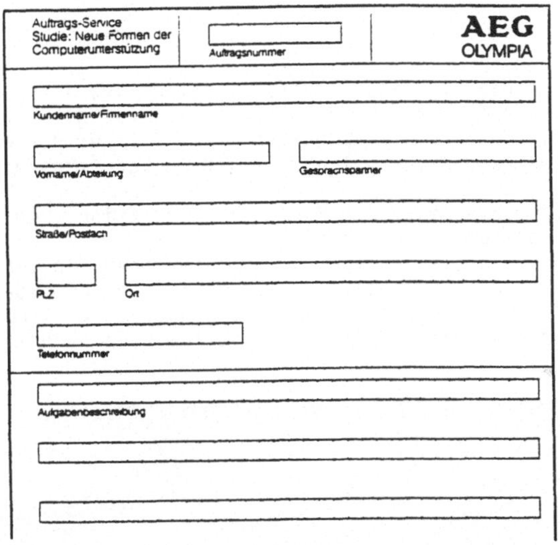

Bild 6: Formular zum Ausfüllen mit handschriftlichen Symbolen

Beim Ausfüllen muß keine Reihenfolge eingehalten werden, es kann völlig auf den Anrufer eingegangen und das Formular ganz individuell ausgefüllt werden. Der Bildschirm schaltet sich entsprechend weiter. Ist das Gespräch mit dem Anrufer beendet, dann wird durch das Sprachkommando "Weiter" eine Auftragsnummer angezeigt und diese handschriftlich auf das Formular übertragen. Nach korrekter Übertragung schaltet das Programm auf das Branchenmenü um und die Fachkraft kann die entsprechende Branche auswählen.

In Bild 7 ist das entsprechende Menü dargestellt mit den Branchen Elektriker, ..., Tischler. Bei dem gemeldeten tropfenden Wasserhahn wird durch Sprechen des Kommandos "Klempner" weitergeschaltet und die Liste der mit dem Auftragsservice verbundenen Klempner dargestellt. Die Fachkraft wählt eine Firma aus, durch Sprechen des Namens der Firma erfolgt automatisch eine Telefonanwahl der Firma. Die Fachkraft kann mit der ausgewählten Firma die Übernahme des Auftrages verabreden und

durch das Kommando "Auftrag vergeben" erfolgt dann automatisch ein Transfer des
Auftrages zur ausgewählten Firma mit entsprechendem Auftragsausdruck bei der be-
auftragten Firma.

```
                    AUFTRAGS - SERVICE
                 - Reparaturen im ganzen Haus -

     Branchen:            Sachgruppen:


     Elektriker           Elektrogeräte, Rundfunk und TV - Geräte,
                          Schwach- und Starkstrom,
     Gärtner              Blumen, Garten, Pflanzen
     Gläser               Glas, Porzellan
     Klempner             Heizungen, Rohranschlüsse, Sanitäranlagen
     Maler                Farben, Lacke, Tapeten, Teppich
     Maurer               Dächer, Fliesen, Mauern, Putz
     Schlosser            Metall
     Tischler             Dachstuhl, Fenster, Holz, Türen


  KOMMANDOS : Elektriker        Gärtner        Gläser         Klempner
              Maler             Maurer         Schlosser      Tischler
```

Bild 7: Branchenmenü

Der Nutzen ist auch in diesem Beispiel offensichtlich, es ist kein zusätzliches
Abtippen der Formulare erforderlich, die Information ist gleichzeitig auf dem Papier und im Rechner verfügbar, die Fachkraft kann voll auf den Kunden eingehen
und es besteht eine direkte Rückkopplung mit dem zu beauftragenden Handwerker.

Die Bilder 8 und 9 zeigen Aspekte der Hardware-Integration. Der Stift ohne stö-
rendes Kabel erlaubt das gewohnte Schreiben. Das Mikrophon für den Spracherkenner ist in Bild 9 in der Mitte der Sprechkapsel zu sehen. In der Mitte des Hand-
apparates befindet sich ein Druckschalter zum Aktivieren des Spracherkenners. Das
Telefonmikrophon wird dabei abgeschaltet, so daß auch Sprachkommandos während des
Gesprächs gegeben werden können. Dies ist vor allem beim nächsten Beispiel erforderlich.

Bild 8: Kabelloser Tablettstift

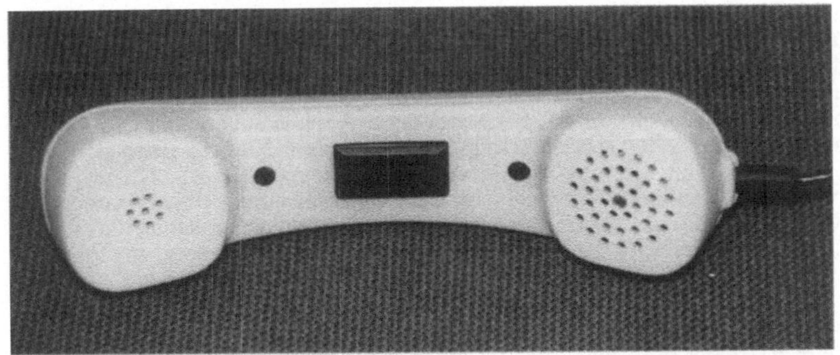

Bild 9: Integration des Mikrophons für den Spracherkenner

Bild 10 zeigt ein Arbeitsplatzsystem integriert in ein Stehpult. Die Konfiguration
ist ähnlich der vorherigen, integriert sind Spracherkenner und Symbol-/ Schrifterkenner. Dieses experimentelle System hat die Bezeichnung EXECUTIVE TERMINAL und die
Anwendung ist ein Datenbankzugriff ohne Tastatur. Ein Manager kann damit während
eines Telefongespräches auf die aktuelle Datenbank zugreifen, ohne Assistenzkraft
und ohne Tastatur.

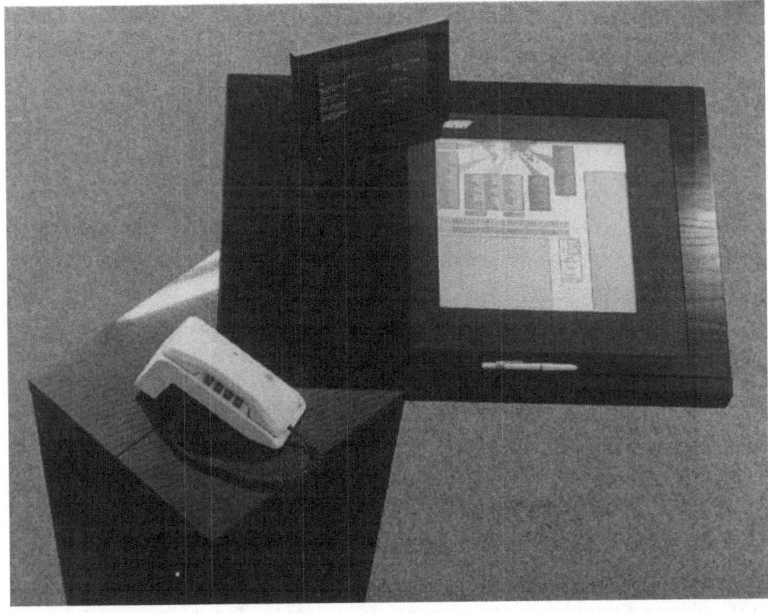

Bild 10: EXECUTIVE TERMINAL

Die Tablettoberfläche wurde für diese Anwendung erweitert, Bild 11 , sie kann
entsprechend den Wünschen und Anforderungen konfiguriert werden. Für die betrach-
tete Anwendung sind im oberen Bereich Ländernamen aufgelistet. Jedem dieser Felder
ist ein Kommando zum Einstieg in die Datenbank über das betreffende Land zugeordnet. Über die   Alphabetleisten kann über die Namen der Projekte und über die
Namen der Kontaktpersonen in die Datenbank eingestiegen werden. Damit sind die
drei in dieser Anwendung möglichen Einstiege erwähnt: Ländername, Projektname,
Name von Kontaktpersonen. Der rechte Bereich dient als Cursor- oder Maussteuerbe-
reich, eine Bewegung des Stiftes in diesem Bereich hat eine entsprechende Positio-
nierung und Bewegung von Cursor/Maus zur Folge. Ein doppeltes Anklicken auf dem
Tablett entspricht dem Anklicken mit der Maus. Unten in der Mitte befindet sich
ein Setup Bereich zum Einstellen von Parametern für die Erkennung oder zum Hinzu-
fügen neuer Referenzen. Der untere linke Bereich ist als Handschrifteingabebereich
definiert. Die Eingabe wird erkannt und dem Datenbankmanager als Mail zur entsprechenden Änderung der Datenbank zugeschickt.

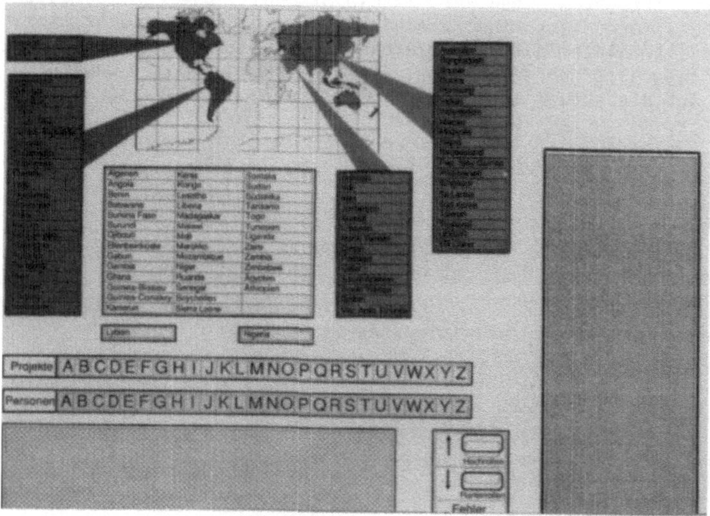

Bild 11: Tablettoberfläche für eine Datenbankanwendung auf dem EXECUTIVE TERMINAL

Spracherkennung ist hier eingebunden zur Erkennung der Namen der Kontaktpartner.
Ruft zum Beispiel gerade Herr Asavasirisuk an, dann drückt der Manager den Schalter an seinem Telefonhörer, spricht "Asavasirisuk", der Name wird erkannt und ein
entsprechender Datenbankzugriff ausgeführt. Das Navigieren in der Datenbank geschieht dann vorzugsweise mit dem Tablettstift unter Benutzung des rechten Berei-
ches.

Die Integration ist wie im vorherigen Beispiel erfolgt. Als Nutzen ergibt sich
auch für den tastaturungewohnten Benutzer ein direkter Zugriff zu den aktuellen
Daten in der Datenbank mit Sprache und Tablett. Eventuelle Änderungen können direkt eingegeben werden.

Eine weitere Tablettoberfläche für alle Anwendungsprogramme unter MS-WINDOWS ist
in Bild 12 dargestellt. Diese Oberfläche kann auch für andere fensterorientierte
Anwendungen verwendet werden.

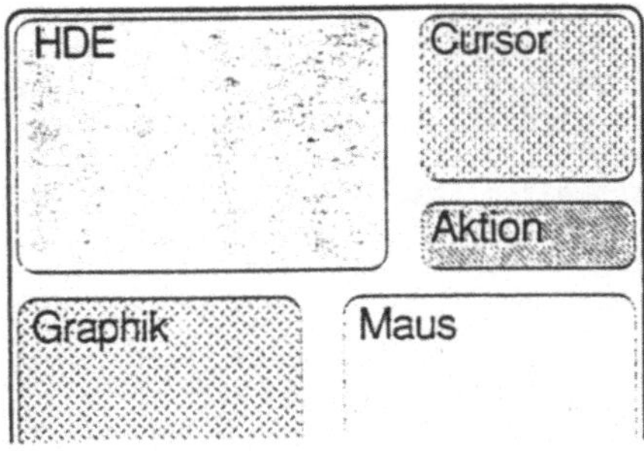

Bild 12: Tablettoberfläche für MS-WINDOWS

Es wurde hier eine generell verwendbare Oberfläche mit Feldern für Handschrifterkennung, Cursorbewegung, Setup, Mausfunktion und Graphikeingabe definiert. Jedes
MS-WINDOWS Programm kann damit nur mit Stift und Tablett bedient werden.

ZUSAMMENFASSUNG

In den Beispielen wurde gezeigt, wie Erkennungssysteme für Schrift und Sprache
sinnvoll und nützlich in gewohnte Arbeitsabläufe integriert werden können und die
Bearbeitung erleichtern und vereinfachen. Wir werden diese Arbeiten weiterführen
und mit dem Aufkommen von sogenanntem elektronischem Papier, das ist ein Flachdisplay mit integriertem transparentem Tablett, zu einer noch stärkeren Integration kommen. Dann ist direktes Schreiben und Manipulieren möglich. Die eingegebe-
nen Zeichen und Symbole können direkt erkannt und umgesetzt werden. Das elektronische Papier wird sich weiterentwickeln zu sogenannten aktiven Büchern /JAC89/.
In Bild 13 ist ein Entwurf für eine Erscheinungsform eines aktiven Buches zu sehen.

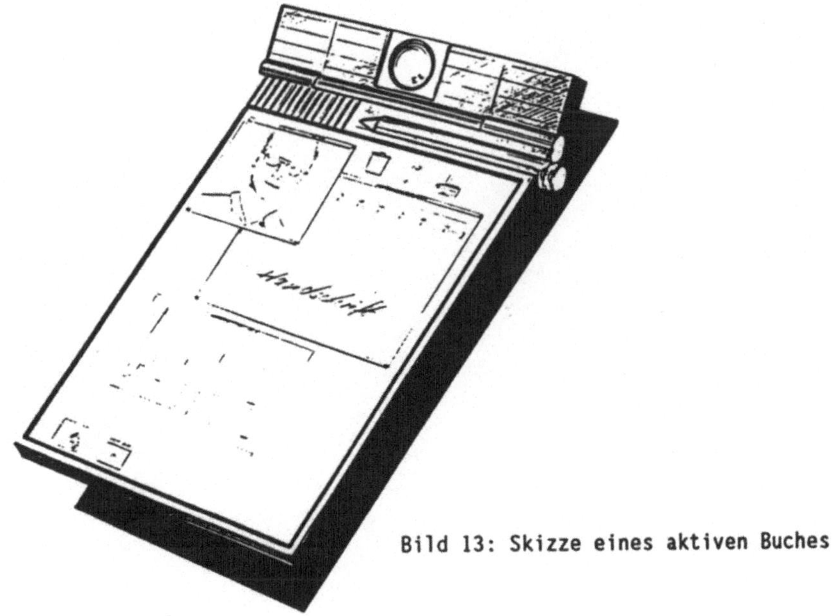

Bild 13: Skizze eines aktiven Buches

Aktive Bücher haben sehr leistungsfähige CPUs, genügend Speicher, Verbindung zu den notwendigen Kommunikationsnetzen und sind darauf ausgelegt, wie ganz normales Papier direkt bearbeitet zu werden. Es kann auf ein solches Buch wie auf einen Block gemalt werden (Bild wird als Graphik abgelegt) aber auch mit eingeschaltetem Erkennungssystem sowohl Schrift/Symbole als auch Sprache erkannt werden. In den aktiven BÜchern verschmelzen tragbare PCs, tragbare Telefone, das vertraute Papier zusammen mit den integrierten Erkennungssystemen zu einer ganz neuen Qualität von mobilen Systemen.

Literatur

/BOL87/ R.A.Bolt
        Conversing with Computers
        in: Readings in Human-Computer Interaction, ed. R.M.Baecker,
        W.A.S.Buxton, Los Altos, California, USA, 1987, pp. 694 - 702

/JAC89/ M.Jackson
        Active Books
        Intermedia, Oct. 1989, Vol. 7, No. 5, pp 40 - 43

/TAP84/ C.C.Tappert
        Adaptive On-Line Handwriting Recognition
        Proceedings 7th International Conference on Pattern Recognition, Vol.2,
        Montreal, Canada, July 1984, pp. 1004 - 1007

/WOL90/ H.E.Wolf, B.Lochschmidt
        Spracheingabe für automatische Bestelldienste
        Tagungsband Münchner Kreis, Benutzerfreundliche Kommunikation, München,
        12.-13.3.1990

Ein neues Handhabungskonzept für Radiogeräte

H. Jakubowski

Einleitung

Die technologische Entwicklung der letzten Jahre hat die Herstellung neuartiger elektronischer Bauteile und Schaltkreise ermöglicht, die, vor allem unter Einbeziehung der digitalen Technik, auch die Produzenten von Radiogeräten in die Lage versetzt haben, ihren Geräten ein neuartiges Gepräge zu geben. Bequemere Bedienmöglichkeiten, informativere Anzeigen und darüber hinaus auch völlig neue, zusätzliche Gerätefunktionen führten zu einem insgesamt wesentlich höheren Komfort, den diese Geräte zu bieten haben. Ganz wesentlich unterstützt wird diese Entwicklung durch zusätzliche, programmsignalbegleitende Kenn- und Steuerinformationen, die von den Rundfunkanstalten ausgestrahlt und von den Radioempfängern ausgewertet werden können.

Die Nutzung all dieser neuen Möglichkeiten führt aber, wie auf der letzten Berliner Funkausstellung drastisch zu erkennen war, sehr oft zu Radiogeräten, deren "Bedienoberfläche" ob der großen Anzahl von angebotenen Wahl- und Einstellmöglichkeiten und dementsprechend vielen Bedienelementen an Übersichtlichkeit nicht gerade gewonnen hat. Stellvertretend für viele andere ein Zitat aus einem Prospekt einer bekannten Firma mit wohlklingendem Namen :

> "Auf seiner Frontplatte kredenzt - Name der Firma - dann besonders engagierten Wellenjägern fette Beute : Sie können ihre Empfangsfrequenzen beispielsweise mit Senderkürzel kennzeichnen, die Empfangshilfen Mono und High-Blend wahlweise in die 29 bereitgestellten Stationsspeicher übernehmen und sogar die Lautstärke der einzelnen gespeicherten Stationen über die Taste Sensitivity angleichen - eine Gleichmacherei, die das Gerät auch für alle Eingänge bietet."

Bei dem heute im Äther tobenden Lautheitskrieg ist die Gleichmachermöglichkeit sicherlich eine sehr schöne Angelegenheit, ob man den Speicherplatz für 29 Stationen wirklich nutzen kann ist schon etwas fragwürdiger, ob eine Empfangshilfe wie "High-Blend" von Interesse ist, hat allein der Kunde zu entscheiden. Aber eines ist sicher, derartige Möglichkeiten haben ihren Preis. Dabei ist hier weniger an das Finanzielle als vielmehr an die Bedienbarkeit eines solchen Radios gedacht. Eigene Erfahrungen zeigen, daß ein schon sehr aufmerksames Studieren der - hoffentlich verständlichen - Bedienungsanleitung erforderlich ist, um den "Mensch-Maschine-Dialog" in Gang setzen zu können, wobei die Anweisungen für weniger oft zu bedienende Funktionen der Gefahr ausgesetzt sind, leicht wieder in Vergessenheit zu geraten. Technisch weniger versierte Hörer müssen vor diesem Empfänger kapitulieren.

Konzeptziel

Um die Handhabbarkeit eines solchen Gerätes zu erleichtern, müssen unbedingt die bisher als notwendig erachteten und darüber hinaus die neuen und durchaus erstrebenswerten - weil hilfreichen - Einstellmöglichkeiten und eine übersichtliche und einfachere Bedienweise miteinander vereinigt werden. Der oben zitierte Empfänger beherbergt auf seiner Frontplatte 44 Tasten und ein LCD-Display. Das ist zwar viel, aber das allein ist durchaus noch nicht unbedingt als negativ anzusehen. Es soll keiner Einknopfbedienung das Wort geredet werden, denn damit kommt auch ein Küchenradio nicht aus. Überhaupt soll nicht die Zahl der Bedienelemente das Kriterium für eine einfache Bedienung sein. Die Nutzung intelligenter, elektronischer Hilfsmittel und eine selbsterklärende Gestaltung der Bedienelemente durch Formgebung, sinnvolle Beschriftung, vor allem aber durch ihre funktionelle Anordnung muß zu einer unkomplizierten Bedienweise führen.

Die Erzielung einer leichten Verständlichkeit der Funktion der einzelnen Bedienelemente und das Einbeziehen neuer "Hilfsmittel" zur Steigerung des Bedienkomforts sind deshalb die zentralen Punkte des Handhabungskonzepts, das hier vorgestellt werden soll. Viele der angeführten Details sind heute schon bei einzelnen Radiogeräten zu finden, hier werden vorzugsweise die Einzellösungen, die dem gesteckten Ziel dienlich sein können, zu einem Bedienkonzept zusammengestellt.

Die Grundidee ist eine Bereinigung der Bedienoberfläche, d.h. eine Verlagerung eines Teils der Bedienelemente unter dieselbe. Auf der wirklichen Oberfläche sollten nur die für den Betrieb als Hörrundfunkempfänger unbedingt erforderlichen Einstellelemente untergebracht werden, allerdings einschließlich auch der eines ständigen Zugriffs erforderlichen Bedienelemente für zusätzliche, neuartige Auswahl- und Einstellmöglichkeiten.

Anhand einer als Beispiel zu betrachtenden Bedienoberfläche soll im folgenden das Konzept erläutert werden. Die Darstellung ist nicht als ein fertiges Designkonzept aufzufassen, da keine technisch-ästethischen, sondern nur funktionelle Überlegungen berücksichtigt werden.

Die in den Bildern dargestellte Frontplatte eines kompakten Radiogerätes (Receiver) ist sinngemäß auf mehrer Bedienoberflächen aufzuteilen, wenn die Anlage aus mehreren Einzelgeräten (Tuner, Vorverstärker, Endverstärker) besteht.

Oberfläche 1

Minimalausrüstung

Keiner besonderen Erläuterung bedarf eine Taste zum Einschalten des Gerätes. - Sehr viel eingehendere Erörterung erfordert die "Senderwahl", die als Hauptbedienfunktion bei einem

Radiogerät anzusehen ist. Hier könnte man es sich, oberflächlich betrachtet, einfach machen und einen "Drehknopf" verwenden, der zusammen mit einer Skale die Sendereinstellung ermöglicht. Das führt, dem Ziel gemäß, zu einer einfachen und leicht verständlichen Lösung. Doch das entspricht weder dem Stand der Technik, auch weil mechanische Lösungen heute zu teuer sind, noch ist es wirklich bequem. Tasten zur Senderwahl sind sehr viel angenehmer und übersichtlicher. Ideal ist die Situation beim Satellitenrundfunk. In einem Transponderkanal werden 16 Hörfunkprogramme übertragen. 16 Tasten, je eine für je ein Programm, ergeben eine ganz eindeutige Zuordnung. Auf einem Display erscheint zusätzlich eine Senderkennung (für das DSR-System sind maximal acht alphanumerische Zeichen vereinbart), womit bestätigt wird, daß man die richtige Wahl getroffen hat. Die gleichen Möglichkeiten werden sich auch bei dem zukünftigen digitalen terrestrischen Hörfunksystem DAB anbieten. Doch wie sieht es bei unserem heutigen Hörfunk aus ? Tasten zum Abrufen einer gewählten Senderstation sind heute ebenfalls Selbstverständlichkeit. Doch diese müssen programmiert werden ! Das ist schon nicht immer und nicht für jeden so klar verständlich. Meist ist es dazu erforderlich, die einzelnen Stationen anzuwählen, wie auch immer, und danach über unterschiedlichste Prozeduren abzuspeichern. Wie jedoch findet man seine Wunschsender ? Im einfachsten Fall durch Probieren ! Das ist keine sehr befriedigende Lösung. Also entnimmt man der Programmzeitschrift die Frequenz der gewünschten Sender. Auf einer Skale wird man sie finden oder moderne Synthesizerempfänger zeigen die eingestellte Frequenz an. Wer aber gewährleistet, daß man den an seinem Ort empfangwürdigsten Sender gefunden hat, sind doch die einzelnen Programme fast immer mehrfach in dem Frequenzband aufzufinden.

Eine sehr hilfreiche Lösung ist bei einigen Autoradios zu finden, die sich zu lohnen scheint, auch von "normalen" Radiogeräten übernommen zu werden. Mittels einer Taste löst man einen "Speichersuchlauf" aus, und die am Empfangsort am stärksten einfallenden Sender werden automatisch auf die zur Verfügung stehende Zahl von Programmtasten aufgelegt. Jetzt muß nur noch auf dem Display die im RDS-System übertragene Senderkennung angezeigt werden, und man hat die gewünschte Zuordnung von Sender und Wahltaste. Da die Taste, die den Programmierlauf auslöst, bei einem stationären Radioempfänger im Idealfall nur einmal, zumindest aber doch sehr selten, benutzt wird, kann sie von der äußeren Bedienoberfläche verschwinden und auf einer verdeckten, tieferliegenden Ebene untergebracht werden. Dabei erhält man eine außerordentlich einfache und übersichtliche Lösung, die bei genauerer Betrachtung jedoch zeigt, daß ihr leider eine ganze Reihe von Makel anhängen, die ein stationäres Radiogerät nicht aufweisen sollte :

- Bei dem Suchlauf werden die Sender ausgewählt, die am Empfangsort die höchsten Feldstärken aufweisen. Erfahrungen zeigen aber, daß nicht unbedingt der Sender größter Empfangsfeldstärke auch der empfangswürdigste ist, da er u. U. stärkeren Gleich- oder Nachbarkanalstörungen ausgesetzt sein kann.
- Bei dem Suchlauf werden auch verschiedene Sender gleichen Programms die Speicherplätze belegen, was erst durch eine Logik, die die im RDS-System übertragenen Frequenzlisten auswertet, verhindert werden müßte.

- Dem Nutzer des Radiogerätes werden Sender vorenthalten, die als nicht empfangswürdig eingestuft werden, trotzdem aber, unter Verzicht auf eine gute Empfangsqualität dem speziellen Hörer erwünscht sein könnten. Dieser Fall tritt um so eher auf, je weiniger Speicherplätze vorhanden sind.
- Die als empfangswürdig erachteten Sender werden z.B. nach ihrer Feldstärke oder ihrer Frequenz geordnet die Speicherplätze belegen. Der Hörer aber möchte vielleicht, zwecks besserer Übersicht, die Programme 1, 2, 3 und 4 seines "Heimatsenders" schön geordnet nebeneinander auf den Wahltasten finden.

Werden diese Punkte als nachteilig empfunden, muß von der sehr einfachen Programmierung Abschied genommen werden und der Mensch muß im Dialog mit dem Gerät die Programmierung festlegen. Mittels einer Taste kann der Programmierlauf gestartet werden. Bei jeder Station, die empfangsfeldstärkemäßig eine vorgegebene Schwelle übersteigt, bricht der Lauf ab, auf dem Display erscheint der Name der Programmkette und die Frequenz des Senders. Der Hörer kann, wenn es sich für dieses Programm entscheidet, durch Antippen einer der Stationstasten einen Speicherplatz belegen. Danach muß der Suchlauf erneut gestartet werden, bis alle Tasten belegt sind. Sind viele Programmtasten vorhanden, kann die Starttaste wieder von der Frontplatte verbannt werden, bei nur einigen Stationstasten müßte sie auf der Oberfläche 1 verbleiben, um neben den gespeicherten Stationen noch weitere über einen Suchlauf im ständigen Zugriff zu haben.

Handelt es sich bei dem Radiogerät um einen Mehrbereichsempfänger, so muß selbstverständlich auch noch eine Bereichswahleinrichtung vorhanden sein. Die beschriebene Speichermöglichkeit sollte für jeden der Frequenzbereiche gegeben sein, der gewählte Bereich sollte im Display angezeigt werden.

Die letzte auf dieser Oberfläche unbedingt noch unterzubringende Einstellmöglichkeit ist der Lautstärkesteller. Damit ist alles beschrieben, was auf der Frontplatte untergebracht sein muß (Bild 1).

Erweiterte Ausrüstung

Diese Oberflächen-Pflichtausrüstung sollte aber noch um Elemente ergänzt werden, die zwar nicht unbedingt erforderlich sind, jedoch ganz beträchtliche Annehmlichkeiten bieten. Zwei Dinge vor allem sollten Berücksichtigung finden, beide bekannt vom Satellitenhörrundfunk : die Programmartenwahl und die getrennte Einstellung der Lautstärke von Sprache und Musik.

Programmartenwahl heißt, daß sendeseitig ein programmbegleitendes Kennsignal ausgegeben werden muß, das die Art des gesendeten Programms beschreibt. Dieser Dienst ist für den Satellitenrundfunk vorgesehen und ist auch Bestandteil der RDS-Daten. Empfängerseitig kann dies für eine neuartige Wahlmöglichkeit genutzt werden.

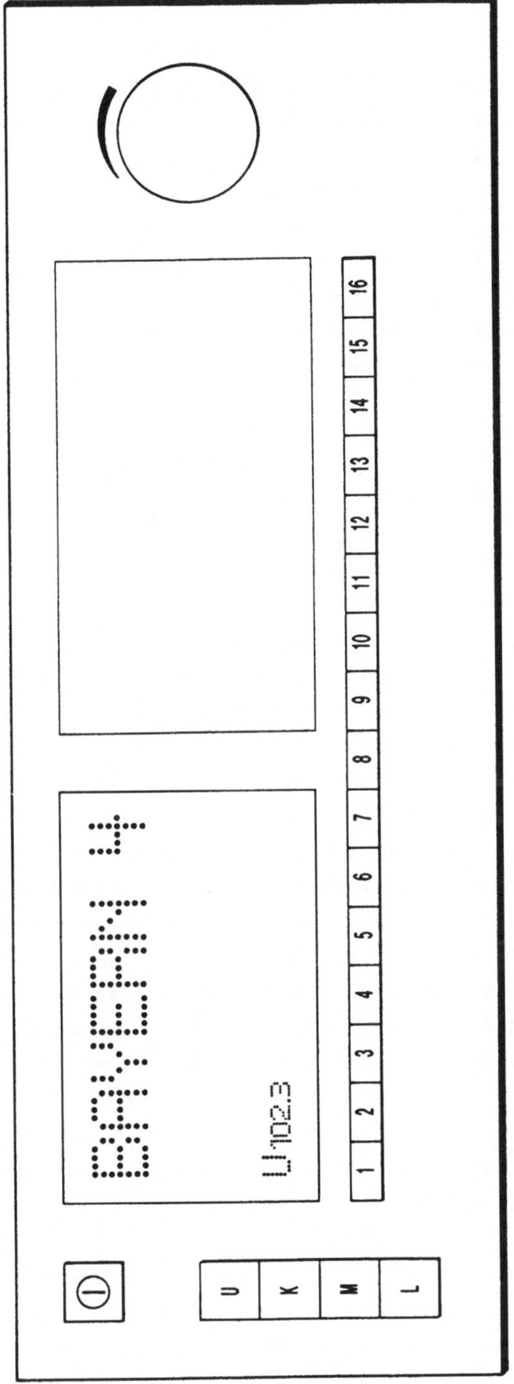

Bild 1 : Minimalausstattung der Bedienoberfläche des Radiogerätes

16 verschiedene Programmarten sind bei der UER definiert worden :

0	keine Programmartenkennung
1	Nachrichtendienst
2	Politik und Zeitgeschehen
3	Spezielle Wortprogramme
4	Sport
5	Lernen und Weiterbildung
6	Hörspiel und Literatur
7	Kultur, Kirche und Gesellschaft
8	Wissenschaft
9	Unterhaltendes Wort
10	Popmusik
11	Rockmusik
12	Unterhaltungsmusik
13	Leichte klassische Musik
14	Ernste klassische Musik
15	Spezielle Musikprogramme

Mit 16 Tasten z.B. kann eine dieser 16 Programmarten angewählt werden, und ein Satelliten-
hörfunkempfänger wird anzeigen, welche seiner 16 Programme zur Zeit die gewünschte
Programmart anbieten. Das geht quasi momentan, da in dem System immer ein Gesamtüberblick
über alle 16 Programme vorliegt. Im heutigen terrestrischen Rundfunk müßte ein Programm-
artensuchlauf gestartet werden, was deutlich länger dauern wird als beim Digitalen Satelliten
Rundfunk. Es ist jedoch durchaus auch denkbar, daß komfortablere Lösungen gefunden werden,
die mittels eines RDS-Hintergrundempfängers ständig einen Überblick über die Programme
der abgespeicherten Sender parat haben. In dem Display kann natürlich, sozusagen als Quittung,
auch die gewählte Programmart angezeigt werden, wobei, was generell für die Darstellung
auf dem Display gelten sollte, auf eine gut lesbare Schrift zu achten ist, grobsegmentierte
Schriftzeichen sind ebenso zu vermeiden wie unnötige Abkürzungen.

Mit dieser Programmartenwahl-Möglichkeit geht ein offensichtlich schon sehr alter Traum in
Erfüllung, denn diese Idee wurde schon in einer Werbung aus dem Jahr 1949, also vor bereits
40 Jahren ausgesprochen (Bild 2) /1/.

Ebenfalls als programmbegleitende Zusatzinformation kann vom Sender her angegeben werden,
ob es sich bei dem momentan ausgesendeten Tonsignal um Sprache oder Musik handelt. Der
Empfänger kann daraufhin zwischen zwei individuell gewählten Wiedergabelautstärken umschalten, eine für Sprache und die andere für Musik. Das gäbe endlich die Möglichkeit, einem
Dilemma zu entkommen, das so alt ist wie der Rundfunk selbst : dem Lautheitsunterschied
zwischen Sprache und Musik. Technisch wohlausgesteuerte Tonsignale werden aufgrund der

Bild 2

unterschiedlichen Signalenergie von Sprache und Musik beim Hörer ein unterschiedliches Lautheitsempfinden auslösen, meist in der Richtung, daß Sprache leiser empfunden wird als Musik, bei gleichem elektrischen Maximalsignalpegel. Sendeseitig wird zwar versucht durch Aussteuerungsrichtlinien die Lautheitsunterschiede zu vermeiden, das kann jedoch nur geschehen, indem man den Signalpegel der Musik reduziert oder die Sprachsignale komprimiert, beides führt zu Qualitätsverlusten. Doch selbst damit kann nicht jeder der Hörer zufriedengestellt werden, da das Lautheitsempfinden ein subjektives ist und zudem auch noch sehr stark von den Abhörbedingungen abhängt /2/. Eine wirklich befriedigende Lösung ist tatsächlich nur die Nutzung der Sprache-Musik-Kennung. Neben dem normalen Lautstärkesteller ist dazu am Empfänger noch ein weiteres Bedienelement unterzubringen, mit dem man das Verhältnis von Sprach- und Musiklautstärke individuell vorwählen kann. - Man könnte den Komfort sogar noch weiter treiben. Da die optimalen Lautheitsverhältnisse zwischen Sprache und Musik auch noch von der jeweiligen Programmart abhängen, diese wiederum aber gekennzeichnet ist, wäre eine Abspeicherung des optimalen, individuellen Verhältnisses für jede Programmart möglich.

Ein anderes Problem ist in den letzten Jahren aufgekommen : die sehr lästigen Lautheitsunterschiede zwischen den einzelnen Programmen untereinander. Die Reaktion darauf ist die bereits in der Einleitung angesprochene Möglichkeit, für jeden der abgespeicherten Sender eine individuelle Vordämpfung einzuprogrammieren, um einen Lautheitsangleich zwischen den einzelnen Sendern zu erreichen. Dieser Vorgang kann mit dem Belegen der Stationstasten zusammengelegt werden, d.h. wenn ein Sender einer Taste zugeordnet wird, muß vorher die gewünschte Lautstärke eingestellt und mit abgespeichert werden. Im Gegensatz zum Sprache-Musik-Problem wäre dieses Problem zwar ohne weiteres sendeseitig lösbar, solange die Programmacher aber der Meinung sind, daß nur ein lautes Programm ein gutes Programm ist, solange immer neue technische Möglichkeiten erdacht werden, daß Programmsignal immer weiter zu verdichten, um lauter als der Konkurrent sein zu können, ungeachtet der damit verbundenen massiven Qualitätsverschlechterung des Programmsignals, solange sind auch solche von der Empfängerindustrie angebotenen Lösungen interessant, die Lautheiten untereinander wieder gleich zu machen. Die verlorene Qualität allerdings läßt sich damit nicht wieder zurückgewinnen.

Damit wäre das Grundkonzept für eine Bedienoberfläche eines Hörrundfunkempfängers dargestellt (Bild 3). Das Ergebnis heißt, wie leicht zu erkennen ist, nicht weniger Tasten, sondern deren bequeme und eindeutige Bedienung :

Ein/Aus-Schalter

16 Stationstasten

Bereichsumschaltung

16 Programmartentasten

Sprache/Musik-Balanceschalter

Gesamtlautstärkesteller

Display.

Oberfläche 2

Um es noch einmal zu wiederholen, die bisher beschriebenen Bedienelemente sind für einen Radioempfänger notwendig bzw. wünschenswert, und da sie eines ständigen Zugriffs bedürfen, müssen sie auch unmittelbar auf der Frontplatte erreichbar sein. Darüber hinaus gibt es noch eine Reihe weiterer notwendiger Bedienelemente, die jedoch weniger häufig betätigt werden und deshalb unter die Frontplatte verbannt werden können. Dabei sollte es nicht zu viel Mühe bedeuten z.B. erst eine Klappe öffen zu müssen, um an diese Bedienelemente heranzukommen. Zu diesen Elementen sind die Quellen-Wahlschalter zu zählen, mit denen angeschlossene Plattenspieler, Bandgeräte, Cassettenrecorder, CD-Spieler und sonstige externe Signalquellen angewählt werden können. Bei Wahl einer anderen Signalquelle als "Radio" kann das Display

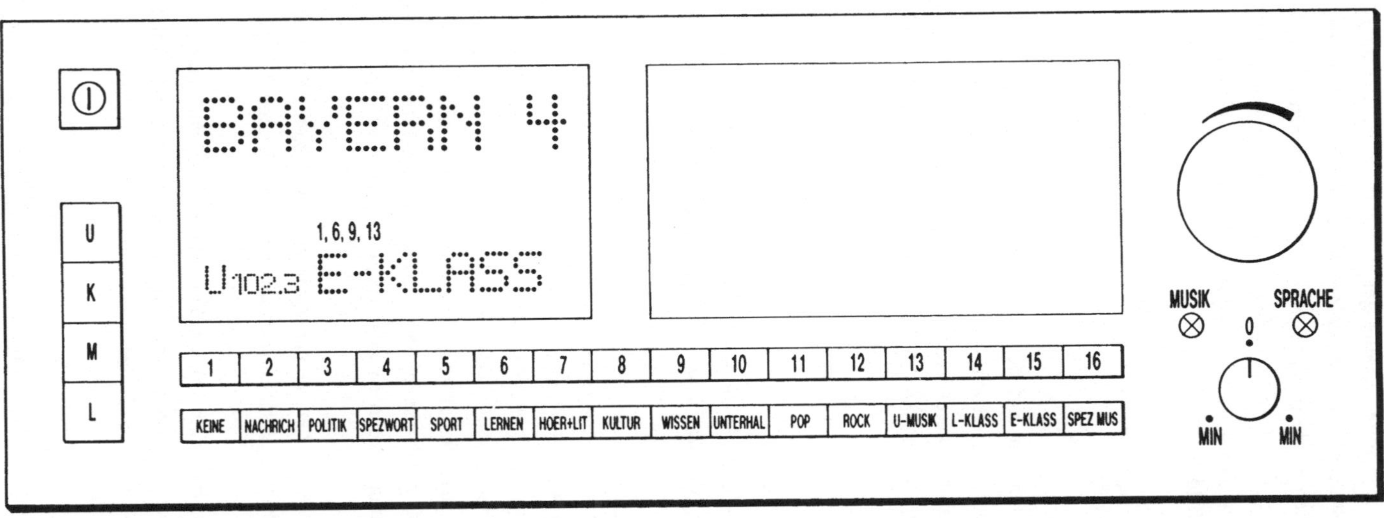

Bild 3 : Erweiterte Ausstattung der Bedienoberfläche des Radiogerätes

für die Kennzeichnung der angewählten Quelle genutzt werden. In dieser zweiten Oberflächen-
ebene könnten auch alle weiteren Bedienelemente untergebracht werden, wie die bereits
beschriebene Starttaste für den Senderprogrammiervorgang, weiterhin alle Einstellmöglichkeiten
für Höhen- und Tiefenwiedergabe, Rechts/Links-Balance u.ä., die alle gemeinsam haben, daß
sie eigentlich nur einmalig zur Anpassung des Empfängers an die räumlichen Abhörbedingungen
eingestellt werden sollten (Bild 4).

Resümee

Die Gesamtzahl der Bedienelemente auf den hier entworfenen Empfängeroberflächen ist auch
nicht geringer als bei dem anfangs zitierten Gerät. Es sollte jedoch gezeigt werden, daß ein
"Mensch-Maschine-Dialog" geführt werden kann, der trotz erheblich mehr angebotener Möglichkeiten, an Bequemlichkeit, Klarheit und Eindeutigkeit gewonnen hat.

Ausblick

Bei Ausweitung der Übertragung programmbegleitender Daten sind für die Zukunft eine Reihe
weiterer Dienste vorstellbar, die zur eingehenderen Information des Hörers dienen oder ihn
bei der Abwicklung peripherer Aufgaben unterstützen.

Auf dem als bereits vorhanden vorausgesetzten, u.U. noch vergrößerten Display können
Begleitinformationen zum gewählten Programm ausgegeben werden. Das könnten z.B. die
Uhrzeit sein, ebenso wie Angaben über den Titel der laufenden Sendung, aber auch Angaben
über ein Musikstück, über den Komponisten, die Interpreten, den Konzertsaal. Es könnten
Texte von Gesängen und, falls fremdsprachlich, deren Übersetzung oder sogar Standbilder
übertragen werden. Auch nicht zur laufenden Sendung gehörende Informationen, wie Programm-
hinweise oder aktuelle Meldungen könnten angeboten werden.

Weiterhin wäre ein Dienst denkbar, der vergleichbar dem heutigen "VPS" beim Fernsehen, die
Vorwahl bestimmter Sendungen zum Aufzeichnen auf dem heimischen Tonspeichergerät erlaubt.

Dies sind nur einige denkbare Beispiele, in der Zukunft können durchaus noch sehr viel mehr
Ideen in dieser Richtung geboren werden. Derartige zusätzliche Serviceleistungen könnten zu
einer weiteren Erhöhung der Attraktivität des Hörrundfunks im Wettbewerb mit dem Fernsehen
beitragen.

Beim Fabulieren über technische Möglichkeiten wird man aber sehr schnell an ganz triviale
Grenzen stoßen, denn man darf nicht aus den Augen verlieren, daß derartige Dienste nicht
nur dem Entwickler von Radiogeräten praktisch realisierbare Lösungen abverlangen, vor allem
ist ganz erheblicher Aufwand in den Rundfunkhäusern aufzubringen, der sich schlicht in ebenso

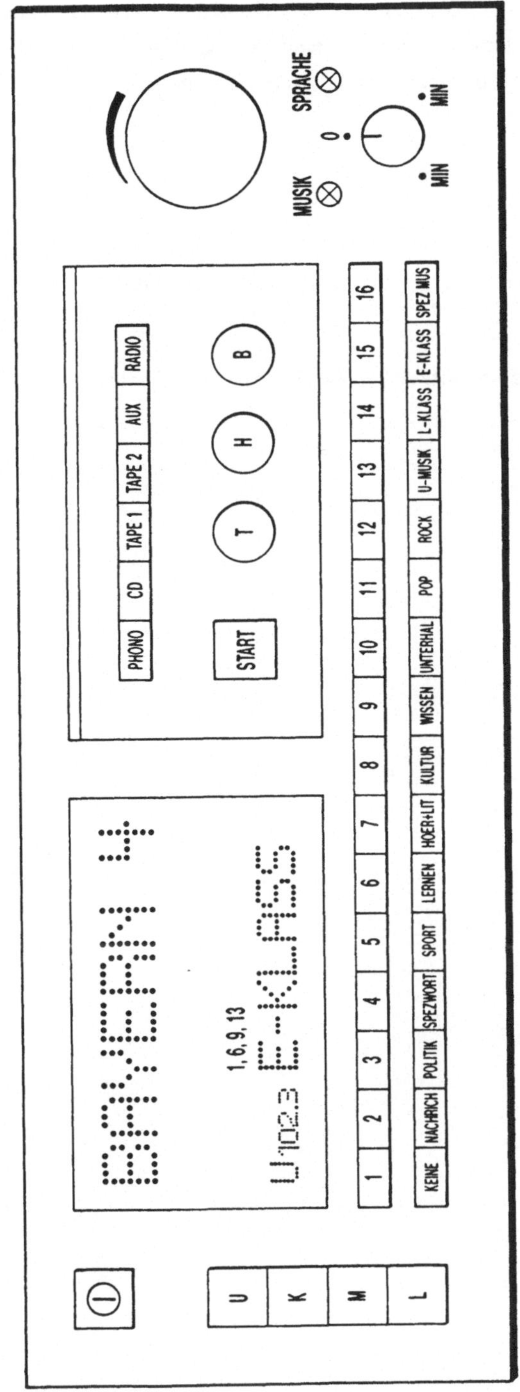

Bild 4 : Gesamtausstattung der beiden Bedienoberflächen des Radiogerätes

erheblichen Kosten ausdrücken läßt. Dieser Kostenaufwand wäre nur dann zu verantworten, wenn an einem der zusätzlichen Dienste allseitiges, großes Interesse bestünde - von der Hörerschaft, den Geräteherstellern und dem Rundfunk selbst.

Literatur

/1/ Dr. Wiedmann, H.:
   So lang der alte Pe... Broschüre zum 25jährigen Bestehen des Bayerischen Rundfunks. Richard Pflaum Verlag, München.

/2/ Jakubowski, H.:
   Das Problem der Programmlautstärke. Rundfunktechnische Mitteilungen 12, 1968, Nr. 2, S. 53 - 58.

Nutzungsaspekte von Videokonferenzsystemen

L. Mühlbach

1   Einleitung

Unter "Videokonferenz" soll hier - in Anlehnung an eine CEPT-Definition - eine Echtzeit-Kommunikation zwischen Personen an zwei oder mehr Standorten mittels Ton und Bewegtbild verstanden werden (vgl. z.B. GERFEN, 1986).

Videokonferenzen, die weltweit als eine wichtige Anwendungsform der Bildkommunikation angesehen werden, sind seit den frühen 70er Jahren bekannt. Eines der ersten experimentellen Videokonferenzsysteme wurde zwischen zwei Standorten der Bell Laboratories in den USA installiert; es folgten verschiedene andere Experimentalsysteme, so z.B. das CONFRAVISION System von British Telecom und ähnliche Systeme der Australischen Post, von Bell Canada und von NTT. Alle diese Systeme basierten auf analoger Übertragungstechnik, für die Bildaufnahme und -wiedergabe wurden TV-Kameras und -Monitore benutzt.

Ab Mitte der 70er Jahre wurde verstärkt die digitale Übertragungstechnik einbezogen. Europäische Systeme arbeiteten meist (z.B. bei Benutzung des COST 211 Codecs) mit einer Übertragungsrate von 2 Mbit/s, japanische Systeme mit 6,3 oder - wie nordamerikanische Systeme - mit 1,5 Mbit/s (SABRI, PRASADA, 1985).

Seit Anfang 1985 ermöglicht die Deutsche Bundespost die Durchführung von Videokonferenzen, zunächst im Rahmen eines bundesweiten Betriebsversuchs (POST, 1985), seit 1989 auf der Basis des Vorläufer-Breitband-Netzes (VBN) mit Regelanschluß in 140 Mbit/s-Technik (vgl. z.B. PERNSTEINER, BRENDEL, 1989).

Ebenfalls 1989 wurde der Europäische Videokonferenzdienst (EVS) eingeführt, der auf der Basis einheitlicher Übertragungswege (2 Mbit/s) und einer Harmonisierung der Betriebs-, Buchungs- und Abrechnungsverfahren die Abwicklung von Videokonferenzen in Europa vereinfachen soll.

Trotz der mit bisherigen Videokonferenzsystemen zusammenhängenden Forschungs- und Entwicklungsaufwendungen kann wohl z.Zt. - zumindest für Europa - noch nicht von einem Durchbruch des Videokonferenzdienstes gesprochen werden (vgl. z.B. KATTENTIDT, 1988). So hat sich zwar seit Beginn des Betriebsversuchs der Deutschen Bundespost der Bestand an angeschlossenen Videokonferenzeinrichtungen pro Jahr fast verdoppelt (Ende 1989 ca. 150

Anschlüsse), die Nutzung dieser Einrichtungen entspricht aber nicht ganz dieser Entwicklung. Studios stehen häufig leer und nur etwa die Hälfte aller bisher durchgeführten Konferenzen waren "echte", sogenannte Wirkkonferenzen, die andere Hälfte waren Demonstrationskonferenzen, die von der Bundespost kostenlos abgewickelt werden (FUNKSCHAU, 1989).

Die - gemessen an manchen Erwartungen - geringe Nutzung der vorhandenen Videokonferenzeinrichtungen kann verschiedene Gründe haben. Auf potentielle Einflußfaktoren der Nutzung und Akzeptanz von Videokonferenzsystemen wird im folgenden kurz eingegangen.

2   Einflußfaktoren der Nutzung von Videokonferenzsystemen

Die Nutzung bzw. Akzeptanz von Videokonferenzsystemen ist von verschiedenen Faktoren abhängig (vgl. **Bild 1**), zu denen auch die benutzerfreundliche Gestaltung von Systemen und Endeinrichtungen zählt, die in diesem Aufsatz schwerpunktmäßig behandelt wird.

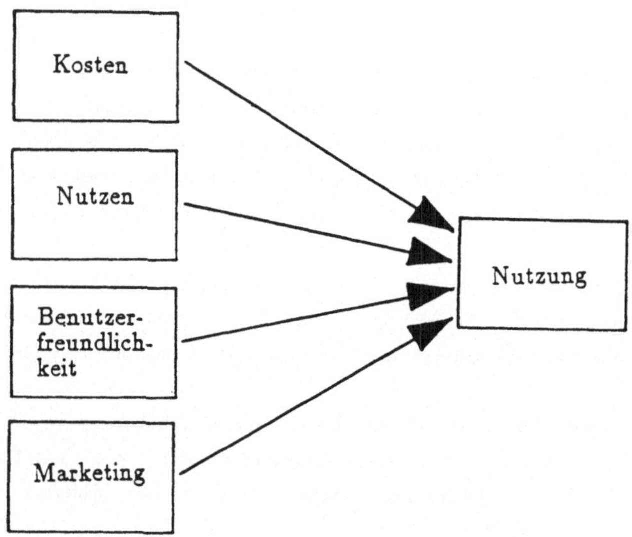

Bild 1:   Einflußfaktoren der Nutzung von Videokonferenzsystemen

Hinsichtlich des Gewichts der Einflußfaktoren scheinen dabei Kosten und Nutzen an erster Stelle zu stehen, wobei hierbei teilweise komplizierte Rückkopplungsmechanismen zu berücksichtigen sind. So kann sich eine verbreitete Nutzung ab einer bestimmten Schwelle sowohl kostensenkend (Massenproduktion von Endeinrichtungen) als auch nutzenerhöhend (Erreichbarkeit vieler Kommunikationspartner) auswirken. Leider ist auch der Umkehrschluß richtig, der wohl für alle Kommunikationssysteme gilt: Ist eine kritische Schwelle der Nutzung und Verbreitung nicht zu überschreiten, wird ein Kommunikationsdienst "einschlafen". Stehen Kosten und Nutzen nicht in einem für den Nutzer akzeptablen Verhältnis, kann die kritische Schwelle wohl auch durch eine noch so benutzerfreundliche Gestaltung nicht überwunden werden. Bei einem akzeptablen Kosten-Nutzen-Verhältnis kann sich aber der Grad der Benutzerfreundlichkeit (hier verstanden als die Zufriedenheit der Benutzer mit der Art und Weise der Benutzung) positiv oder negativ auf die Häufigkeit der Nutzung und die Verbreitung neuer Kommunikationssysteme auswirken.

Als weiterer wichtiger Einflußfaktor sind geeignete Marketingstrategien anzusehen, mit denen z.B. erreicht werden soll, daß die Möglichkeiten neuer Kommunikationsdienste wie der Videokonferenz in das "Kommunikations-Bewußtsein" potentieller Nutzer aufgenommen werden.

In die Kosten für die Durchführung von Videokonferenzen gehen im wesentlichen die Kosten für die Anschaffung oder Anmietung von Endeinrichtungen und die Nutzungsentgelte ein, die an die Netzbetreiber zu entrichten sind. Die Nutzungsentgelte im Vorläufer-Breitbandnetz der Deutschen Bundespost setzen sich z.Zt aus einem einmaligen Anschließungsentgelt von 12.000 DM (ohne Mindestüberlassungsdauer), den Grundentgelten von monatlich 1.500 DM und den Verbindungs-entgelten zusammen, die je nach Tarif und Entfernung zwischen 80 DM und 1.700 DM pro Stunde betragen (POST, 1989).

Der Nutzen von Videokonferenzen wird zunehmend nicht so sehr in der Ersetzbarkeit von Dienstreisen, sondern eher in einer Produktivitätssteigerung von Unternehmen infolge einer Verbesserung der Kommunikation gesehen, die sich z.B. in einer schnelleren Entscheidungsfindung unter Einbeziehung eines erweiterten Teilnehmerkreises (z.B. GERFEN, 1986) oder einer besseren Vor- und Nachbereitung persönlicher Zusammenkünfte ausdrückt (z.B. OLLMANN, 1989). Trotzdem wird man wohl davon ausgehen müssen, daß bei Investitionsentscheidungen über eine Erstinstallation zumindest Kostengleichheit mit eingesparten Reisekosten erzielt werden muß und die qualitativen Vorteile erst später in den Vordergrund treten (DIEBOLD, 1983).

Für Kosten-Nutzen-Überlegungen sind neben den Nutzungsentgelten (s.o.) auch die Kosten für die technische Ausstattung und den Unterhalt von Endeinrichtungen wichtig. Hierbei kann es je nach Art von Videokonferenz beträchtliche Unterschiede geben.

3 Arten von Videokonferenzen

Videokonferenzen lassen sich nach verschiedenen Gesichtspunkten klassifizieren.

Nach der gebräuchlichsten Klassifikation - basierend auf einem Vorschlag von KLEIN (1977), der den technischen Aufwand und den Aufstellungsort der Endeinrichtungen sowie die damit verbundene Verfügbarkeit für den Benutzer berücksichtigt - lassen sich Videokonferenzen in

- Studiokonferenzen
- Besprechungszimmerkonferenzen und
- Arbeitsplatzkonferenzen

unterteilen (vgl. **Bild 2**).

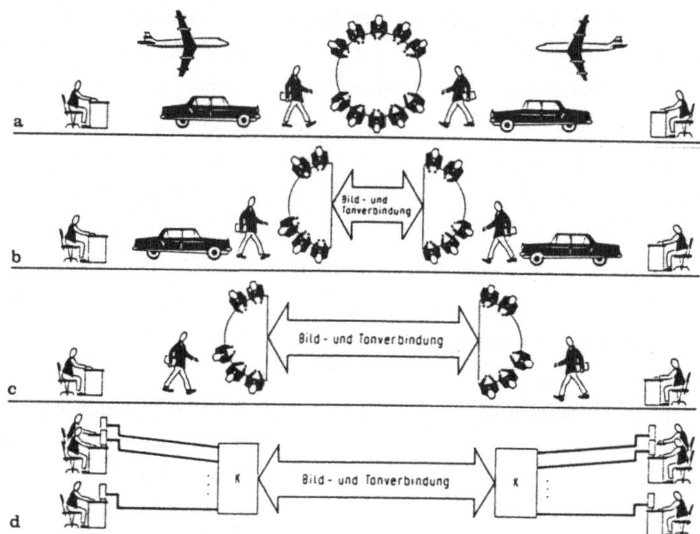

Bild 2: Arten von Videokonferenzen nach KLEIN (1977)
a) Präsenzkonferenz
b) Studiokonferenz
c) Besprechungszimmerkonferenz
d) Arbeitsplatzkonferenz

Während die Konferenzteilnehmer bei einer "Live"- oder "Präsenz"-Konferenz in der Regel unter Benutzung verschiedener Verkehrsmittel an einem geeigneten Ort persönlich zusammenkommen (**Bild 2a**), werden bei einer "Studio-Konferenz" die nächstgelegenen, zumeist technisch sehr aufwendig ausgerüsteten Konferenzstudios aufgesucht, wobei sich der Reiseaufwand um den Fernreise-Anteil verringern läßt (**Bild 2b**). Die Investitionskosten für solche Studios können 600.000 DM und mehr betragen (GERFEN, 1986), die Miete für ein öffentliches Videokonferenzstudio der Deutschen Bundespost beträgt z.Zt. 120 DM pro Stunde (POST, 1989).

Sind z.B. innerhalb von Unternehmen technisch weniger aufwendige und evtl. sogar transportable Konferenzeinrichtungen vorhanden, können "Besprechungszimmer-Konferenzen" stattfinden, die die Reiseaufwendungen weiter reduzieren (**Bild 2c**).

Schließlich entfällt bei "Arbeitsplatzkonferenzen", die mit am Arbeitsplatz verfügbaren Einrichtungen (z.B. einem geeigneten Bildtelefon) durchgeführt werden, der Reiseaufwand ganz (**Bild 2d**).

Damit soll weder gesagt werden, daß sich alle Präsenzkonferenzen durch Videokonferenzen ersetzen lassen, noch, daß eine Verbreitung des Videokonferenzdienstes insgesamt zu einer Verringerung von Dienstreisen führen würde, wogegen gerade eine neuere Untersuchungen des Max-Planck-Instituts für Gesellschaftsforschung spricht (OLLMANN, 1989).

Videokonferenzen lassen sich weiterhin danach unterteilen, wieviele Endstellen an der Konferenzschaltung beteiligt sind.

Hierbei wird meist zwischen

- Punkt-zu-Punkt-Videokonferenz und
- Mehrpunkt-Videokonferenz

unterschieden (z.B. GERFEN, 1986).

Eine weitere gerade unter psychologischen Gesichtspunkten hilfreiche Klassifikation von Videokonferenzen läßt sich danach vornehmen, ob sich alle Gesprächspartner während des Konferenzverlaufs ständig sehen können oder nicht.

In diesem Sinne spricht man von

- Videokonferenzen mit kontinuierlicher visueller Präsenz und
- Videokonferenzen ohne kontinuierliche visuelle Präsenz

(vgl. z.B. SABRI, PRASADA, 1985).

Durch Kombination dieser Klassifikationsmöglichkeiten lassen sich Videokonferenzen genauer einordnen.

So sind z.B. die Videokonferenzen, die sich mit Hilfe der öffentlichen Videokonferenzstudios der Deutschen Bundespost durchführen lassen, in der Regel Punkt-zu-Punkt-Konferenzen mit kontinuierlicher visueller Präsenz. Arbeitsplatz-Konferenzen werden dagegen häufig als Mehrpunkt-Konferenzen auftreten, wobei hier sowohl Systeme mit als auch solche ohne kontinuierliche visuelle Präsenz eingesetzt werden können (vgl. z.B. ROMAHN, MÜHLBACH, 1988).

Vergleicht man die verschiedenen Arten von Videokonferenzen hinsichtlich der Akzeptanz bzw. tatsächlichen Nutzung, scheint sich immer mehr ein Trend zu "kleineren Lösungen" (FUNKSCHAU, 1989), d.h. weg von aufwendigen Studios anzudeuten. Hierbei spielt offensichtlich neben Kostengründen auch die Verfügbarkeit für den Nutzer eine wichtige Rolle. Insbesondere Systeme für Arbeitsplatzkonferenzen erscheinen unter diesem Gesichtspunkt vorteilhaft, da sie direkt am Arbeitsplatz verfügbar sind und so z.B. die Möglichkeit bieten, während des Konferenzverlaufs auf dort vorhandene Informationen (z.B. Aktenordner, PC) spontan zuzugreifen.

Besteht die Möglichkeit zu Mehrpunkt-Verbindungen per Selbstwahl, können sich solche Konferenzen auch hinsichtlich der Teilnehmerzahl dynamisch entwickeln. So könnten zum Beispiel aus einem Bildfernsprech-Dialog heraus ein oder mehrere Experten für ein bestimmtes Sachgebiet in das Gespräch miteinbezogen und je nach Gesprächsverlauf auch wieder aus der Konferenz entlassen werden. Bei Mehrpunkt-Arbeitsplatzkonferenzen bestände auch die Möglichkeit, daß sich Teilnehmer, die gewisse Angelegenheiten kurz vertraulich miteinander besprechen wollen, zu einer Unterkonferenz zusammenschalten, um anschließend wieder an der Gesamtkonferenz teilzunehmen.

4 Untersuchungen des Heinrich-Hertz-Instituts

Das Heinrich-Hertz-Institut beschäftigt sich seit einiger Zeit mit der benutzerfreundlichen Gestaltung von Systemen und Endeinrichtungen für Videokonferenzen, wobei in den letzten Jahren Mehrpunkt-Arbeitsplatzkonferenzen im Vordergrund standen.
Im folgenden werden diese Untersuchungen zunächst kurz beschrieben.
Die wichtigsten Schlußfolgerungen und Empfehlungen, die sich aus den Untersuchungen ableiten lassen, werden in Kap. 5 dargestellt.

U1: Laborexperiment Punkt-zu-Punkt-Studiokonferenz

Um zu untersuchen, welcher technische Aufwand notwendig ist, damit mehrere Konferenzteilnehmer an zwei verschiedenen Orten erfolgreich und zufriedenstellend konferieren können, wurde ein Laborexperiment durchgeführt, bei dem 12 unterschiedliche Videokonferenzsysteme miteinander sowie mit verschiedenen Tonkonferenzsystemen und mit Präsenzkonferenzen verglichen wurden (SCHWARZ, TILSE, 1980; WILKENS, PLENGE, 1981). Die Videokonferenzsysteme unterschieden sich u.a. hinsichtlich der Videobandbreite (1 MHz, 5 MHz) und Bildgröße sowie darin, ob kontinuierliche visuelle Präsenz aller Teilnehmer möglich war oder nicht. Bei den Tonkonferenzsystemen wurden Varianten mit verschiedenen Audiobandbreiten (3 kHz, 7 kHz, 15 kHz) sowie monophone und stereophone Systeme realisiert. Versuchspersonen waren Studenten der Betriebswirtschaftslehre, die Aufgaben lösten, die Entscheidungssituationen in Unternehmen repräsentierten. Die Datenerhebung zu Erfolgs- und Zufriedenheitsmaßen erfolgte mittels Fragebogen. Das beim Laborexperiment am besten beurteilte Konferenzsystem (2 Kameras, 2 Monitore pro Endstelle) wurde später auch in einem Betriebsversuch, der in Zusammenarbeit mit der Deutschen Bundespost durchgeführt wurde, erfolgreich getestet (WILKENS u.a., 1979).

U2: Feldexperiment Punkt-zu-Punkt-Besprechungszimmerkonferenz

Um zu Empfehlungen für eine unter Kosten- und Ergonomiegesichtspunkten optimale Ausstattung vorhandener Besprechungsräume zur Durchführung von Punkt-zu-Punkt-Videokonferenzen zu kommen, wurde in Zusammenarbeit mit der Deutschen Bundespost ein Feldexperiment durchgeführt, bei dem die Vor- und Nachteile verschiedener technischer Konfigurationen von Versuchspersonen bewertet wurden (TONNEMACHER, 1988; GISBERT, VON STACHELSKY, 1988). Die getesteten Aufbauten unterschieden sich hinsichtlich der Zahl der verwendeten Kameras (zwei Kameras, drei Kameras) und Monitore (ein Monitor, zwei Monitore), der Möglichkeit der kontinuierlichen visuellen Präsenz, der Größe des Eigenbildmonitors und der Art, wie die Personen auf den Bildschirmen dargestellt wurden. So wurde z.B. die Darstellung von zwei Gruppen von je drei Personen als "Stapelbild" auf einem Bildschirm mit der Darstellung auf zwei separaten Bildschirmen verglichen (vgl. **Bild 3**). Versuchspersonen waren über 270 Mitarbeiter der Deutschen Bundespost, die mittels einer Punkt-zu-Punkt-Verbindung 37 Dienstbesprechungen zwischen der Landespostdirektion Berlin und anderen Dienststellen, meist in anderen Städten, durchführten. Die Datenerhebung erfolgte mittels Fragebogen, passiver teilnehmender Beobachtung und Gruppendiskussion.

Bild 3: Darstellungsmöglichkeiten bei Punkt-zu-Punkt-Videokonferenzen
a) "Stapelbild"
b) zwei Bildschirme

U3: Laborexperimente Mehrpunkt-Arbeitsplatzkonferenz

Um zu Empfehlungen für die benutzerfreundliche Gestaltung von Systemen und Endeinrichtungen für Mehrpunkt-Arbeitsplatzkonferenzen zu kommen, wurden verschiedene Untersuchungen mit einem Laborsystem durchgeführt, das Videokonferenzen zwischen bis zu fünf Teilnehmerstationen im Heinrich-Hertz-Institut ermöglicht.

In einer ersten Untersuchung ging es zunächst um die Frage, wie Mehrpunkt-Videokonferenzsysteme technisch realisiert werden können, ob mit solchen Systemen erfolgreiche und zufriedenstellende Kommunikation möglich ist und wie die Bild- und Tonpräsentation gestaltet sein sollte (ROMAHN u.a., 1985). An dem Experiment nahmen 125 Versuchspersonen aus dem Geschäfts-, Bildungs- und Privatbereich teil, die jeweils eine von fünf Varianten des Laborsystems zur Durchführung unterschiedlicher Aufgaben benutzten und beurteilten. Die Varianten unterschieden sich z.B. hinsichtlich der für die Benutzer möglichen Bildregie (individuelle Bildregie oder "Chairman"-Modus) oder der Tonwiedergabe (Summenton, Stereo). Die Datenerhebung erfolgte mittels Fragebogen und Interview sowie durch apparative Erfassung der Betätigung bestimmter Bedienelemente.

In einer zweiten Untersuchung interessierte vor allem, welche Bedeutung aus Nutzersicht der Übermittlung von Bewegtbildern gegenüber der Übermittlung von Standbildern und gegenüber dem vollständigen Verzicht auf eine Bildübertragung im Rahmen von Mehrpunkt-Konferenzen zukommt (MÜHLBACH u.a., 1989). Über 250 Versuchspersonen aus verschiedenen Bereichen (z.B. Banken und Versicherungen, Forschung und Entwicklung, Verwaltung, Aus- und Weiterbildung) benutzten und beurteilten in insgesamt 40 Sitzungen jeweils eine von fünf Varianten des Mehrpunkt-Laborsystems. Als Varianten wurden Tonkonferenzen, Standbildkonferenzen und verschiedene Arten von Bewegtbildkonferenzen realisiert, wobei eine Bewegtbild-Variante die kontinuierliche visuelle Präsenz der Teilnehmer mittels einer Split-Screen-Technik ermöglichte (vgl. **Bild 4**). Mit jeder Konferenzvariante wurden sowohl Aufgaben, bei denen die Darstellung der Gesprächspartner selbst im Vordergrund stand ("personenorientierte" Aufgaben), durchgeführt, als auch solche, bei denen es primär auf die Darstellung von Dokumenten ankam ("dokumentenorientierte" Aufgaben). Die dokumentenorientierten Aufgaben wurden von einigen Versuchspersonen mit und von anderen ohne zusätzliche Telefaxverbindung durchgeführt. Die Datenerhebung zur Beurteilung der Varianten durch die Versuchspersonen erfolgte mittels Fragebogen und Interview. Mit Hilfe eines Beobachtungsverfahrens wurden Daten zum Verlauf und zum Erfolg der Konferenz erhoben.

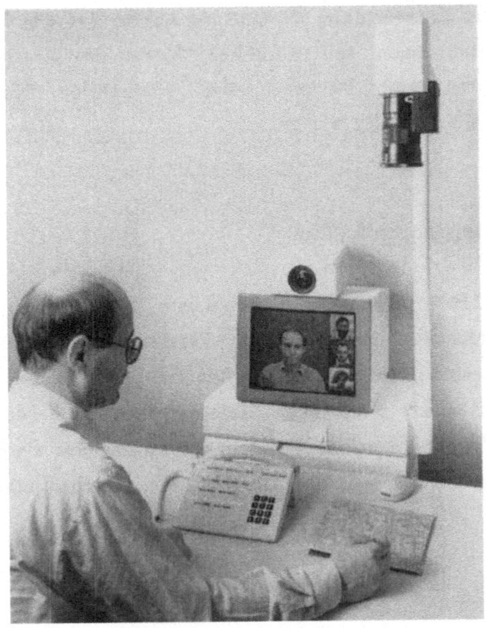

Bild 4:   Mehrpunkt-Arbeitsplatzkonferenz mit kontinuierlicher visueller Präsenz
(Foto: HHI)

5   Empfehlungen für die Gestaltung von Videokonferenzsystemen

Im folgenden werden einige der wichtigsten Ergebnisse der oben dargestellten Untersuchungen sowie die daraus ableitbaren Empfehlungen zur benutzerfreundlichen Gestaltung von Systemen und Endeinrichtungen für Videokonferenzen dargestellt. Ergebnisse anderer Untersuchungen, insbesondere hinsichtlich der Gestaltung von Punkt-zu-Punkt-Videokonferenzen findet man an anderer Stelle (z.B. MIDORIKAWA u.a., 1975; SALLIO u.a., 1982; INOUE u.a., 1984). Eine Übersicht über die wichtigsten Gestaltungsprinzipien gibt GERFEN (1986).

Allgemeines

Zunächst kann festgestellt werden, daß sich Konferenzen mit unterschiedlicher Zielsetzung mit verschiedenen Arten von Videokonferenzsystemen erfolgreich und für den Nutzer zufriedenstellend durchführen lassen. Bei der Entscheidung für eine bestimmte Art von Videokonferenz und für die Gestaltung der Endeinrichtungen sollten neben Kosten-Nutzen-Gesichtspunkten auch die Anforderungen, Fähigkeiten und Vorlieben der potentiellen Nutzer und das jeweilige organisatorische Umfeld berücksichtigt werden.

Nutzen der Bewegtbildkommunikation

Der Nutzen der Bewegtbildübertragung im Rahmen von Videokonferenzen liegt hauptsächlich in der Übertragbarkeit nonverbaler Signale, in einer Verstärkung der "sozialen Präsenz" (d.h. des Gefühls "als wären alle Gesprächspartner im gleichen Raum", s. SHORT u.a., 1976) und in einer Steigerung der Attraktivität der Konferenz. Dieser Nutzen wird besonders bei Systemen mit kontinuierlicher visueller Präsenz deutlich. Betrachtet man dagegen als Kriterium den Erfolg einer Konferenz, gibt es häufig keine deutlichen Unterschiede zwischen einer Bewegtbild- und einer guten Tonkonferenz.

Gerätekonfigurationen

Für Studio- und Besprechungszimmerkonferenzen von bis zu sechs Teilnehmern pro Endstelle werden Anordnungen mit 2 Monitoren und 2 Personenkameras in "cross-fire"-Position vorgeschlagen (z.B. GERFEN, 1986), bei denen die rechte Kamera die linke 3-Personen-Gruppe und die linke Kamera die rechte 3-Personen-Gruppe aufnimmt (vgl. **Bild 5**).

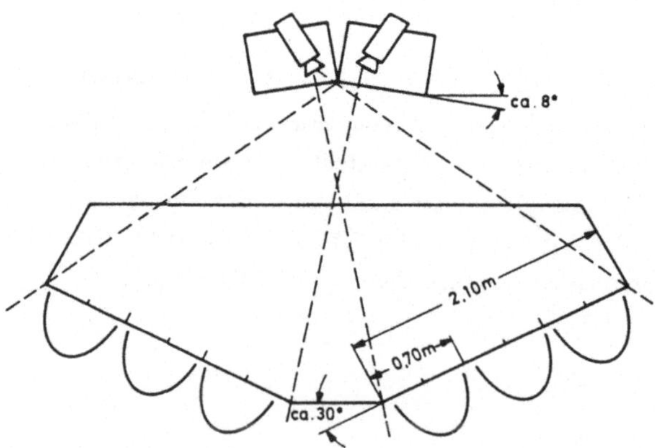

Bild 5:   Gerätekonfiguration für eine Studio- oder Besprechungszimmerkonferenz
(aus GERFEN, 1986)

Die entsprechende Wiedergabe der 3-Personen-Gruppen auf zwei Monitoren (vgl. **Bild 3b**) hat sich sowohl im Laborexperiment (U1) als auch im Feldexperiment (U2) bewährt. Im Feldexperiment stellte sich aber heraus, daß unter Umständen auch ein "Stapelbild" akzeptiert wird, bei dem die Kamerabilder von zwei 3-Personen-Gruppen übereinander auf einem Bildschirm dargestellt werden (vgl. **Bild 3a**).

Besprechungszimmerkonferenzen mit weniger Teilnehmern lassen sich auch mit einer Konfiguration durchführen, die in einem Betriebsversuch der Siemens AG getestet wurde (KLEIN, 1980). Hierbei wird jeder der vier Teilnehmer an einem Konferenztisch mit einer individuellen Kamera aufgenommen, die Einzelbilder werden elektronisch zu einem Gesamtbild zusammengesetzt (vgl. **Bild 6**).

Bild 6:   Konferenztisch für eine Besprechungszimmerkonferenz (Foto: Siemens)

Für Arbeitsplatzkonferenzen sind - wie sich in unseren Untersuchungen (U3) immer wieder bestätigt hat - Bildfernsprechgeräte geeignet (vgl. auch **Bild 4**).

Kontinuierliche visuelle Präsenz

In allen unseren Untersuchungen (U1, U2, U3) hat sich herausgestellt, daß die kontinuierliche visuelle Präsenz wichtig ist. Alle Konferenzteilnehmer sollten sichtbar sein und nicht nur der jeweilige Sprecher oder eine Teilgruppe, da es häufig gerade wichtig ist, die Nicht-Sprechenden hinsichtlich ihrer nonverbalen Reaktionen zu beobachten.

Bei einer Punkt-zu-Punkt-Verbindung kann kontinuierliche visuelle Präsenz durch die oben beschriebene Konfiguration mit Aufnahme durch zwei Kameras (vgl. **Bild 5**) und Wiedergabe auf zwei Monitoren oder als "Stapelbild" (vgl. **Bild 3**) oder durch eine wie in **Bild 6** dargestellte Konfiguration erreicht werden.

Bei Mehrpunkt-Verbindungen hat sich im Rahmen unserer Untersuchungen (U3) eine Darstellung der Teilnehmer in verschiedenen "Fenstern" eines Bildschirms mittels Split-screen-Technik nach **Bild 4** bewährt.

Ist bei Mehrpunkt-Videokonferenzen aus technischen Gründen eine kontinuierliche visuelle Präsenz nicht möglich, d.h. kann zu einem gegebenen Zeitpunkt immer nur das Bild einer Teilnehmer-station wiedergegeben werden, müssen Schaltkriterien dafür gefunden werden, welches Bild zu welchem Zeitpunkt wo zu sehen sein soll. Es hat sich bei unseren Untersuchungen (U3) herausgestellt, daß hier verschiedene Arten einer manuellen Bildumschaltung möglich sind, wie z.B. das schrittweise Durchschalten der verschiedenen Teilnehmerbilder durch mehrmaliges Betätigen einer Taste. Ein "Chairman"-Modus, bei dem ein Teilnehmer die Bilder für alle anderen Teilnehmer schalten konnte, wurde aus psychologischen Gründen nicht akzeptiert.

Blickkontakt

Der bei Videokonferenzen fehlende Blickkontakt mit den Gesprächspartnern, verursacht durch die Parallaxe zwischen Blickrichtung und Aufnahmeachse der Kamera, sollte minimiert werden, obwohl sich beim Feldversuch mit der Besprechungszimmerkonferenz (U2) in Übereinstimmung mit KELLNER u.a. (1985) herausgestellt hat, daß auch ein wahrgenommener fehlender Blickkontakt sich nicht immer störend auf die Kommunikation auswirkt. Die Ergebnisse unseres Laborexperiments zur Punkt-zu-Punkt-Konferenz (U1) legen nahe, daß ein vertikaler Fehlwinkel von ca. 7° und horizontaler Fehlwinkel von ca 6° unter diesem Gesichtspunkt akzeptabel sind. Für Punkt-zu-Punkt-Videokonferenzen lassen sich diese Bedingungen mit einer Anordnung nach **Bild 5** weitgehend erreichen. Wie sich in unseren Untersuchungen zu Arbeitsplatz-Videokonferenzen (U3) zeigte, stellen für diese Art von Bildkonferenzen Bildfernsprechgeräte, bei denen die Personenkamera möglichst nahe am oberen Bildschirmrand positioniert ist, eine akzeptable Lösung dar. Durch die Verwendung von Systemen mit halbdurchlässigen Spiegeln läßt sich der Blickfehlwinkel weiter minimieren. Solche Systeme wurden bei Bildfernsprechgeräten bereits erfolgreich eingesetzt (z.B. FLOHRER, 1988), sind aber für Konfigurationen nach **Bild 5** wohl zu aufwendig. Außerdem muß berücksichtigt werden, daß mit solchen Spiegelsystemen korrekter Blickkontakt normalerweise nur bei der Kommunikation zwischen zwei Personen hergestellt werden kann. Sind mehrere Personen an der Kommunikation beteiligt, taucht u.a.. das Problem auf, daß eine Kamera nur für eine auf dem Bildschirm dargestellt Person ideal positioniert werden. Ein zusätzliches Problem resultiert aus der zweidimensionalen Wiedergabe: Blickt ein Konferenzteilnehmer durch den halbdurchlässigen Spiegel in die Kamera, fühlen sich <u>alle</u> Teilnehmer, bei denen dieses Bild wiedergeben wird, angeschaut, obwohl der Betreffende nur einen angeschaut hat.

Dokumentenübertragung

Eine Aufnahme von Dokumenten und kleinen Objekten mittels einer Dokumentenkamera und eine Wiedergabe als Bewegtbild ist in den Situationen wichtig, in denen das Bewegen der Dokumente oder Objekte und/oder die Bewegung beim Zeigen auf Details oder beim Verändern (z.B Zeichnen) eine wesentliche Information darstellt. Nach den Ergebnissen unserer Untersuchungen sollte eine Dokumentenkamera mit einem von den Benutzern von ihrem Platz aus steuerbaren Zoom-Objektiv ausgestattet sein. Eine solche "interaktive Dokumentenübertragung" ist in der Regel attraktiver (aber auch teurer) als eine Dokumentenübertragung mittels Telefax, wobei Telefax für viele Situationen, in denen über Dokumente kommuniziert wird, ausreichend ist.

Tonqualität

Der Tonqualität bei Videokonferenzen sollte große Beachtung geschenkt werden, da sie, wie sich in allen unseren Untersuchungen (U1, U2, U3) herausgestellt hat, von zentraler Bedeutung für die Bewertung des Konferenzsystems durch den Nutzer ist.
So ist z.B. das Freisprechen auch bei Arbeitsplatzkonferenzen wichtig, bei den dort benutzten Endgeräten sollte aber zusätzlich ein Handapparat vorhanden sein.
Eine Audiobandbreite von ca. 7 kHz ist aufgrund der Ergebnisse unserer Untersuchungen wünschenswert, da die Zufriedenheit der Nutzer dadurch gegenüber einer Videokonferenz mit Telefonbandbreite gesteigert werden kann.
Unsere Laborexperimente machten deutlich, daß eine sterophone Tonwiedergabe bei allen Arten von Videokonferenzen zu empfehlen ist. Stereophone Varianten waren monophonen Varianten sowohl bei Punkt-zu-Punkt-Konferenzen (U1) als auch bei Mehrpunkt-Konferenzen (U2) überlegen. Stereophonie erhöht nicht nur den "Raumeindruck" und die "soziale Präsenz" (vgl. auch MÜHLBACH, KELLNER, 1987), sondern ermöglicht auch die Konzentration auf einen Sprecher, wenn mehrere Konferenzteilnehmer gleichzeitig sprechen ("Cocktail-Party-Effekt").
Bei Punkt-zu-Punkt-Videokonferenzen ist Stereophonie mit herkömmlichen Verfahren erreichbar, bei Mehrpunkt-Videokonferenzen hat sich ein im Rahmen unserer Untersuchungen (U3) entwickeltes "Pseudo-Stereophonie"-Verfahren bewährt. Bei diesem Verfahren werden die (monophonen) Mikrophonsignale der verschiedenen Teilnehmerstationen mit Hilfe eines Systems von Richtungsmischern so auf die (stereophonen) Ausgangskanäle der Endgeräte verteilt, daß die

Schallquellen an verschiedenen akustischen Positionen auf der Stereobasis der zwei Endgeräte-Lautsprecher abgebildet werden (s. **Bild 7**).

Handhabungseinrichtungen

Während der Durchführung der Konferenz sollten die Teilnehmer möglichst wenig durch die Handhabung technischer Komponenten abgelenkt werden. Für Besprechungszimmerkonferenzen reicht häufig eine Einrichtung aus, die neben Bedienelementen für den Verbindungsaufbau die Umschaltung zwischen Personen- und Dokumentenkamera sowie das Zoomen der Dokumenten-kamera ermöglicht.

Bei Mehrpunkt-Arbeitsplatzkonferenzen sind, zusätzlich zu den Standard-Bedienelementen für Bildfernsprechgeräte (vgl. z.B. MÜHLBACH, 1987), Bedienelemente für eine erweiterte Bildregie (Umschaltung zwischen verschiedenen Partnerbildern, Ein- und Ausschalten der Split-screen-Darstellung usw.) sinnvoll.

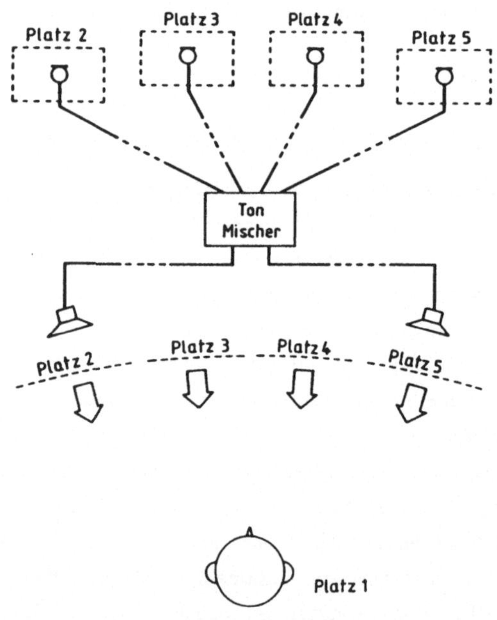

Bild 7:   "Pseudostereophonie" bei Mehrpunkt-Konferenzen
            (hier für Platz 1 in einer Fünfpunkt-Konferenz)

6   <u>Zusammenfassung und Ausblick</u>

Die Nutzung bzw. Akzeptanz von Videokonferenzsystemen hängt von verschiedenen Faktoren ab, wobei die benutzerfreundliche Gestaltung der Systeme und Endeinrichtungen nur einer unter vielen ist. Durch Berücksichtigung entsprechender Forschungsergebnisse kann aber dafür gesorgt werden, daß die Nutzung solcher Systeme nicht an einer zu wenig nutzergerechten Gestaltung scheitert. Bisherige Arbeiten haben ergeben, daß kontinuierliche visuelle Präsenz aller Teilnehmer und eine gute Tonqualität mit stereophoner Wiedergabe gute Voraussetzungen für die Akzeptanz von Videokonferenzen sind.

Trotzdem muß man wohl davon ausgehen, daß auch die z.Zt. technisch besten Konferenzeinrichtungen viele Aspekte einer persönlichen Begegnung, insbesondere die "Atmosphäre" einer Präsenzkonferenz, nur unvollkommen abbilden können. Mit der Zielsetzung einer "benutzerfreundlichen Kommunikation" und unter Berücksichtigung zukünftiger technischer Entwicklungen erscheint es daher sinnvoll, zu untersuchen, inwieweit dieses Defizit z.B. durch Anwendung von Techniken des hochauflösenden Fernsehens (HDTV) oder des dreidimensionalen Fernsehens (3DTV) verringert werden kann. Mit diesen Techniken ergibt sich u.a. die Möglichkeit, Personen in natürlicher Größe bei angemessener Auflösung darzustellen und die Perspektiven für jeden Konferenzteilnehmer realitätsnah nachzubilden. Auf diesem Hintergrund beabsichtigt das Heinrich-Hertz-Institut Untersuchungen durchzuführen, bei denen unter Verwendung von HDTV-Geräten der EUREKA95-Entwicklung und verschiedener 3DTV-Techniken Videokonferenzsysteme aufgebaut und von Versuchspersonen erprobt werden.

Die meisten der in diesem Aufsatz geschilderten Arbeiten des Heinrich-Hertz-Instituts wurden vom Bundesminister für Forschung und Technologie gefördert. Für die Darstellung ist der Autor allein verantwortlich.

7   <u>Literatur</u>

Diebold Deutschland GmbH: Marktgerechte Gestaltung von Telekonferenzdiensten - Situation in der Bundesrepublik Deutschland. Studie im Auftrag des Bundesministers für das Post- und Fernmeldewesen. Frankfurt/Main, 1983.

Flohrer, W.: Benutzergesichtspunkte des Bildtelefons. ITG-Fachbericht 101. Berlin, Offenbach: vde-verlag 1988, 393-407.

Funkschau: Videokonferenzen - Anwendungen gesucht. Funkschau 5 (1989) 24-29.

Gerfen, W.: Videokonferenz. Alternative für weltweite geschäftliche Kommunikation - ein Leitfaden für Anwender. Heidelberg: v. Decker 1986.

Gisbert, W.; von Stachelsky, F.: Innerbetriebliche Videokonferenzen in einem Systemversuch der DBP. ntz 41 (1988) Heft 7, 392-395.

Inoue, M.; Yoroizawa, I.; Okubo, S.: Human Factors Oriented Design Objectives for Video Teleconferencing Systems. ITS (1984), 66-73.

Kattentidt, H.: Videokonferenzen in Deutschland: Ergebnisse empirischer Untersuchungen. Congress Telekonferenzen. Karlsruhe, 1988.

Kellner, B.; Mühlbach, L.; Prussog, A.; Romahn, G.: Bildtelefon mit Blickkontakt? - Technische Möglichkeiten und empirische Untersuchungen. ntz 38 (1985) Heft 10, 698-703.

Klein, P.: Fernsprech-Bildkonferenz. ntz 30 (1977) Heft 3, 239-244.

Klein, P.: Bildkonferenz in einem Betriebsversuchsnetz. NTG-Fachbericht 74. Berlin, Offenbach: vde-verlag 1980, 352-361.

Midorikawa, M.; Yamagishi, K.; Yada, K.; Miwa, K.: TV Conference System. Review of the Electrical Communication Laboratories, 23 (1975) Numbers 5-6, 453-468.

Mühlbach, L.: Nutzergerechte Bildfernsprechendgeräte. ntz 40 (1987) Heft 7, 506-511.

Mühlbach, L.; Kellner, B.: Zur Tonqualität beim Bildfernsprechen - Ergebnisse experimenteller Untersuchungen. ntz Archiv 9 (1987) Heft 7, 177-184.

Mühlbach, L.; Arif, M.; Hopf, K.; Romahn, G.: Mehrpunkt-Telekonferenzen - Nutzeruntersuchungen mit verschiedenen Varianten. ntz 42 (1989) Heft 1, 8-12.

Ollmann, R.: Kommunikationstechnische Innovationen und räumliche Aktivitätsmuster von Organisationen. Max-Planck-Institut für Gesellschaftsforschung, Köln, 1989.

Pernsteiner, P.; Brendel, F.: Video- und Datenkommunikation im VBN. ntz 42 (1989) Heft 8, 486-493.

Post: Betriebsversuch der Deutschen Bundespost zur Einführung von Videokonferenzen. 1985.

Post: Videokonferenz - Entgelte. 1989.

Romahn, G.; Mühlbach, L.: Endgeräte für Mehrpunkt-Telekonferenzen. ITG-Fachbericht 101. Berlin, Offenbach: vde-verlag 1988, 193-204.

Romahn, G.; Kellner, B.; Mühlbach, L.: Bildfernsprechkonferenz - Erste Erfahrungen mit einem Multipoint-Experimentalsystem. ntz 38 (1985) Heft 10, 690-695.

Sabri, S.; Prasada, B.: Video Conferencing Systems. Proc. of the IEEE, 73 (1985) 671-688.

Sallio, P.; Boudeville, J.; Cabon, P.: Visual Ergonomic of a Future Videoconference Service. Proc. of the 10th Intern. Symp. on Human Factors in Telecommunications. Rennes, 1982.

Schwarz, E.; Tilse, U.: Die Benutzerzufriedenheit mit 12 verschiedenen Videokonferenzsystemen und einer Audiokonferenz im Vergleich zu normalen Konferenzen. ntz Archiv 2 (1980) Heft 5, 87-94.

Short, J.; Williams, E.; Christie, B.: The Social Psychology of Telecommunications. London: John Wiley & Sons 1976.

Tonnemacher, J.: Zur Akzeptanz von Videokonferenzen in Dienstbesprechungen der DBP. ntz 41 (1988) Heft 7, 396-399.

Wilkens, H.; Plenge, G.: Teleconference design. A technical approach to satisfaction. Telecommunications Policy (1981) 216-227.

Wilkens, H.; Schwarz, E.; Tilse, U.: Ergebnisse eines Telekonferenz-Betriebsversuchs. ntz 32 (1979) Heft 12, 794-798.

Nutzung von Mehrdienste-Endgeräten

A. Prussog

1   Hintergrund und Problem

Fortschritte im Bereich der Breitbandkommunikationstechnik machen die Installation von Breit-
banddiensten wie Bildfernsprechen und anderen Bewegtbilddiensten möglich. Über ein dienste-
integrierendes Breitbandnetz wie z.B. dem durch das RACE-Programm der Europäischen
Gemeinschaft angestrebten Integrated Broadband Communication Network (IBCN) kann dem
Nutzer in Zukunft ein vergrößertes Spektrum an Diensten zur Verfügung gestellt werden.
Für die Nutzung eines solchen erweiterten Dienstespektrums stellt sich die Frage, ob die Dienste
mit verschiedenen Geräten oder mit einem Gerät genutzt werden sollen. Ein Endgerätekonzept,
bei dem Kommunikationsdienste (wie z.B. Bildfernsprechen, Fernsprechen), Informationsabruf-
dienste (wie z.B. Bildschirmtext, Videotext, Fernsehen) und Speicherdienste über ein einziges
Endgerät ("Mehrdienste-Endgerät") genutzt werden können, bietet eine Reihe von Vorteilen. So
ist ein Mehrdienste-Endgerät als Alternative zu mehreren Einzeldienstegeräten sowohl kosten-
günstig als auch platzsparend. Der wichtigste Vorteil liegt jedoch auf der Seite der Nutzung. So
können die Dienste nicht nur wie bei entsprechenden Einzeldienstegeräten separat und unabhängig voneinander genutzt, sondern im Sinne der Diensteintegration auch gleichzeitig abgerufen
und miteinander kombiniert werden.
Mit der Funktions- und Anwendungsvielfalt steigt jedoch auch die Komplexität des Mehrdienste-
Endgeräts und damit die Anforderungen, die bei der Bedienung an den Benutzer gestellt werden.
Damit der Benutzer die Vorteile einer Diensteintegration erkennt und in Anspruch nehmen kann,
müssen Lösungen für eine Verringerung der Bedienungskomplexität gefunden werden. Dazu
finden sich im Bereich der Human Factors Forschung verschiedene Hinweise, wie die Bedienung
komplexer Systeme auf der Ebene der anthropotechnischen Gestaltung von Bediensystemen
erleichtert werden kann.
Am Heinrich-Hertz-Institut wurden Untersuchungen durchgeführt, in denen verschiedene Gestaltungsprinzipien aufgegriffen und für die Bedienung eines Mehrdienste-Experimentalsystems
(Abb.1) erprobt wurden. Die erste der Untersuchungen, über die im folgenden berichtet wird,
bezieht sich auf die Verwendung von "Softkeys" bei der Gestaltung von tastaturorientierten
Bediensystemen, während bei der zweiten Untersuchung die Erprobung von neuen
Bedienkonzepten Vordergrund stand. Im Vergleich zu einem herkömmlichen Bedienkonzept, daß
der Bedienung von Einzeldienstegeräten entspricht, wurde ein Bedienkonzept, bei dem das
Bediensystem als "graphische Bedienoberfläche" gestaltet wurde, und ein Bedienkonzept nach
dem Prinzip "generischer Funktionen" erprobt.
Ziel der Arbeiten ist es, empirisch begründete Empfehlungen für eine benutzerfreundliche
Gestaltung von Bediensystemen für Mehrdienste-Endgeräte zu geben. Benutzerfreundlichkeit wird

dabei an der Zufriedenheit des Benutzers mit der Art und Weise des Umgangs mit dem Bediensystem gemessen. Es wird davon ausgegangen, daß, speziell im Hinblick auf neue Formen einer integrierten Dienstenutzung, die Zufriedenheit des Benutzers von der subjektiv empfundenen Bedienungskomplexität und dem damit verbundenen Aufwand bei der Bedienung beeinflußt wird.

Abb. 1: Das Mehrdienste-Experimentalsystem bei der Nutzung des Dienstes Bildfernsprechen

2 Nutzungsformen

Aufgrund von Voruntersuchungen, in denen gemäß einer explorativen Zielsetzung zunächst festgestellt werden sollte, was Benutzer von einem Mehrdienste-Endgerät erwarten, unterscheiden wir bei der Nutzung eines Mehrdienste-Endgeräts zwischen einer einfachen und einer erweiterten bzw. integrierten Form der Dienstenutzung.

Die "einfacheDienstenutzung" entspricht der herkömmlichen Nutzung von Einzeldienstegeräten. Bei dieser Nutzungsform werden die verschiedenen Dienste eines Mehrdienste-Endgeräts nur jeweils einzeln und unabhängig voneinander abgerufen. Das Mehrdienste-Endgerät wird dabei, unabhängig von anderen Diensten und Funktionen, jeweils nur beispielsweise als Bildtelefon, TV-Gerät oder Bildschirmtextterminal benutzt. In unseren Untersuchungen konnte festgestellt werden, daß diese Form der einfachen Dienstenutzung mit unterschiedlichen Bediensystemen und -konzepten möglich ist. Da der Nutzer aufgrund seiner Erfahrungen mit einzelnen Diensten recht genaue Vorstellungen von dieser Art der Nutzung hat, ist die einfache Dienstenutzung trotz der Komplexität des Endgeräts relativ unkritisch im Hinblick auf das Problem der Bedienungskomplexität. Die bei der einfachen Nutzung entstehenden Bedienprobleme werden weniger durch die Mehrdienstefähigkeit des Endgeräts, sondern hauptsächlich durch Schwierigkeiten mit Bedienprozeduren der einzelnen Dienste selbst hervorgerufen. Als Beispiel sei hier der Dienst Bildschirmtext genannt, wo die Anwahl- und Abwahlprozedur sowie die Informationssuche auch erfahrenen Nutzern Schwierigkeiten bereiten kann.

Alle Nutzungsmöglichkeiten, die über eine herkömmliche Form der Dienstenutzung hinausgehen und damit die eigentliche Besonderheit von diensteintegrierenden Endgeräten darstellen (vgl. MEIERHOFER, 1987), werden hier unter dem Begriff "integrierteDienstenutzung" zusammengefaßt. Allgemein läßt sich diese erweiterte Form der Dienstenutzung dadurch charakterisieren, daß der Nutzer auf verschiedene Dienste gleichzeitig zugreifen und diese miteinander kombinieren kann. So können beispielsweise während eines Telefongesprächs Informationen beim Dienst Bildschirmtext abgerufen werden. Darüberhinaus können dem Partner im Rahmen eines Bildtelefongesprächs auch Bildschirmtextseiten oder zuvor aufgezeichnete Videosequenzen direkt übermittelt werden. Da bei dieser Nutzungsform verschiedene Dienste gleichzeitig aktiviert und gesteuert werden müssen, ist die Komplexität der Bediensituation größer als bei der herkömmlichen Dienstenutzung.

Bislang fehlen sowohl geeignete Bedienprozeduren für die Diensteintegration als auch Erfahrungen, wie dem Benutzer die speziellen Leistungsmerkmale und Nutzungsmöglichkeiten vermittelt werden können, d.h. wie der Benutzer dabei unterstützt werden kann, ein adäquates "mentales Modell" (vgl. NORMAN, 1983) von dem System zu entwickeln. Speziell im Hinblick auf die neuen Formen einer integrierten Dienstenutzung ist es wichtig, daß der Benutzer über ein mentales Modell verfügt, in dem sowohl Wissen über die neuen Nutzungsmöglichkeiten als auch über die Handhabung des Systems repräsentiert sein sollte.

3   Untersuchung zu "Softkeys"

Gemäß dem Prinzip "möglichst wenig Tasten" werden für die Bedienung komplexer Systeme häufig Tasten mit variabler Funktion ("Softkeys") empfohlen (z.B. FLOHRER, 1983; MOSEL, 1986; NOÉ 1988). Diese Empfehlungen gehen davon aus, daß die Bedienung erleichtert wird, wenn bestimmte Funktionen und Informationen nur jeweils situationsbezogen zur Verfügung gestellt werden. Besonders unerfahrene Benutzer sollen durch eine Begrenzung der Auswahl an Bedienmöglichkeiten vor Bedienfehlern geschützt werden (vgl. SPINAS, 1987).

Um zu prüfen, inwieweit dieses Gestaltungsprinzip zu einer Reduzierung der Komplexität bei der Bedienung eines Mehrdienste-Endgeräts beiträgt, wurde eine Untersuchung durchgeführt, bei der zwei Varianten einer Bedientastatur verglichen wurden. Es wurde eine Tastatur entwickelt, bei der dem Benutzer über eine Reihe von Softkeys, deren Belegung sich jeweils situationsbezogen ändert, nur die in der jeweiligen Bediensituation benötigten Bedienfunktionen zur Verfügung gestellt werden ("Softkey-Tastatur", Abb. 2). Im Vergleich zu einer Volltastatur, bei der dem Nutzer ständig alle Bedienfunktionen über Tasten mit fester Funktion präsentiert werden ("Hardkey-Tastatur", Abb. 3), konnten im Bereich der dienstebezogenen Bedienfunktionen durch die Verwendung von Softkeys ca. 2/3 der Bedienelemente eingespart werden (vgl. PRUSSOG et al., 1988).

Die beiden Tastaturvarianten wurden von 32 Versuchspersonen in 2 Sitzungen unter unterschiedlichen Bedingungen erprobt und u.a. im Hinblick auf ihre Benutzerfreundlichkeit bewertet. Für die eine Hälfte der Versuchspersonen erfolgte die Nutzung anhand von Versuchsaufgaben, bei denen verschiedene Dienste nacheinander abgerufen wurden ("einfache Dienstenutzung"), für die andere Hälfte anhand von Aufgaben, bei denen verschiedene Dienste gleichzeitig abgerufen und miteinander kombiniert werden mußten ("integrierte Dienstenutzung").

Die Ergebnisse dieses Experiments machten verschiedene Nachteile deutlich, die sich bei der Verwendung von Softkeys ergeben. Im Vergleich zur Volltastatur wurde die Softkey-Tastatur besonders für unerfahrene Benutzer als schlechter verständlich und weniger gut durchschaubar beurteilt. Besonders bei der integrierten Dienstenutzung, wo mehrere Dienste gleichzeitig aktiviert und über die Zustandsanzeigen in den Bedienelementen (Rückmeldung durch Tastenbeleuchtung) auf der Tastatur kontrolliert werden mußten, beurteilten die Versuchspersonen die Softkey-Tastatur im Hinblick auf die "Erkennbarkeit des Gerätezustands" deutlich schlechter als die Volltastatur. Da der Benutzer bei der Softkey-Tastur nicht alle Bedienfunktionen ständig vor sich haben kann, ist auch der Zustand des Endgeräts nicht auf einen Blick über die Anzeige in den Bedienelementen erkennbar.

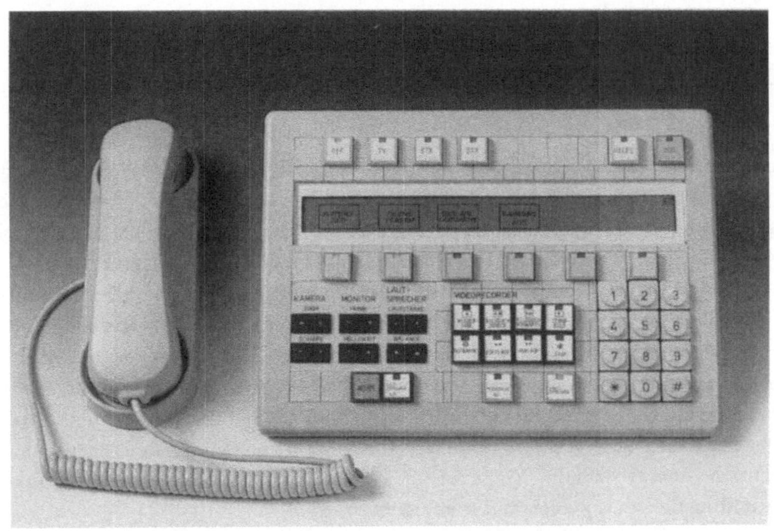

Abb. 2: Bediensystem mit Softkeys ("Softkey-Tastatur")

Abb. 3: Bediensystem als Volltastatur ("Hardkey-Tastatur")

Das schlechte Abschneiden der Softkey-Tastatur bei der integrierten Dienstenutzung weist darauf hin, daß Benutzerfreundlichkeit nicht immer durch eine Reduzierung der Tasten erreicht werden kann. Die Übersichtlichkeit und Überschaubarkeit der Bedienfunktionen bei einer Volltastatur erleichtert die Planbarkeit von Bedienhandlungen und ermöglicht eine umfassende Rückmeldung, was insbesondere in komplexen Nutzungssituationen wesentlich zu einer Reduzierung der Bedienungskomplexität für den Nutzer beiträgt.

4 Untersuchung zu "graphischen Bedienoberflächen" und "generischen Funktionen"

Ausgangspunkt für eine zweite Untersuchung bildet der vor allem in der Software-Ergonomie zu beobachtende Trend zu "graphischen Bedienoberflächen". Begründet wird diese Entwicklung u.a. damit, daß graphische Bediensysteme, die einen Bediendialog entsprechend den Prinzipien einer "direkten Manipulation" (SHNEIDERMAN, 1983) ermöglichen, aufgrund ihrer intuitiven Verständlichkeit und Anschaulichkeit leicht zu erlernen und einfach zu bedienen sind. Das wohl bekannteste Beispiel ist das Xerox-STAR System, bei dem ein Arbeitsplatzcomputer unter Verwendung der "Schreibtisch"-Metapher gestaltet wurde (JOHNSON et al., 1989). Auf der Grundlage eines an die Vorstellungswelt und die Arbeitsaufgabe des Benutzers angepaßten Modells wird das System auf dem Bildschirm anhand von, dem Benutzer aus der Büroumgebung vertrauten Gegenständen (wie z.B. Dokumente, Aktenmappen, Schubladen) in graphischer Form dargestellt. Durch entsprechende Eingaben des Benutzers können einzelne Objekte direkt angesprochen und in Beziehung zueinander gebracht werden.
Um zu prüfen, inwieweit graphische Bediensysteme auch bei Mehrdienste-Endgeräten zu einer Reduzierung der Komplexität beitragen und gegebenenfalls eine Alternative zu "tastatur-orientierten" Bediensystemen darstellen, wurde für die Bedienung des Mehrdienste-Endgeräts ein Bedienkonzept für ein graphisches Bediensystem entwickelt. Auf dem Bildschirm eines separaten Dialogmonitors werden die verschiedenen Dienste- und Gerätekomponenten des Mehrdienste-Endgeräts (z.B. Kameras, Monitor, Videorecorder) in Form von Pictogrammen abgebildet. Mit einer Maus können die Komponenten jeweils durch "Anklicken" aktiviert und durch Verschieben des Cursors bei gleichzeitigem Gedrückthalten der Maustaste miteinander verbunden werden. Bei diesem Konzept wird durch das Verbinden der Komponenten der Informationsfluß zwischen Quellen und Senken gesteuert und in Form von Verbindungslinien mit Richtungspfeilen angezeigt ("Informationsflußkonzept", Abb. 4).
Zum Vergleich wurde nach dem Prinzip von "generischen Funktionen" (FÄHNRICH & ZIEGLER, 1984) ein zweites Bedienkonzept entwickelt. Um die Zahl der für die Bedienung erforderlichen Kommandos zu reduzieren, soll ein Bediendialog auf der Basis möglichst allgemeiner Kommandos (z.B. in Form von geräteunabhängigen oder diensteübergreifenden Kommandos, vgl. VAN HARDEVELD & MIEROP, 1987) ermöglicht werden. Bei dem hier als tastaturorientiertes Bediensystem realisierten Bedienkonzept stehen die Grundfunktionen "Wiedergeben", "Senden" und "Speichern" im Vordergrund. Für jede Funktion werden in einem eigenen Funktionsbereich die für die Spezifizierung der jeweiligen Informationsart notwendigen Auswahlmöglichkeiten explizit angezeigt ("Funktionenkonzept", Abb. 5). Als Referenz für eine Bewertung dieser beiden neuen Bedienkonzepte wurde ein drittes Konzept realisiert, das der Bedienung von Einzeldienstegeräten und damit der herkömmlichen Form einer einfachen Dienstenutzung entspricht. Bei diesem "Dienstekonzept" wurden die Bedienelemente für die einzelnen Dienste entsprechend der Gestaltung der "Hardkey-Tastatur" zusammengefaßt (vgl.

Abb.2). Um die experimentelle Vergleichbarkeit der drei Konzepte zu gewährleisten, wurden das Funktionenkonzept und das Dienstekonzept auf dem Bildschirm eines separaten Dialogmonitors als "virtuelle" Tastaturen realisiert, wobei die Tasten durch Anklicken mit der Maus "gedrückt" werden.

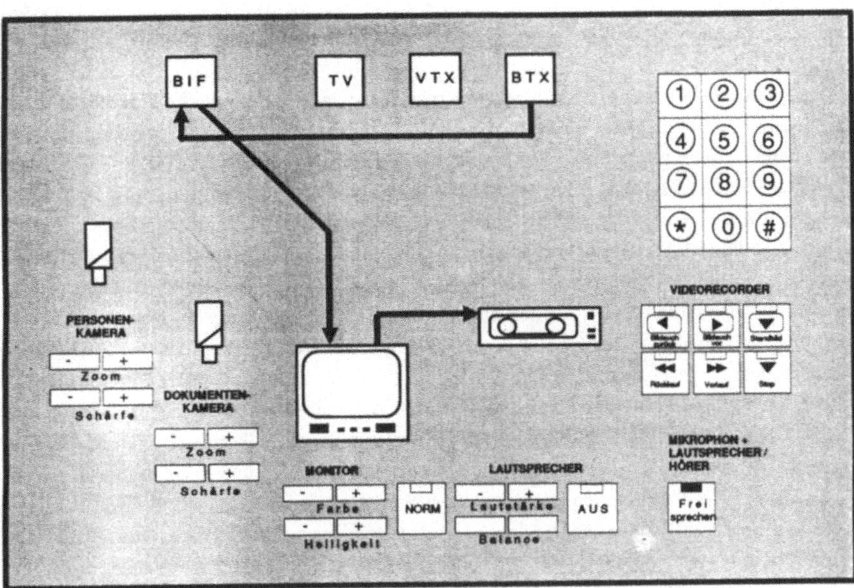

Abb. 4: Bediensystem mit graphischer Bedienoberfläche ("Informationsflußkonzept")

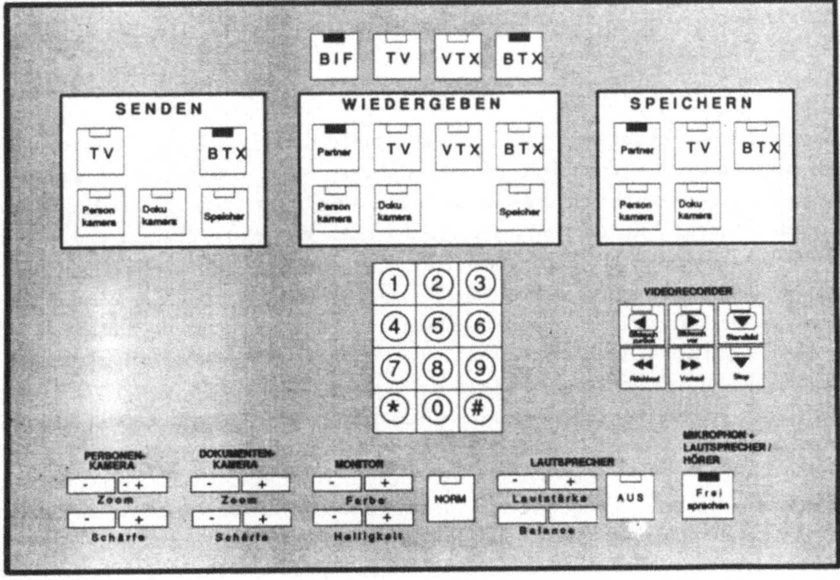

Abb. 5: Bediensystem mit generischen Funktionen ("Funktionenkonzept")

An dem Versuch nahmen insgesamt 72 Versuchspersonen teil, von denen jede in 2 Sitzungen zwei der drei Bedienkonzepte mit verschiedenen Aufgaben entsprechend der einfachen und integrierten Dienstenutzung benutzte und bewertete. Nach jeder Nutzungsphase wurden mit Hilfe von Fragebögen Daten zur Benutzerfreundlichkeit, Fehlerhäufigkeit, Bedienaufwand etc. erhoben. Jeweils nach Erprobung einer Variante wurde durch einen Wissenstest erhoben, wie gut die Versuchspersonen die Nutzungsmöglichkeiten und die Handhabung des Systems gelernt hatten. Zusätzlich sollten die Versuchspersonen am Ende des Versuchs angeben, welche Variante sie vorziehen würden.

Die Ergebnisse dieses Experiments zeigten insgesamt eine Überlegenheit der beiden neuen Bedienkonzepte im Vergleich zum herkömmlichen Dienstekonzept. So werden dem Benutzer bei den beiden neuen Bedienkonzepten z.B. die Nutzungsmöglichkeiten und die Funktionsweise des Mehrdienste-Endgeräts besser vermittelt. Dies zeigte sich auch bei der Beantwortung des Wissenstests, bei dem Versuchspersonen, die das Dienstekonzept benutzt hatten, häufiger falsche Antworten gaben als Versuchspersonen, die die beiden neuen Konzepte benutzt hatten. Besonders deutlich zeigen sich die Vorteile der beiden neuen Bedienkonzepte in komplexen Nutzungssituationen. Die Aufgaben, die der integrierten Dienstenutzung entsprachen, wurden bei der Benutzung der neuen Konzepte u.a. als weniger schwierig beurteilt und die Fehlerhäufigkeit wurde geringer eingeschätzt.

Im Hinblick auf einen Vergleich der beiden neuen Bedienkonzepte ließ sich die erwartete Überlegenheit des graphischen Bedienkonzepts (Informationsflußkonzept) jedoch nicht bestätigen. Hatten die Versuchspersonen die beiden neuen Bedienkonzepte kennengelernt, bevorzugten ca. 2/3 von ihnen das Funktionenkonzept gegenüber dem Informationsflußkonzept. Die Vorteile des Funktionenkonzepts liegen nach dem Urteil der Versuchspersonen vor allem darin, daß es "übersichtlicher" und "praktischer" ist und die Eingabe weniger aufwendig und weniger fehleranfällig ist, während das Informationsflußkonzept lediglich in ästhetischer Hinsicht Vorteile gegenüber dem Funktionenkonzept bietet.

5 Resümee

Die Idee der Mehrfachnutzung eines Endgeräts für verschiedene Dienste erscheint - besonders in Kombination mit dem zukünftigen Dienst Bildfernsprechen - grundsätzlich sinnvoll. Knapp die Hälfte unserer Versuchspersonen gaben an, daß sie sich privat ein solches Mehrdienste-Endgerät anschaffen würden. Für unsere Versuchsteilnehmer besonders überzeugend waren dabei die Möglichkeiten der erweiterten Dienstenutzung. Im Hinblick auf mögliche Nutzungskonflikte in Haushalten mit mehreren Personen bleibt jedoch offen, inwieweit ein solches Mehrdienste-Endgerät in der privaten Nutzungsumgebung herkömmliche Einzeldienstegeräte völlig ersetzen kann. Für bestimmte Dienste wie z.B. das Fernsprechen oder das Fernsehen erscheinen entsprechende zusätzliche Einzeldienstegeräte unverzichtbar.

Da damit das Argument, daß Mehrdienste-Endgeräte allein dadurch, daß Einzeldienstegeräte überflüssig werden, eine kostengünstige Systemlösung darstellen, abgeschwächt werden muß, werden im Hinblick auf die Anschaffungsbereitschaft Kostenfaktoren eine zentrale Rolle spielen. Darüberhinaus wird die Akzeptanz von Mehrdienste-Endgeräten im privaten Bereich wesentlich von den Anwendungsmöglichkeiten und damit der Attraktivität einzelner Dienste beeinflußt. In Interviews mit den Versuchsteilnehmern wurde mehrfach deutlich, daß die in unserem Experimentalsystem realisierten Dienste wie z.B. Bildschirmtext und Videotext heute bei weitem noch nicht den Bedürfnissen der Nutzer entsprechen.

Ein weitere Voraussetzung für die Akzeptanz von Mehrdienste-Endgeräten stellt die benutzerfreundliche Gestaltung des Bediensystems dar. Die dabei zentrale Frage ist, wie die Bedienungskomplexität besonders bei den neuen Formen einer integrierten Dienstenutzung reduziert werden kann.

Die im Rahmen unserer Untersuchungen gemachten Erfahrungen lassen sich - noch nicht im Sinne von abschließenden Empfehlungen, sondern mehr im Sinne eines Ausschließens von ungeeigneten Gestaltungsansätzen - wie folgt zusammenfassen:

- Das Prinzip "hohe Benutzerfreundlichkeit durch möglichst wenige Tasten", das wir am Beispiel einer Softkey-Tastatur untersucht haben, erweist sich in dieser vereinfachten Form als nicht zutreffend. Besonders im Hinblick auf komplexe Nutzungsformen sollte die "Übersichtlichkeit" des Bediensystems im Sinne einer Überschaubarkeit der Bedienfunktionen sowie die Möglichkeit einer umfassenden Rückmeldung im Vordergrund stehen. Für die Gestaltung von Bedientastaturen bedeutet dies, lieber "eine Taste mehr", wenn diese Taste verständlich bezeichnet ist und eine eindeutig Zustandsanzeige ermöglicht und dadurch die Rückmeldung verbessert werden kann.

- Die Vorteile von graphischen Bediensystemen liegen vor allem im ästhetischen Bereich: sie erlauben eine Darstellung des Systems auf eine ansprechende und für bestimmte Nutzer auch anschauliche Weise. Unter praktischen Gesichtspunkten weisen sie jedoch deutliche Nachteile auf: Die Eingabeoperationen sind bei graphischen Bediensystemen gegenüber tastaturorientierten Bediensystemen für viele Nutzer deutlich aufwendiger und fehleranfälliger.

- Als die in unseren Untersuchungen am positivsten bewertete Variante erwies sich das Bediensystem nach dem Prinzip der "generischen Funktionen". Der wesentliche Vorteil dieses Bediensystems liegt darin, daß der Benutzer alle Bedienmöglichkeiten ständig als "passive Anzeige" vor sich hat und aus den explizit angezeigten Alternativen auswählen kann. Dies erleichtert sowohl ein Kennenlernen des Systems im Sinne der Bildung eines "mentalen Modells" als auch die Planung und Durchführung einzelner Bedienschritte.

6 Literatur

FÄHNRICH, K.-P.; ZIEGLER, J.: Workstations Using Direct Manipulation as Interaction Mode - Aspects of Design, Application and Evaluation. Interact'84, Vol.2, 1984, 203-208

FLOHRER, W.: Operation of Complex Telecommunications Equipment by Naive Users. Proc. of 10th Int. Symp. on Human Factors in Telecommunications, 1983, 189-196

JOHNSON, J.; ROBERTS, T.L.; VERPLANK, W.; SMITH, D.C., IRBY, C.H.; BEARD, M.; MACKEY, K.: The Xerox Star: A Retrospective. IEEE Computer, Vol.22 (1989) No.9, 11-29

MEIERHOFER, H.: Aspekte der Diensteintegration im ISDN. In: Medien Forum Berlin 1987. Neue Mediengesellschaft Ulm mbH und AMK Berlin (Hrsg.), 1987, 25-35

MOSEL, H.-J.: Home Communication Systems. IEEE Journal on Selected Areas in Communications, Vol. SAC-4 (1986) No.4, 633-639

NOÉ, W.: Das ISDN aus der Sicht des Benutzers - Konzepte für eine Benutzerschnittstelle zum ISDN.ITG-Fachbericht 100, 1988, 119-129

NORMAN, D.A.: Some Observations on Mental Models. In: D. Gentner & A.L. Stevens (Eds.): Mental Models. Lawrence Erlbaum: Hillsdale, New Jersey, 1983, 7-14

PRUSSOG, A.; ROMAHN, G.; BLOHM, W.: Multidienste-Breitband-Endgeräte: Nutzungsformen und Bedienkonzepte. ntz Nachr.-tech. Z.41 (1988) H. 8, 440-444

SHNEIDERMAN, B.: Direct Manipulation: A Step beyond Programming Languages. IEEE Computer, Vol.16 (1983) No.8, 57-69

SPINAS, P.: Zur Benutzerfreundlichkeit von Bildschirmsystemen. In: W. Schönpflug & M. Wittstock (Eds.): Software Ergonomie '87, Stuttgart: Teubner, 1987, 241-250

VAN HARDEVELD, J.W.; MIEROP, J.R.: The Basic-Dialogues for ISDN Services. Proc. of 12th Int. Symp. on Human Factors in Telecommunications, The Hague 1988

Die diesem Aufsatz zugrundeliegenden Arbeiten wurden vom Bundesminister für Forschung und Technologie gefördert (Projekt "Bewegtbildübertragung für die Individualkommunikation (2)", Kennzeichen TK 434 6) Für den Inhalt ist die Autorin allein verantwortlich. Die Arbeiten zu diesem Aufsatz wurden in Zusammenarbeit mit Dipl.-Ing. Werner Blohm durchgeführt.

Benutzerfreundliche Breitbandkommunikation im geschäftlichen Bereich

R. Bierhals, W. Hudetz

1. Einführung

Benutzerfreundliche Kommunikation als Thema eines Kongresses des Münchner Kreises reflektiert die Herausforderung, der die technische Produktentwicklung gegenübersteht angesichts des sprunghaften Wachstums kommunikationstechnischer Möglichkeiten bei stetigem Anpassungsverhalten von Menschen und Organisationen bei der Nutzung der Technik. Im Zentrum der heutigen Diskussion steht die Mensch-Maschine-Schnittstelle der Endgeräte künftiger Kommunikationsnetze. Besondere Beachtung findet dabei die zu erwartende

multifunktionale, integrierte Arbeitsplatzstation im
Leistungsbereich einer Workstation.

In diesem Beitrag soll der Frage nachgegangen werden, inwieweit benutzerfreundliche Kommunikation in Zukunft eher

multifunktionale	oder	monofunktionale,
integrierte	oder	getrennte,
Hochqualitäts-	oder	Standardqualitäts-Arbeitsplatz-Systeme

erfordert (vgl. Abbildung 1). D.h. der Begriff der "Benutzerfreundlichkeit" wird in diesem Beitrag, abweichend vom üblichen Verständnis, funktional und nicht ergonomisch gebraucht. Nicht die Mensch-Maschinen-Schnittstelle, sondern die Systemfunktionalität als ganzes wird betrachtet.

Das Problem benutzerfreundlicher Kommunikation wird heute in erster Linie als technische Aufgabe für die Gestaltung von Benutzer-Oberflächen multifunktionaler, integrierter Hochleistungssysteme angesehen. Monofunktionale Low-Cost-Systeme, sofern sie in Zukunft noch eine Rolle spielen werden, stellen geringere Anforderungen an Benutzer-Oberflächen. Sie müssen dafür als "dedizierte Systeme" besonders passend auf die Bedürfnisse ihrer Benutzer-Zielgruppen zugeschnitten sein.

In beiden Fällen, also
- der nutzerfreundlichen Oberflächengestaltung und
- der nutzerfreundlichen Gesamt-Systemgestaltung
wird die Kenntnis der Anforderungsprofile marktbestimmender Nutzergruppen zum Engpaß (vgl. Abbildung 2).

Anforderungen an Kommunikationstechnik lassen sich aus unterschiedlichen Sichtweisen formulieren (vgl. Abbildung 3). Am ehesten zugänglich und damit am besten untersucht sind physiologisch-psychologische Anforderungen. Sie lassen sich quasi im Labor ermitteln. Schwierigkeiten gibt es bei der Formulierung geschäftlich-organisatorischer Anforderungen. Die lassen sich nur in der realen Welt organisatorischer Kommunikation erheben. Diese Welt erscheint unüberschaubar vielfältig. Sie entzieht sich somit der systematischen Untersuchung leicht. Das Fraunhofer-Institut für Systemtechnik und Innovationsforschung (ISI) hat im Rahmen seines "Programmes Anwendungsforschung im Hinblick auf ISDN und Glasfaserkommunikation" Gelegenheit gehabt, Organisationsfallstudien zum Thema "Kommunikationsprojekte" in vielen Wirtschaftsbereichen durchzuführen. Sie bilden den Erfahrungshintergrund für diesen Beitrag.

Als Leitmotiv für die folgenden Ausführungen soll die Aufmerksamkeit auf die grundlegende Erfahrung des ISI gelenkt werden, daß technische Entwicklungen auch im Hinblick auf benutzerfreundliche Kommunikation immer **doppeläugig** d.h. mit Langfrist- und mit Kurzfristperspektive für die Einführungsperiode zu konzipieren sind. Es gibt die Thesen, daß

- langfristig die multifunktionalen, integrierten, hochleistungsfähigen Workstations die Ausstattung der meisten Büro-Arbeitsplätze bestimmen werden und
- kurz- bis mittelfristig, d.h. in einer häufig unterschätzten Einführungsperiode, dedizierte Systeme, z.B. reine Videokommunikationssysteme, von breiten Nutzergruppen eher akzeptiert werden.

Um diese Themen zu erörtern, wird im folgenden dargestellt

- welche Anforderungen ausgewählte, große Nutzergruppen an DV- und Kommunikationsfunktionen, deren Integration und deren Qualitäts- bzw. Leistungsstufe stellen (Benutzer-Anforderungs-Profil);
- wie solche Nutzerprofile quasi handbuchartig ohne immer neue Organisationsanalysen für Technik-Entwickler zur Verfügung gestellt werden können (Nutzer-Profil-Modell NUPROM).

2. Anforderungsprofile typischer Nutzergruppen

Es besteht weitgehende Übereinstimmung, daß operative Aufgabenfelder routinemäßiger Sachbearbeitung wenig Ansatzpunkte für die Breitbandkommunikation bieten. Die Erwartungen richten sich eher auf fachlich-qualifizierte, kreative, akquisitorische und leitende Aufgabenfelder. Deswegen werden hier als Fallbeispiele
- der Ingenieurdialog
- der Projektdialog und
- die Vertriebskommunikation
gewählt, um zielgruppenspezifische Anforderungen an benutzerfreundliche Kommunikation darzustellen.

2.1 Anwendungstyp "Ingenieurdialog"

Breitbandkommunikation wird vorwiegend in solchen Bereichen nutzbringend einzusetzen sein, in denen **große** Datenmengen in relativ **kurzer** Zeit transportiert werden müssen. Es ist zu vermuten, daß ein solcher Bedarf vor allem in Organisationen besteht, die verstärkt CAD einsetzen. Das ISI hat in mehreren Fallstudien Bereiche der Planung, Konstruktion und Entwicklung untersucht und daraus einen Anwendungstyp "Ingenieurdialog" abgeleitet, der nachfolgend kurz charakterisiert wird und dessen z.T. unterschiedliche **Benutzeranforderungen** an die Telekommunikation dargestellt werden.

Anwendungsfeld

Zielgruppe: Es wurden die **Arbeitsplätze** und **Aufgaben** von Fachexperten in unterschiedlichen Unternehmen untersucht. Betroffen waren Architekten, Statikingenieure, Konstrukteure und Entwicklungsingenieure.

Vorgänge: Zu den Tätigkeiten dieser Zielgruppe gehören das Planen von Bauvorhaben, die Berechnung von Statik, die Konstruktion von Fahrzeug- und Maschinenteilen sowie die Entwicklung technischer Systeme. Zur Unterstützung ihrer Aufgaben setzen sie schon vielfach DV ein, sei es zur Durchführung von Berechnungen oder zum Konstruieren mit Hilfe von CAD- Systemen.

Objekte: Die Fachexperten erstellen Skizzen, Zeichnungen, Pläne, 3D-Modelle, Vorschriften und Anweisungen z.T. manuell und auf Papier, in vielen Fällen bereits in elektronischer Form.

Anwendungsumfeld

Den Anwendungstyp "Ingenieurdialog" findet man in erster Linie in den Branchen Baugewerbe, Elektrotechnik, sowie Fahrzeug- und Maschinenbau. Die Unternehmensgröße spielt dabei eine wichtige Rolle für die Anforderungen der Breitbandkommunikation im einzelnen. Ein Fachexperte in einem kleinen Ingenieurbüro im Baugewerbe hat im allgemeinen einen größeren Bedarf an externer Kommunikation als sein Kollege in einem großen Konzern im Maschinen- oder Fahrzeugbau. In Großunternehmen ist Ingenieurarbeit i.d.R. wesentlich arbeitsteiliger organisiert. Das Aufgabenfeld des Ingenieurs wird dadurch zum Spezialisten-Aufgabenfeld. Der mittelständische Ingenieur ist dagegen eher als Allround-Ingenieur einzustufen. Dies trifft generell zusammen mit größerer Abhängigkeit von Großkunden, also einer direkter erlebten Wettbewerbssituation als in Großunternehmen.

Kommunikationsprofil

Der Fachspezialist arbeitet in vielen Fällen an Projekten, an denen **mehrere Partner** beteiligt sind und hat dadurch einen beträchtlichen Kommunikationsbedarf mit seinen Partnern. Die Partner sind in Großunternehmen überwiegend Kollegen innerhalb des gleichen Unternehmens, die sich entweder am gleichen Standort (zentral, vielfach im gleichen Gebäude) oder an verschiedenen Standorten (dezentral) in unterschiedlicher Entfernung vom eigenen befinden. Häufig sind es auch externe Geschäftspartner (z.B. von Zulieferfirmen). Im Falle abteilungsübergreifender Kommunikation wird vielfach diese Kommunikation **nicht direkt** durch den Fachspezialisten geführt, sondern sie findet über den Projekt- oder Gruppenleiter oder einen Kontaktingenieur statt (siehe auch den Anwendungstyp "Projektdialog"). Diese Situation findet man vor allem bei größeren Herstellern und bei Zulieferfirmen. Es ist jedoch von Vorteil, wenn der Fachspezialist sich direkt mit dem Kollegen in dem Partnerunternehmen unterhalten kann, da dadurch vor allem Reibungs- bzw. Übertragungsverluste vermieden werden können. Gespräche auf dieser Ebene sind fast immer **bilateral**. Es werden **Unterlagen** in Form von Zeichnungen, Spezifikationen etc. benötigt. Sichtkontakt ist **nicht** unbedingt erforderlich; der Schwerpunkt liegt auf einer hochwertigen **Dokumentendarstellung** und dem entsprechenden Handling (Zeigen, Markieren, Vergrößern, Drehen, Dokumente gegenüberstellen). Der Dialog konzentriert sich i.d.R. auf ein Objekt (Plan, Modell, Teil).

Nutzerprofil

In <u>Abbildung 4</u> wird in kompakter Form das Nutzerprofil dieser Zielgruppe dargestellt, um daraus die erforderlichen Technikfunktionen und die möglichen Technikkonfigurationen abzuleiten. Es kann in diesem Rahmen nicht im einzelnen erläutert werden. Wichtig ist, daß im Hinblick auf die zentralen Fragestellungen dieses Beitrages folgendes Ergebnis festzuhalten ist:

Die Anforderungen des beschriebenen Ingenieursarbeitsplatzes werden primär durch komplexe Informationsverarbeitung geprägt und nur sekundär durch Kommunikation. Kommunikation ist dabei als Austausch von Informationen zum Zwecke direkter Weiterverarbeitung zu verstehen (operative Kommunikation). **Langfristig** sollte Kommunikationstechnik deswegen in CAD-Systeme am Arbeitsplatz integriert werden (Rechnerkommunikation). **Kurzfristig** bzw. in einer möglicherweise längeren Entwicklungsphase, solange DV-Systeme insbesondere externe Dialog-Anforderungen noch nicht erfüllen, kann Videokommunikation eingesetzt werden. Videokommunikation wird außerdem dann die einzige Lösung sein, wenn abteilungsübergreifende Kommunikation auf Kontakter oder Leitungskräfte verlagert ist, die das CAD-System nicht beherrschen.

2.2 Anwendungstyp "Projektdialog"

An der Durchführung größerer Projekte sind fast immer mehrere Unternehmen beteiligt. So wird z.B. bei der Erstellung eines Bauvorhabens eine Zusammenarbeit zwischen dem Bauherrn, dem Architekten, dem Statiker, dem Haustechniker und anderen am Bau beteiligten Unternehmen stattfinden. Bei der Herstellung eines Fahrzeuges ist eine Zusammenarbeit zwischen dem Fahrzeughersteller und Fahrzeugteilelieferanten notwendig.

Anwendungsfeld

Zielgruppe: Projektgespräche finden üblicherweise auf zwei Ebenen statt. Die untere Ebene ist die des Fachspezialisten, d.h. des Konstrukteurs, des Statikers, des Haustechnikers usw.. Diese Ebene wird vom Anwendungstyp "Ingenieurdialog" (siehe vorhergehenden Typ) abgedeckt. Die obere Ebene ist die der technischen Koordination bzw. der entsprechenden Vertragsgestaltung. Hierzu gehören in der Regel die Projekt-, Abteilungs-, Gruppen- oder Bereichsleiter. Zu dieser Ebene gehört der Anwendungstyp "Projektdialog". Die beiden Ebenen unterscheiden sich nicht nur durch ihre verschiedenen Positionen in der Unternehmenshierarchie, sondern auch durch unterschiedliche Anforderungen an die Telekommunikation.

Vorgänge: Zu den Aufgaben dieser Zielgruppe gehören die Koordination und Abstimmung von Tätigkeiten, die von den verschiedenen Partnern eines Projektteams ausgeführt werden. Treten beim Fachexperten Probleme auf, die eine Absprache mit externen Partnern erfordern (z.B. mit einem Zulieferer), so wird der Koordinator (Projektleiter, Gruppenleiter etc.) als erster mit dem externen Partner kommunizieren. Da er selbst noch umfangreiches Fachwissen besitzt, wird er nur in besonders schwierigen Fällen den Fachexperten hinzuziehen.

Objekte: Der Koordinator erzeugt normalerweise keine Zeichnungen oder Pläne. Er muß jedoch in der Lage sein, diese in seinen Arbeiten zu benutzen. Dabei ist er weniger mit Details befaßt und vertraut als der bearbeitende Ingenieur. Er ist für den Schriftverkehr innerhalb eines Projektes zuständig und erstellt Planungsunterlagen, Verträge und andere Dokumente.

Anwendungsumfeld

Der Anwendungstyp "Projektdialog" ist nicht nur in den Branchen Baugewerbe, Elektrotechnik, Fahrzeug- und Maschinenbau vertreten, man findet ihn auch im Bankensektor oder im Versicherungswesen. Die Unternehmensgröße sowie die Organistionsstrukturen spielen dabei eine wichtige Rolle. In kleineren Betrieben ist der Fachexperte vielfach auch verantwortlich für die Abwicklung eines Projekts und führt deshalb selbst die notwendigen Gespräche mit externen Partnern. Es kommt jedoch auch vor, daß der Geschäftsführer die Außenkontakte selbst wahrnimmt. In größeren Unternehmen kommt durch eine ausgeprägtere Rollenteilung der Anwendungstyp häufiger vor. Bei Zulieferfirmen ist dies in der Regel der Kontakter.

Kommunikationsprofil

Im Laufe der oben beschriebenen geschäftlichen Partnerschaft fallen neben regelmäßigen Projektsitzungen auch häufig **sporadisch auftretende Abstimmungsgespräche an. Die regelmäßigen Treffen** der Projektkoordinatoren wird man auch in Zukunft nur in geringem Maße durch moderne Kommunikationstechniken ersetzen können. Hier spielt der persönliche Kontakt eine erhebliche Rolle.

Anders sieht dies bei den sporadisch anfallenden **Abstimmungsgesprächen** aus, die größtenteils **bilateral** stattfinden. Zu diesen Gesprächen werden fast immer Unterlagen benötigt, die sich per Telefon nur umständlich besprechen lassen. Es wird deshalb häufig das persönliche Gespräch erforderlich, wodurch zusätzlicher Zeit- und Kostenaufwand entstehen. Hier ist es in der nächsten Zeit durchaus denkbar, daß sich eine bildliche Kommunikation als ein effizientes und komfortables Mittel zur Ergänzung der persönlichen Gespräche herausstellen wird.

Für die Besprechungen notwendige Unterlagen sind: Skizzen, Zeichnungen, Pläne aber auch Verträge, Texte und Listen. Es kann auch vorkommen, daß Gegenstände, kleinere Objekte, Muster oder Modelle - wie sie z.B. bei Bauvorhaben erstellt werden - besprochen werden müssen. Eine wichtige Voraussetzung für die bildliche Kommunikation ist somit die Möglichkeit, diese Objekte bzw. Unterlagen dem Partner auf dessen Bildschirm darstellen zu können. Da Verbindlichkeit hierbei eine wichtige Rolle spielt, ist die Möglichkeit des Bildschirmausdrucks unbedingt erforderlich. Sichtkontakt wird in der Regel eine geringere Bedeutung haben. Es ist jedoch zu beachten, daß für einige Gespräche, bei denen wichtige Entscheidungen gefällt werden, die Möglichkeit, den Gesichtsausdruck des Partners wahrzunehmen, eine Rolle spielt. Außerdem steht bei dieser Art Projektdialog immer auch die Pflege der Geschäftsbeziehung im Hintergrund.

Abstimmungsgespräche werden größtenteils bilateral laufen, jedoch ist es manchmal wünschenswert, einen weiteren Gesprächspartner miteinzubeziehen, um z.B. dessen Fachwissen in das Gespräch miteinzubringen. Es ist damit zu rechnen, daß bei Koordinatoren, Projektleitern etc. der PC in Zukunft stärker genutzt wird, so daß sich hier in absehbarer Zeit eine Integration des Bildtelefons mit einem PC und dessen Funktionalität als sinnvoll erweisen wird. Andererseits ist es wichtig, für diesen Personenkreis eine einfache Bedienbarkeit der Technik zu gewährleisten, da hier normalerweise die Technikvertrautheit noch sehr gering ist. Es könnten sonst unnötige Akzeptanzprobleme auftreten.

Nutzerprofil

In <u>Abbildung 5</u> wird wiederum in kompakter Form das Nutzerprofil dieser Zielgruppe im Hinblick auf die geforderten Technikfunktionen und die dafür möglichen Technikkonfigurationen dargestellt. Auch hier kann jetzt keine Erläuterung gegeben werden.

Die Schlußfolgerungen für die hier im Mittelpunkt stehenden Fragen lauten:

- Die Anforderungen des hier beschriebenen Projektdialog-Arbeitsplatzes werden primär durch Kommunikation bestimmt.

- Informationsverarbeitung u.a. zu Planungs- und Kalkulationszwecken wird zunehmend durch PC unterstützt.

- Integration in der Qualitätsstufe von Low-Cost-Systemen ist hinreichend, da sowohl die Kommunikation als auch die Datenverarbeitung keine Anforderungen an bildliche Detailgenauigkeit stellen.

- Langfristig erscheint ein integriertes Video- und Rechnerkommunikationssystem erforderlich.

- Kurzfristig, solange Kosten, PC-Vertrautheit, Kompatibilitätsprobleme u.a. aber auch die noch nicht erfolgsbewährte Integration von ungestörter Informationsbearbeitung mit störender Kommunikation auf einem Bildschirm noch Akzeptanzhindernisse bieten, kann eine Videokommunikation als nutzerfreundliche Übergangslösung gelten.

2.3 Anwendungstyp "Vertriebskommunikation"

Die folgenden Aussagen stützen sich auf empirische Untersuchungen in der Vertriebsorganisation verschiedener Branchen. Als Beispiel wird die Aufgabe der Vertriebssteuerung herausgegriffen.

Das **Anwendungsfeld** der Vertriebssteuerung umfaßt Teilaufgaben wie
- Marketingplanung (Planung von Verkaufsförderungsaktionen)
- Die Vertriebssteuerung (Ausführung der Marketingplanungen)
- Die Planung, Durchführung und Erfolgsauswertung von Messen
- Kunden-Akquisition und -Betreuung
- Mittelbewirtschaftung und
- sonstige Verwaltungsarbeit.

Die Aufgaben werden von fachlich qualifizierten, meist graduierten Verkaufsingenieuren wahrgenommen. Beteiligt sind zentrale Verkaufsabteilungen, regionale Vertriebsdirektionen und Verkaufsniederlassungen.

Die **Tätigkeiten** sind vorwiegend planender, dispositiver und beratender Natur. Verkaufsaktionen werden hinsichtlich von Demonstrationsmaterial, Kundenkontakten, Konditionen usw. geplant und durchgeführt. Neue Produktinformationen werden weitergeleitet. Das Vertriebspersonal wird geschult und beraten, d.h. befähigt, Kunden zu beraten. Bei Bedarf werden Verkaufsverhandlungen durch Spezialexperten unterstützt. Erfahrungsaustausch zwischen den Vertriebsstellen erleichtert den Zugriff auf Materialien anderer Regionen. Es wird viel improvisiert. Viele Tätigkeiten sind auf Motivation und Absicherung gerichtet. Letztendlich soll der Kunde zum Kauf motiviert werden. Die Verkaufsbotschaft soll überzeugend, d.h. auch im Falle kritischer Fragen abgesichert übermittelt werden. Der Kunde soll an das Unternehmen gebunden werden.

Besprechungsobjekte sowohl in der internen Vertriebssteuerung als auch im Kundenkontakt sind eine Vielfalt von Unterlagen (Prospekte, Preislisten, Berichte, Umfragen, Messetafeln und sonstiges Demonstrationsmaterial bis hin zu Filmen, Modellen, Prototypen usw.). Im Falle komplexer Produkte und Dienstleistungen gehören dazu auch Modellrechnungen zur Wirtschaftlichkeit, Gutachten zur Umweltverträglichkeit, Sicherheitsberechnungen usw.

Das **Anwendungsumfeld** der Vertriebskommunikation im Fallbeispiel wird durch folgende Merkmale bestimmt:
- Großunternehmen
- Investitionsgüter-Industrie (Elektrotechnik) mit schnellem Produktwandel
- Kundenspezifische Anlagenproduktion
- dezentrale Vertriebsorganisation
- starke Konkurrenz

<u>Abbildung 6</u> beschreibt für den Arbeitsplatz des Abteilungsleiters Vertrieb in der regionalen Vertriebszentrale wie sich dessen Aufgabenstruktur in Tätigkeiten der Informationsverarbeitung und Kommunikation bzw. in ein entsprechendes **Anforderungsprofil an Datenverarbeitungs- und Kommunikationstechnik** niederschlägt.
Daraus geht hervor, daß seine Tätigkeiten sowohl stark von Informationsverarbeitung als auch von Kommunikation bestimmt werden. Die informationsverarbeitenden Tätigkeiten werden stark durch aktionsspezifische, sich nicht wiederholende Tätigkeiten der Verkaufsförderungsplanung, der Messeplanung usw. bestimmt. Sie sind im überschaubaren Zukunftshorizont nicht der Unterstützung durch Datentechnik zugänglich. Die Verwaltungsarbeit beinhaltet u.a. die Durchsicht der Eingangspost und deren Verteilung, das Lesen von Fachliteratur und Umläufen und innerorganisatorische Vorgänge. Nur die

Mittelbewirtschaftung sowie Terminplanungen von Verkaufsaktionen würden den Einsatz von Datentechnik rechtfertigen. Sie spielen jedoch sowohl zeitlich als auch für den Erfolg des Vertriebsleiters nur eine untergeordnete Rolle.

Primär ist für den Vertriebsleiter die Kommunikation mit seinen Verkaufsstellen und dem Verkaufspersonal. Die Durchführung zentral vorgegebener Verkaufsaktionen ist zu planen. Die Verkaufsstellen sind für jede Aktion zu neuem Einsatz zu motivieren. Erfahrungen aus erfolgreichen Aktionen sind für neue Aktionen zu verwerten. Bei wichtigen Kundenkontakten wird der Vertriebsleiter hinzugezogen.

Für diese primäre Kommunikationsaufgabe gibt es z. Zt. keine befriedigende technische Unterstützung (Schwachstelle). Mit heutiger Technik können die genannten Aufgaben nur sehr eingeschränkt wahrgenommen werden. Der eigentlich erforderliche häufige Kontakt des Vertriebsleiters mit den Verkaufsstellen würde soviele regionale Reisen erfordern, daß er kaum noch am Arbeitsplatz wäre. Deswegen werden Vorgänge der Verkaufsförderung großenteils schriftlich mithilfe umfänglicher Umlaufmappen abgewickelt. Das kostet viel Zeit und ist für die erfolgsbestimmende Motivation wirkungslos.

Die sich abzeichnenden Möglichkeiten der Videokommunikation bieten technische Unterstützungsperspektiven von strategischem Nutzen. Es geht vor allem darum, Produktinformationen, Demonstrationsmaterialien sowie den persönlichen Erfahrungsaustausch zu kommunizieren. Abbildung 7 zeigt ein mögliches Systemkonzept für den Vertriebsdialog.

Im Ergebnis läuft die **Forderung benutzerfreundlicher Kommunikation** für diesen Typ der Vertriebskommunikation auf ein Videostudio im Besprechungszimmerformat in direkter Arbeitsplatznähe des Vertriebsleiters hinaus. Wesentliche Merkmale sind die Auslegung für Zwei- und Mehrpunktkonferenzen in TV-Qualität mit Personen- und Vielzweckkameras (Dokumente, Prospekte, Schautafeln, Objekte). Wichtig ist die Teilnahmemöglichkeit für jeweils mehrere Personen. Die Aufwendigkeit eines solchen "Video-Besprechungszimmers" sollte zwischen Videokonferenz-Studio und Arbeitsplatzausstattung (Videotelefon) liegen. Eine Arbeitsplatzlösung würde den Ansprüchen dieser Vertriebskommunikation nicht gerecht werden. Schon von daher ergibt sich auch keine Notwendigkeit zur Integration mit DV-Funktionen. Da letztere darüberhinaus sowieso nur einfache PC-Funktionen wären (Tabellenkalkulation), würde wohl auch die Bildschirmanforderungen von DV- und Kommunikationsfunktionen kollidieren: Ein PC müßte möglichst klein am Arbeitsplatz stehen, die Vertriebskommunikation erfordert zur Realisierung einer motivierenden Atmosphäre ein großes Bild. Zusammenfassend erscheint eine monofunktionale, leicht bedienbare, vielseitig verwendbare Videoausstattung mit guter Präsentation in TV-Qualität empfehlenswert.

3. Generalisierung fallspezifischer Nutzerprofile - Nutzer-Profil-Modell (NUPROM)

Die beschriebenen prospektiven Aufgabenanalysen ermöglichen eine fallspezifische Spezifikation von Benutzerfreundlichkeit. Da nicht für jede kommunikationstechnische Entwicklung weitere Organisationsanalysen durchgeführt werden können, stellt sich die Frage, ob diese Fallprofile generalisiert werden können.Die Erfahrung hat gezeigt, daß
- sich die Vielfalt der Anforderungsprofile geschäftlich-organisatorischer Kommunikation auf typische, nutzergruppenspezifische Profilmuster reduzieren läßt,
- diese Profilmuster sich wesentlich langsamer verändern als die Technik,

so daß technische Entwicklungen handbuchartig daran orientiert werden können. Es ist allerdings nötig, die Anforderungsprofil-Muster zusammenzustellen und für die Technikentwicklung praktikabel zur Verfügung zu stellen. Darin steckt ein erheblicher Aufwand.

Das Nutzer-Profil-Modell (NUPROM) soll dafür einen Ansatz bieten. Das Nutzer-Profil-Modell ist für drei Leistungen konzipiert:
- **Lokalisierung** von Anwendungstypen der geschäftlich-organisatorischen Kommunikation in der Wirtschaft bzw. am Markt
- **Beschreibung** der Anforderungsmerkmale von Anwendungstypen an Kommunikationstechnik (Nachfrage) und der Merkmale kommunikationstechnischer Systeme (Angebot)
- **Verknüpfung** der Merkmale geschäftlich-organisatorischer Kommunikation und technischer Systeme über Erfahrungsregeln zur Unterstützung
  • der Auswahl von Kommunikationstechnik für Anwendungstypen bzw. umgekehrt
  • der Abschätzung von Nutzergruppen bzw. Zielmärkten für kommunikationstechnische Produkte.

Dieses Modell ist bislang noch im Konzeptionsstadium. Das Konzept von Nutzungs-Referenz-Modellen (RACE-Projekt "USAGE Reference Modell" (URM) unter der Leitung von Paul Byerley, SEL, Pforzheim) wird in Analogie zum OSI-Referenz-Modell auf technischer Seite auch im RACE-Programm der Europäischen Gemeinschaft verfolgt. NUPROM kann hier nur im groben Umriß im Hinblick auf benutzerfreundliche Breitbandkommunikation geschildert werden. Abbildung. 8 gibt einen Überblick über NUPROM. In einem dreidimensionalen Raum werden Anwendungstypen der Telekommunikation nach Branchen-, Funktionsbereichs- und Anwendungsbezug (Tätigkeit, Vorgang) lokalisiert. Für jeden Anwendungstyp werden die **Merkmale** aus der Anwendung selber aus dem Anwendungs-Umfeld (internes Organisationsumfeld, Ziele und Strategien der Organisation, organisations-externes Umfeld wie Marktbeziehungen) beschrieben. Diese Merkmale und ihre Ausprägungen mit Aussicht auf breite Zustimmung zu definieren, ist eine Hauptschwierigkeit der Modellierung.

Ziel ist die **Verknüpfung** geschäftlich-organisatorischer Kommunikationsmerkmale mit Merkmalen kommunikationstechnischer Produkte (Systeme). Letztere sollen in Anlehnung an technische Referenzmodelle definiert werden, wie sie im Rahmen des Berkom-Projektes der Deutschen Bundespost-Telekom und im Rahmen von RACE-Projekten entwickelt werden.

Wenn einigermaßen konsensfähige Merkmale und Merkmalsausprägungen für Organisation und Technik der Kommunikation gefunden sind, sollen beide durch Erfahrungsregeln verknüpft werden. Entsprechend der Entscheidungsprozesse zur Auswahl von Technik in Organisationen brauchen diese Verknüpfungsregeln weder deterministisch noch widerspruchsfrei untereinander zu sein. Das Modell kann die Entscheidung im Einzelfall nicht ersetzen. Abbildung 9 gibt eine Übersicht über einige, exemplarische Regeln.

4. Zusammenfassung

Die empirische Untersuchung von Anforderungsprofilen verschiedener potentieller Nutzergruppen im Hinblick auf geschäftliche Breitbandkommunikation läßt typische Nutzerprofile erkennen (vgl. Abbildung 10).

- Sachorientierte Ingenieure werden in Zukunft über die Vernetzung ihrer Arbeitsplatzrechner kommunizieren, wobei sie der persönliche Kontakt über integrierte Videokommunikation teilweise stört.
- Leitende Fachkräfte und Projektmanager sind offen für integrierte DV- und Kommunikationslösungen, wobei ökonomische Kriterien den Ausschlag zwischen Breitband- und Low-Cost-Systemen geben werden.
- Kontaktorientiertes Vertriebspersonal wird in Zukunft die Priorität auf präsentationsstarke Videokommunikation (oder Multimedialkommunikation) setzen, wobei die Integration mit Rechnerfunktionen sekundäre Bedeutung hat.
- Organisatorische Kriterien wie z.B. Arbeitsteilung und geschäftliche Autonomiebestrebungen werden bei der Einführung der Breitbandkommunikation oft zur Präferenz für Videokommunikation gegenüber integrierter Rechnerkommunikation führen.
- Integrierte Breitbandkommunikation ist das Langfristziel benutzerfreundlicher Kommunikation. Die Entwicklung dorthin erfordert mehrere nutzergruppenspezifische Teillösungen.
- Das Nutzer-Profil-Modell NUPROM bietet einen Ansatz, benutzerfreundliche Technikgestaltung auf der Basis generalisierter Nutzerprofile zu unterstützen.

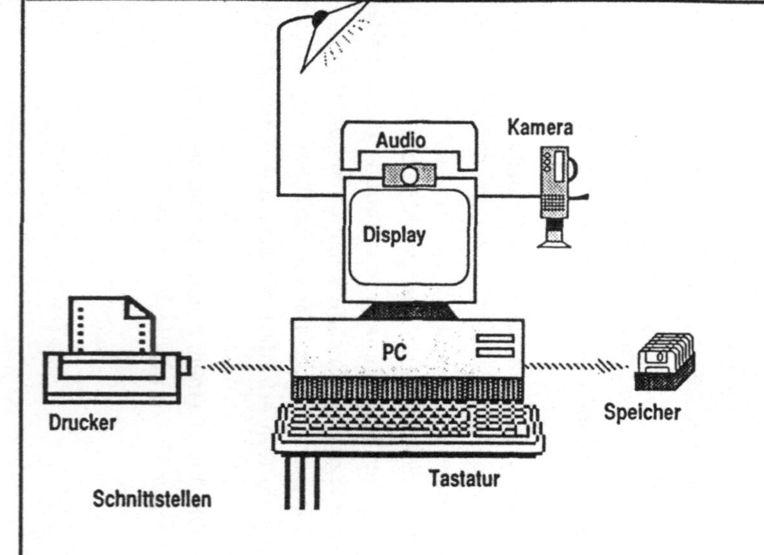

Abbildung 1: Systemkonzept Breitbandkommunikation im geschäftl. Bereich

Abbildung 2: Diskussion des Begriffs" Benutzerfreundlichkeit"

Forderungen:

- Einfache Anwendbarkeit
- Dialogflexibilität
- Rückkopplungsfähigkeit
- Selbsterklärungsfähigkeit
- Fehlertoleranz
- Verläßlichkeit

Abhängig von:

- Kenntnisstand des Benutzers
- Gewohnheiten des Benutzers
- Art der Aufgabenstellung

Daher notwendig:

- Benutzeranalyse
- Aufgabenanalyse

→ "Benutzerfreundlichkeit" ist nicht endgültig definierbar, sondern abhängig von der konkreten Situation

FhG-ISI   Quelle GI-Fachseminar, Systems 89

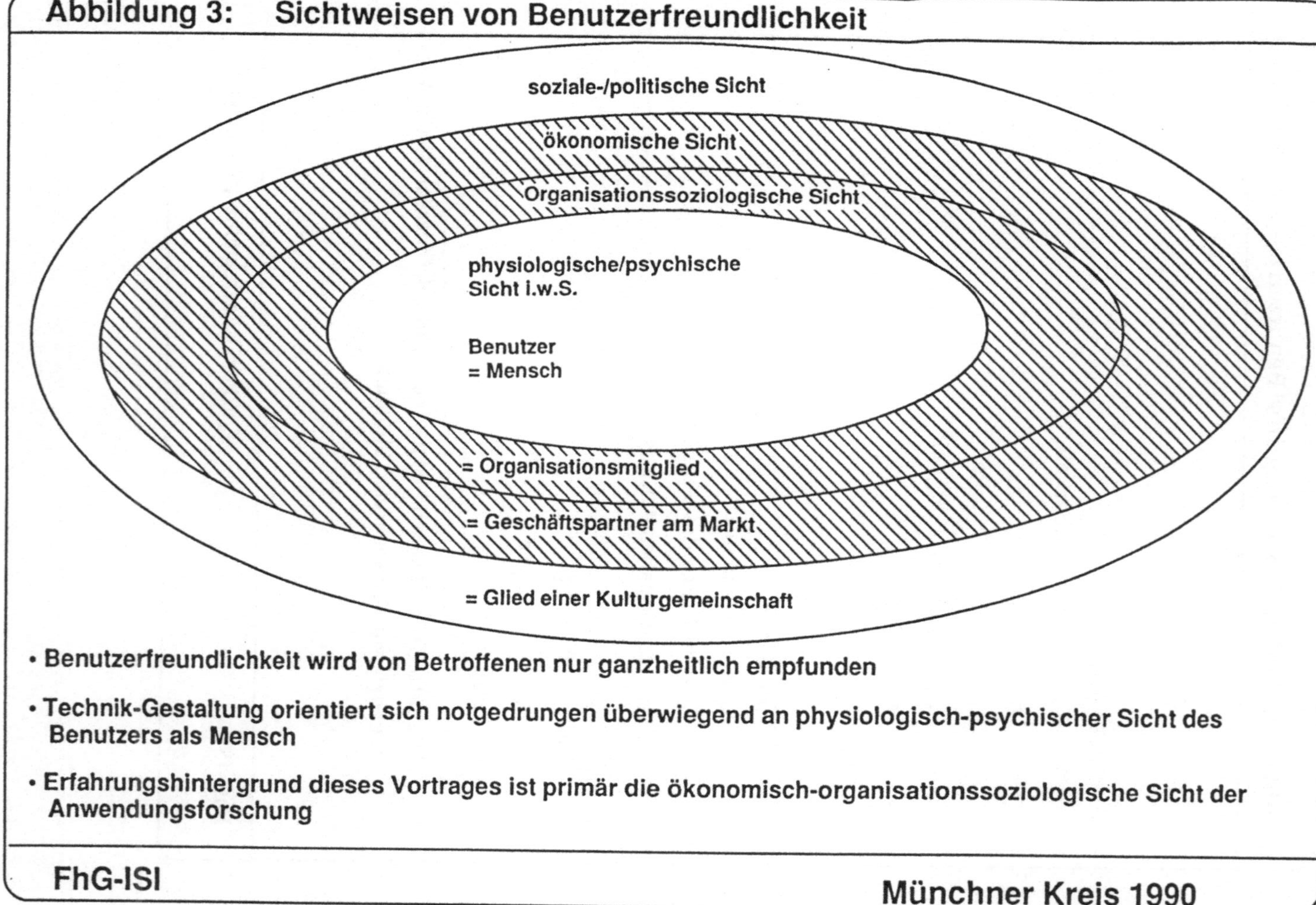

Abbildung 3:   Sichtweisen von Benutzerfreundlichkeit
soziale-/politische Sicht
ökonomische Sicht
Organisationssoziologische Sicht
physiologische/psychische Sicht i.w.S.
Benutzer = Mensch
= Organisationsmitglied
= Geschäftspartner am Markt
= Glied einer Kulturgemeinschaft
• Benutzerfreundlichkeit wird von Betroffenen nur ganzheitlich empfunden
• Technik-Gestaltung orientiert sich notgedrungen überwiegend an physiologisch-psychischer Sicht des Benutzers als Mensch
• Erfahrungshintergrund dieses Vortrages ist primär die ökonomisch-organisationssoziologische Sicht der Anwendungsforschung
FhG-ISI
Münchner Kreis 1990

Abbildung 4: Anwendungstyp "Ingenieurdialog"

Beschreibung des Anwendungsfeldes

Aufgabe	Abstimmung mit Partnern beim Erstellen von Skizzen, Teilzeichnungen, Plänen
Branche(n)	Baugewerbe, Maschinenbau, Fahrzeugbau
Beteiligte Partner	Entwickler, Konstrukteure und Planer im eigenen Unternehmen und in Partnerfirmen
Gesprächs-unterlagen	Skizzen, Zeichnungen, Pläne, Bilder, Listen, Modelle
Kommunikations-merkmale	regelmäßig und spontan, teilweise dringlich, bilateral, stabil, regional bis bundesweit
Heutige IuK-Technik	CAD-Systeme, Workstations, Computerterminals, Telefon, Telefax
Schwachstellen	Zeitverluste durch Reisetätigkeit; umständliche Erläuterung der Zeichnungen am Telefon; aus Zeitdruck unterlassene Absprachen können Mehrarbeit bewirken
Zukunfts-tendenzen	weiterer Ausbau von CAD; Integration der DV-Anwendungen; kürzere Entwicklungszeiten; zunehmende Konzentration der zusammenarbeitenden Unternehmensbereiche an einem Standort

Technikfunktionen

Funktionen:
- ■ Zeigen & Deuten
- ■ Bildschirmausdruck
- ■ Unterschiedl. Aufnahmerichtungen
- ■ Info. Speichern
- ■ Info. Verarbeiten
- ■ Info. Verschicken

Kommunikationsform:
- ■ Text   □ Daten
- ■ Audio   ■ Bild
- ☒ Bewegtbild

Einsatzort:
- ☒ am Arbeitsplatz
- ■ zentraler Standort

Darstellung/Auflösung:
Vorlagengröße: ■ A4   □ < A4   ■ > A4

Bildvergrößerung ■
lesbarer ■ A4
Ausschnitt: □ 1/3 A4   □ 1/2 A4
- ☒ Farbe   □ hochwertig
- ☒ 3 D-Objekte

Vermittlung:

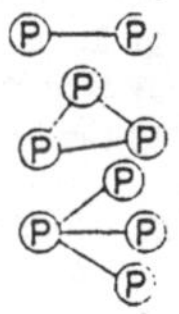

Technikkonfiguration

- □ Personenkamera
- ■ Dokumentenkamera
  - ■ Bewegtbildcodec
  - oder ☒ ISDN   ■ Breitband   ■ Standbildcodec
  - ■ Cursorfunktion
  - ■ Zoommöglichkeit
  - ■ beweglich

- ☒ Farbe
  - □ hochwertig
- ■ Hardcopy (Bildschirm)
- □ Dokumentenübertragung (FAX)
- □ Konferenzschaltung
- ■ Freisprechen

- □ Videoaufzeichnung
- □ Integration mit PC
- □ Speichern von Bildern
- ■ DFÜ (CAD - Daten)
- □ besonders einfache Bedienung

Fazit

Anforderungsprofil				Entwicklungsszenario	Langfristszenario
DV	Kommunikation	Integration	Leistungsstufe		
■	☒	☒	hoch	Videokommunikation (hochauflösend)	Workstation + Telefon

■ notwendig, primär   ☒ wünschenswert, sekundär

Quelle: Bildtelefon 1989

Abbildung 5: Anwendungstyp "Projektdialog"

Beschreibung des Anwendungsfeldes

Aufgabe	Koordination und Abstimmung in der Entwicklung, Konstruktion und Planung
Branche(n)	Baugewerbe, Maschinenbau, Behörden
Beteiligte Partner	Projekt-/Abteilungsleiter in Entwicklung, Produktion, Organisation und Raumplanung; Auftraggeber, z.B. Bauherren
Gesprächsunterlagen	Skizzen, Pläne, Zeichnungen, Texte, Modelle
Kommunikationsmerkmale	regelmäßig und spontan, verbindlich, teilweise multilateral, teilweise stabil, regional, bundesweit
Heutige IuK-Technik	Telefon, Fax, Video-Konferenzen, teilweise PCs
Schwachstellen	Besprechen von Plänen und Zeichnungen per Telefon umständlich; hohe Reisetätigkeit, Zugriff auf Experten oft nicht möglich; aus Zeitmangel unterlassene Abstimmung.
Zukunftstendenzen	engere Zusammenarbeit mit Kooperationspartnern; zunehmende Unterstützung durch DV

Technikfunktionen

Funktionen:
- ■ Zeigen & Deuten
- ■ Bildschirmausdruck
- ☒ Unterschiedl. Aufnahmerichtungen
- ☒ Info. Speichern
- ☒ Info. Verarbeiten
- ☒ Info. Verschicken

Kommunikationsform:
- ■ Text ☒ Daten
- ■ Audio ☒ Bild
- ■ Bewegtbild

Einsatzort:
- ■ am Arbeitsplatz
- ☐ zentraler Standort

Darstellung/Auflösung:
Vorlagengröße: ■ A4 ☐ < A4 ■ > A4

Bildvergrößerung ■
lesbarer ■ A4
Ausschnitt: ☒ 1/3 A4 ☒ 1/2 A4
- ☒ Farbe ☐ hochwertig
- ☒ 3 D-Objekte

Vermittlung:
- ■
- ■
- ☐

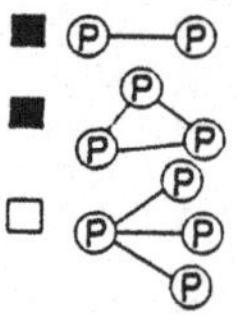

Technikkonfiguration

- ■ Personenkamera
- ■ Dokumentenkamera
  - ■ Bewegtbildcodec
    - ☒ ISDN ■ Breitband
  - ☐ Standbildcodec
    - ☐ Cursorfunktion
  - ■ Zoommöglichkeit
- ☒ beweglich

- ☒ Farbe
  - ☐ hochwertig
- ■ Hardcopy (Bildschirm)
- ☒ Dokumentenübertragung (FAX)
- ■ Konferenzschaltung
- ■ Freisprechen

- ☐ Videoaufzeichnung
- ☒ Integration mit PC
- ☐ Speichern von Bildern
- ☒ DFÜ
- ■ besonders einfache Bedienung

FAZIT

Anforderungsprofil					
DV Kommunikation	Integration	Leistungsstufe	Entwicklungsszenario	Langfristszenario
☒	■	☒	niedrig	Videokommunikation (TV-Qualität)	Videokommun., integriert(?)

■ notwendig, primär ☒ wünschenswert, sekundär

Quelle: Bildtelefon 1989

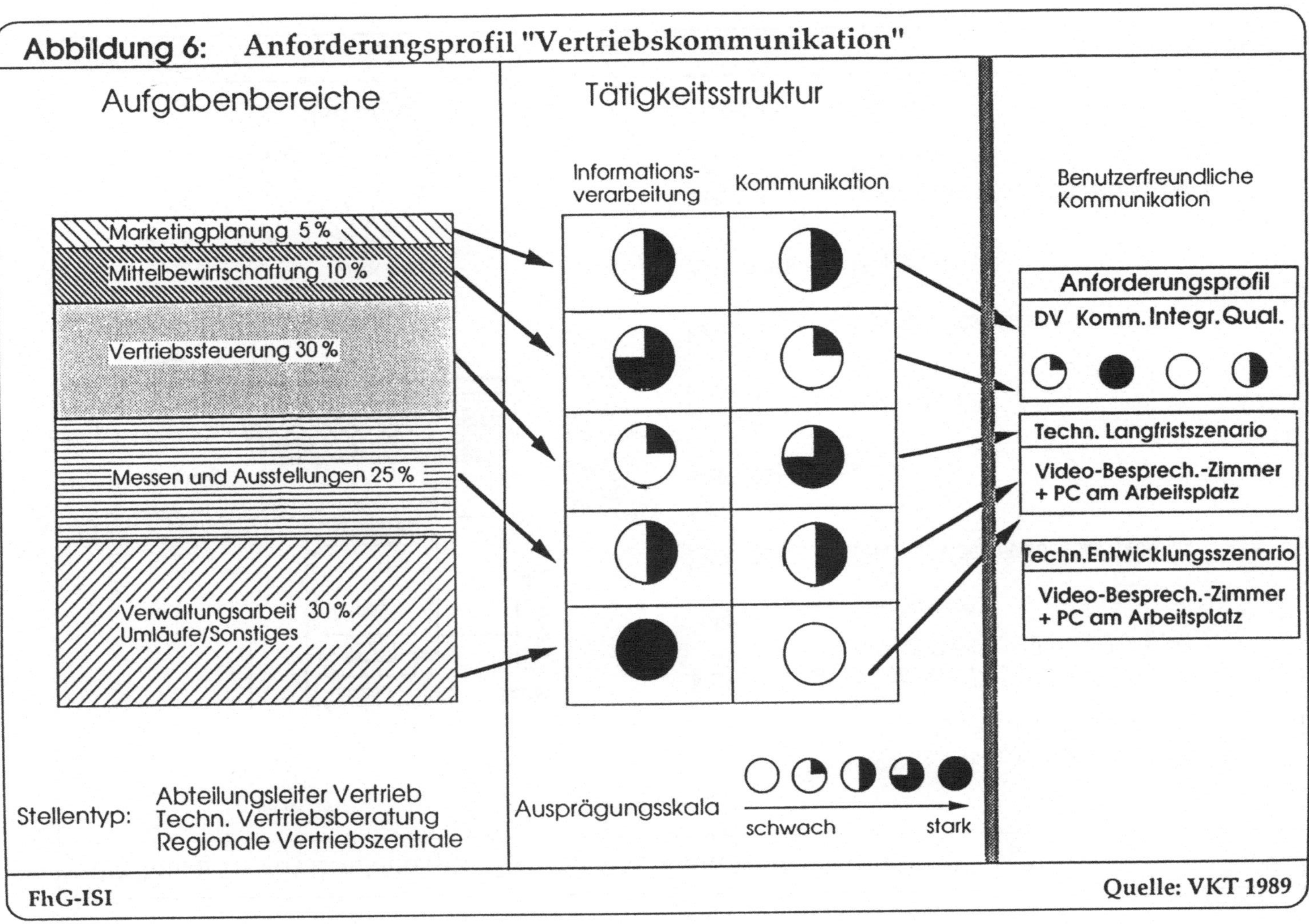

Abbildung 6:   Anforderungsprofil "Vertriebskommunikation"
Aufgabenbereiche
Tätigkeitsstruktur
Informations-verarbeitung
Kommunikation
Benutzerfreundliche Kommunikation
Marketingplanung 5 %
Mittelbewirtschaftung 10 %
Vertriebssteuerung 30 %
Messen und Ausstellungen 25 %
Verwaltungsarbeit 30 %
Umläufe/Sonstiges
Anforderungsprofil
DV Komm. Integr. Qual.
Techn. Langfristszenario
Video-Besprech.-Zimmer + PC am Arbeitsplatz
Techn. Entwicklungsszenario
Video-Besprech.-Zimmer + PC am Arbeitsplatz
Stellentyp: Abteilungsleiter Vertrieb
Techn. Vertriebsberatung
Regionale Vertriebszentrale
Ausprägungsskala
schwach
stark
FhG-ISI
Quelle: VKT 1989

Abbildung 7: Systemkonzept: "Breitbandkommunikation Vertriebsdialog"

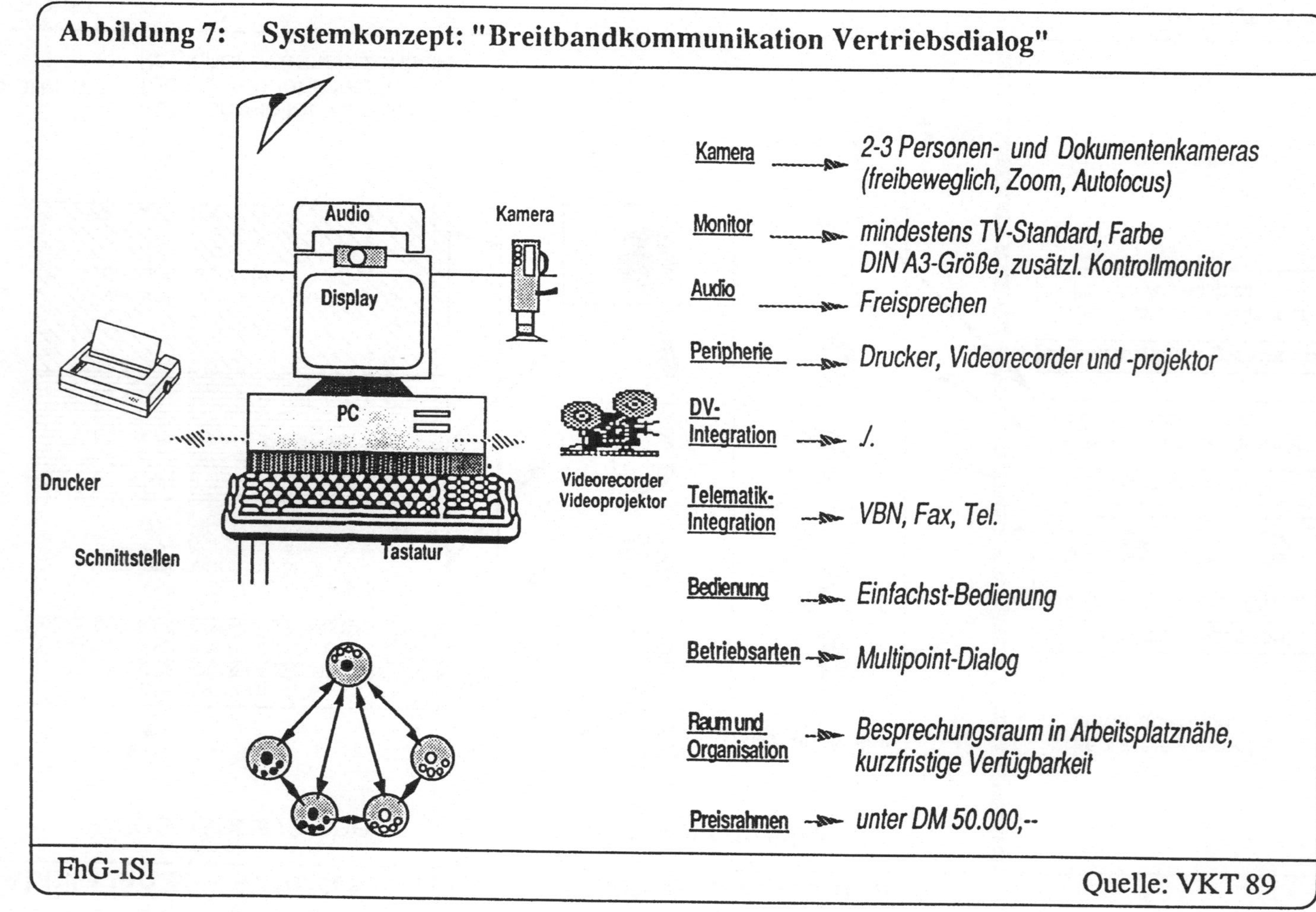

FhG-ISI

Quelle: VKT 89

Abbildung 8: Modellzusammenhang zwischen geschäftlich-organisatorischer und technischer Kommunikation (unter besonderer Berücksichtigung künftiger Breitbandkommunikation)

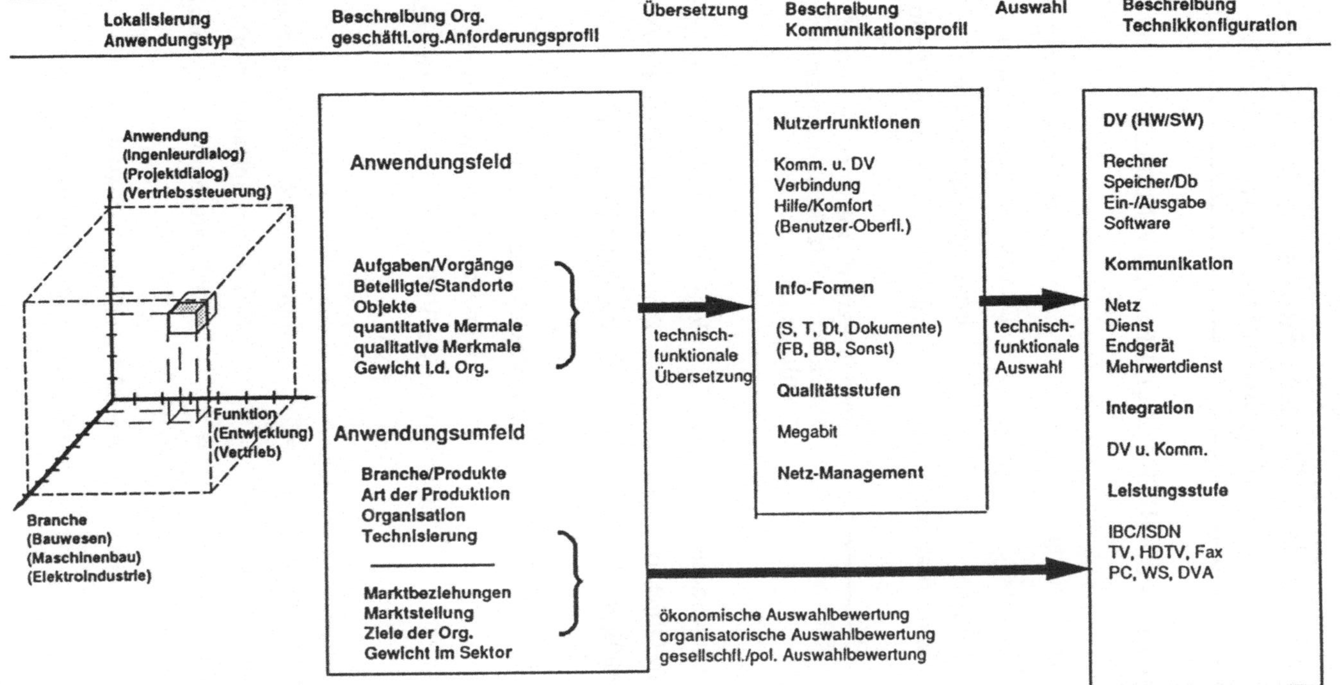

| Abbildung 9: | Verküpfungsregeln zwischen Organisation und Technik |

TECHNISCH-FUNKTIONALE REGELN FÜR BREITBAND-DIALOGE

Wenn Anwendung	=	kooperative Entwicklung/Ingenieurdialog
und Info-Objekt	=	Dokument/Plan/Modell
und Beteiligte	=	operative Ingenieure
und Kommunikationsform	=	persönliche Kommunikation erwünscht

⟶ dann integrierte Rechner-kommunikation (Daten- und Videokommunikation in Hochleistungsqualität).

Wenn Anwendung	=	kooperative Entwicklung/Projektdialog
und Info-Objekte	=	Dokument/Plan/Modell/Vertrag
und Beteiligte	=	Projekt/Kontakter

⟶ dann Videokommunikation

oder integrierte Rechnerkommunikation

(Daten- u. Videokommunikation in Low-Cost-Qualität)

wenn Anwendung	=	motivierende Vertriebssteuerung
und Info-Objekte	=	Unterlagenvielfalt/Schautafeln/Objekte
und Beteiligte	=	Koordinatoren/Vertriesspezialisten

⟶ dann Videokommunikation

(Besprechungszimmer mit TV-Standard

- PC und Videosysteme getrennt)

Abbildung 9:   Seite 2

PHYSIOLOGISCH-PSYCHISCHE REGELN

Wenn Beteiligte   =   operative Ingenieure
und DV-Erfahrung   =   hoch
        ⟶   dann Präferenz für Hochleistungs-Rechner-
                                           kommunikation ohne Videokommunikation

wenn Beteiligte   =   Leitungskräfte
        ⟶   dann Präferenz für Videokommunikation mit
                                           PC-Funktion

wenn Beteiligte   =   Vertriebspersonal
        ⟶   dann Präferenz für präsentationsfähige
                                           Videokommunikation

wenn Kommunikation   =   als Störfaktor empfunden
        ⟶   dann getrennte Geräte für
                                           DV und Kommunikation

Abbildung 9:   Seite 3

ÖKONOMISCHE REGELN

Wenn Anwendungsbegründung

=   Umsatzzuwachs/Wettbewerbsvorteil

dann Investitionsbereitschaft

für Breitbandkommunikation

Wenn Anwendungsbegründung

=   Kostensenkung/Substitution

⟶   dann Investitionsbereitschaft für

Low-Cost-Kommunikation

Wenn Anforderungen an Echtzeit/Aktualität

=   gering

⟶   dann Präferenz für Low-Cost-Kommunikation

oder Offline-Technik

ORGANISATORISCHE REGELN

Wenn Organisation   =   zentral, arbeitsteilig, formalisiert

hierarchisch

⟶   dann Präferenz für operative Rechnerkommuni-

kation und koordinierende Videokommunikation

Wenn Organisation   =   informelle Projektorganisation

⟶   dann Präferenz für Videokommunikation

Wenn Org-Status gefährdet

⟶   dann Präferenz für Status quo

Abbildung 10:   Nutzer-Anforderungsprofile im Überblick

	DV	Kommunikation	Integration	
Ingenieurdialog	■	x	x	hoch
Projektdialog		■	x	niedrig
Vertriebskommunikation		■		niedrig

Eine benutzerfreundliche Fernsteuereinheit für Fernsehgeräte und Videorecorder

K. Durst

Der Titel dieses Referats ist - streng genommen - eine Schlußfolgerung. Das mag an dem Gegenstand, der hier zu erörtern ist, liegen: 'Benutzerfreundlichkeit' attestiert nämlich jeder Hersteller seinen Fernsteuereinheiten von vornherein. In gewissem Sinne ja auch mit Recht. Denn wenn der Benutzer zu der Fernsteuereinheit freundlich ist, dann kommen beide in aller Regel auch großartig miteinander aus.

Dabei ist so eine Fernbedienung eher eine ergonomische Unmöglichkeit. Menschen sind nun einmal nicht dafür gemacht, mit der einen Hand auf einem winzigen Klavier zu spielen, das sie mit der anderen Hand - und noch dazu in eine ganz bestimmte Richtung - halten müssen. Zudem weckt ein computerlike tastenstrotzendes Gebilde (Abbildung 1) allenfalls den Besitzerstolz, aber keinen Wunsch, es zu benutzen.

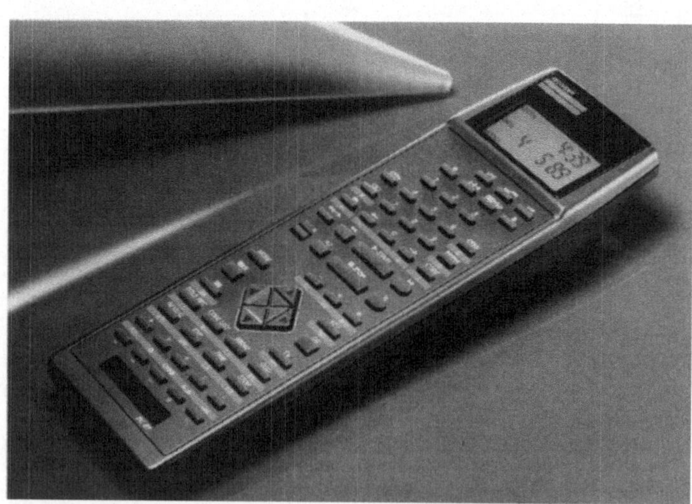

Abbildung 1:

TV/VCR-Fernbedienung konventioneller Art

Die Überschrift meint daher eine Fernsteuereinheit, die freundlich zu ihrem Benutzer ist. In diesem Sinne möchte ich hier - gleich zu Beginn - drei Thesen aufstellen, die das Ergebnis umfangreicher Untersuchungen über benutzerfreundliche Fernsteuereinheiten zusammenfassen:

- Erstens: Mehr als zehn Tasten sind nicht akzeptabel. Eine einzige wäre _die_ Lösung. Übrigens eine Lösung, die ich hier vorstellen werde.

- Zweitens: Wenn Technik in diesem Zusammenhang das Beiwort 'intelligent' verdient, dann muß sie eine Bedienungsanleitung weitgehend überflüssig machen.

- Und drittens: Die täglich gebrauchten Funktionen müssen so einfach erreichbar und bedienbar sein wie beim Autofahren.

Diese Thesen relativieren die klassischen Vorstellungen von der Bedienung 'alltäglicher' Geräte der Unterhaltungselektronik. Dort nämlich gab es am Anfang nur Schalter und Knöpfe zum Drehen. Der Übergang zu Tasten galt lange als ausgesprochen fortschrittlich. Was also lag näher, als die ständig steigende Zahl von Möglichkeiten und Funktionen mit jeweils einer Taste auf der Fernbedienung und einer Seite in der Bedienungsanleitung zu honorieren?.

Aus der hochtechnisierten Schnittstelle zwischen Mensch und Maschine, aus dem Computer-Interface muß stattdessen ein Human-Interface, eine richtige menschliche Schnittstelle gemacht werden.

Einfach wie Autofahren, sagte ich. Wer eben die Fahrprüfung bestanden hat, mag darüber anders denken. Aber Tatsache ist: Niemand mutet einem Autolenker zu, durch Druck auf eine unter vielen Tasten den Kurven einer Straße zu folgen, zu beschleunigen oder abzubremsen. Stattdessen gibt es beispielsweise ein Lenkrad, das selbst 3-jährige Kinder bei ihrem Tretauto intuitiv richtig handhaben:

Man dreht das Lenkrad einfach in die Richtung, in die man fahren will.

Auch der Tritt aufs Bremspedal folgt dem natürlichen Bedürfnis, sich einem Hindernis, auf das man zufährt, entgegenzustemmen.

Von solchen und ähnlichen Überlegungen ausgehend, haben wir die - angeborene oder anerzogene - Gestik der Hände analysiert, mit der Menschen ihre Aussagen, Einwände, Aufforderungen und Gespräche zu begleiten pflegen. Bei dieser Analyse meinen wir, den richtigen Ansatz für ein Fernbedienungs-Konzept im Sinne eines Human-Interface gefunden zu haben. Gemeint ist folgendes:

Wenn jemand dazu auffordern will, ein Fernsehgerät lauter zu stellen, zeigt er mit der Hand in Richtung Gerät und mimt unwillkürlich eine Drehbewegung. Und zwar nach rechts.

Wer 'vorwärts' oder 'rückwärts' sagen will, deutet nach rechts oder nach links. Beide Begriffe - vorwärts und rückwärts - gibt es auch beim Bandlauf im Videorecorder.

Die Geste nach unten fordert - wie dazumal der abwärts gerichtete Daumen beim Gladiatorenkampf - ein Ende, also 'Stop' oder 'Aus'.

Das Gerät in der Hand braucht eigentlich nur noch diese Gestik als Steuerbefehl zum Gerät zu schicken - und die benutzerfreundliche Fernbedienung ist realisiert.

Bei dem hier vorgestellten Konzept wird tatsächlich das menschliche Verhalten, mit Hand- und Armbewegungen zu kommunizieren, informationstechnisch ausgewertet (Abbildung 2). Und weil dieses neue Human-Interface so einfach funktioniert, ist auch das Prinzip schnell erläutert:

Abbildung 2:

Neue Richtungs-
fernbedienung
für TV + VCR

Eine vertikale Schwenkbewegung, eine horizontale Kippbewegung und eine mittlere Grundstellung der Fernbedienung erlauben, fünf Richtungspositionen eindeutig zu unterscheiden: oben, unten, links, rechts und Mitte. Jeder dieser Richtungen wird eine passende Bedienfunktion zugeordnet. Aktiviert wird sie mit einem Tastendruck und zwar mit immer derselben Taste.

Dadurch wird nicht nur die Anzahl der Tasten drastisch reduziert. Es ergibt sich - wie von selbst - eine übersichtliche Gliederung der Bedienfunktionen in Fünfer-Blöcke.

Zum besseren Verständnis möchte ich das am Beispiel Fernsehgerät erläutern: Mitte steht für Ein und Aus. Oben für Programm(speicherplätze) aufwärts, unten für abwärts. Links für Ton leise und Rechts für Ton lauter. Die Kippbewegung links/rechts für laut/leise erinnert übrigens an den gewohnten Lautstärke-Drehknopf.

Damit ist der erste Funktionsblock definiert. Nur eine Taste hat schon sämtliche Grundfunktionen im Griff. Ein weiterer Funktionsblock gilt dem Textbetrieb. Damit kann man auf dem Fernsehschirm einen Cursor tanzen lassen: sehr einleuchtend mit auf, ab, links und rechts.

Der dritte Funktionsblock arbeitet mit der Menüdarstellung von selten gebrauchten Nebenfunktionen: auf, ab für die Auswahl, links, rechts zum Schalten und Einstellen.

Wenn ich noch einmal kurz zusammenfassen darf:

> Die Bedienfunktionen des Fernsehgerätes werden aufgeteilt in Blöcke und der Bedienhäufigkeit nach geordnet. Jeder Block hat nur eine Aktivierungstaste. Das ist alles.

Ganz ähnlich ist der Bedienungsablauf beim Videorecorder. Dort kann man die fünf Schwenkrichtungen sehr elegant mit dem Wiedergabeblock belegen. Wiedergabe liegt in der Mitte, Rücklauf links, Vorlauf rechts, Standbild oben und Stop - auch das entspricht der natürlichen Gestik - liegt unten.

Das sind schon fünf Funktionen. Weitere ergeben sich aus dem momentanen Status des Videorecorders. Steht er beispielsweise auf 'Stop', dann bedeutet die Geste nach links schnelles Rückspulen, nach rechts schnelles Vorspulen, nach unten Gerät aus.

Mit Leichtigkeit lassen sich so zwölf und mehr Funktionen im Block zusammenfassen. Selbst für diese zwölf Funktionen genügt eine einzige Taste zum Aktivieren. Die zur Verfügung stehenden Blöcke decken - auch bei einem Videorecorder - alle Bedienungsfunktionen ab.

Abbildung 2 zeigt das Beispiel einer kombinierten Fernsteuerung für Fernsehgerät und Videorecorder. Nur 6 Knöpfe leisten dasselbe wie ein übliches Tastenmonstrum.

Für unmittelbare Erfolgserlebnisse bei der Erstbenutzung (auch daran ist gedacht worden) sorgen die Tasten TV und VR.

Fernsehen (also TV) und Cassetten-Wiedergabe vom Videorecorder (also VR) sind damit ohne Bedienungsanleitung möglich.

Lediglich das Wechselspiel Schwenken/Tastedrücken muß bekannt sein. Aber mehr auch nicht. Denn alles Weitere lernt man durch Probieren:

Auf den Basisfunktionen aufbauend kann der Anfänger seinem Spieltrieb nach Lust und Laune freien Lauf lassen. Geführt durch eine intelligente Display-Technik lernt er mehr und mehr Bedienungsmöglichkeiten kennen.

Unsere bisherigen Untersuchungen haben gezeigt, daß die Leute schnell Spaß daran finden, durch einfache Fingerzeige mit der Fernbedienung dem Gerät die Bedienungswünsche mitzuteilen. Nach kurzem Üben fällt allgemein auch noch folgendes auf: Weder Beleuchtung noch Brille sind nötig zum Auffinden der wenigen Knöpfe, die in tastbare Rähmchen eingefaßt sind. Die Handhabung ist gleichsam "blind" möglich: Der Blick kann auf dem Bildschirm des Fernsehgerätes ruhen.

Selbstverständlich ist für eine derart 'datenreduzierte Schnittstelle zwischen Mensch und Maschine' eine besondere Art von Benutzerführung notwendig. Sie wirkt unauffällig im Hintergrund, bringt dennoch volle Unterstützung zur Zielfunktion hin, verhindert Fehlbedienungen und informiert den Benutzer, und zwar nur dort, wo es unbedingt notwendig ist. Damit wird der Informationsfluß von der Maschine zum Menschen hin zusätzlich optimiert.

Trotz des Begriffs "Benutzerführung" möchte ich dieses System nicht mit bekannten Dialog-Lösungen vergleichen. Denn bei dem hier vorgestellten System steht nicht das permanente Frage-Antwort-Spiel im Vordergrund. Die meisten Funktionen besitzen eine Richtungskomponente, die sich einprägsam den fünf möglichen Richtungen zuordnen läßt. Umständliche Erläuterungen sind dazu überflüssig. Auf Hauptfunktionen kann direkt zugegriffen werden. Nur wenige, sehr selten gebrauchte Einstellungen, laufen über eine Menüsteuerung ab.

Die Dateneingabe erfolgt nicht mit einer Zehnertastatur, sondern sequentiell. Und zwar konsequenterweise mit einer Auf/Ab-Bewegung zum Einstellen von Programmnummern, Uhrzeiten usw. Die Praxis lehrt übrigens, daß speziell bei der häufig benutzten Programmeinstellung das sequentielle Verfahren Vorteile bringt, weil das Tasten-Suchen und erst recht die Stellen-Umschaltung bei den Zehnertastaturen besonders unbeliebt sind.

Das schrittweise Durchsuchen des Programmangebotes mit Auf- und Abschwenken kommt dem Praxisverhalten sehr entgegen. Selbst das Springen innerhalb der Programme läßt sich mit einem schnellen Suchlauf spielend bewältigen.

Damit komme ich zu einer abschließenden Betrachtung. Sie ergibt sich aus der naheliegenden Frage nach den Kosten für eine derart hilfreiche Technik. Ein vergleichender Blick auf die Geräteseite läßt jedoch hoffen: In der analogen und digitalen Hardware gibt es weder kostspielige Änderungen noch Zusatzaufwand. Die Übertragung der Fernsteuerbefehle erfolgt - wie gehabt - über IR-Licht von der Fernbedienung aus zum Gerät. Mit einem Wort: Auf der Geräteseite ist 'außer Software nichts gewesen'.

Steckt das Kostenproblem also in der benutzerfreundlichen Fernbedienung selbst? Immerhin benötigt sie einen speziellen Sensor, der die fünf Richtungen zuverlässig erkennt. Aber auch da hält sich der Aufwand in Grenzen (Abbildung 3):

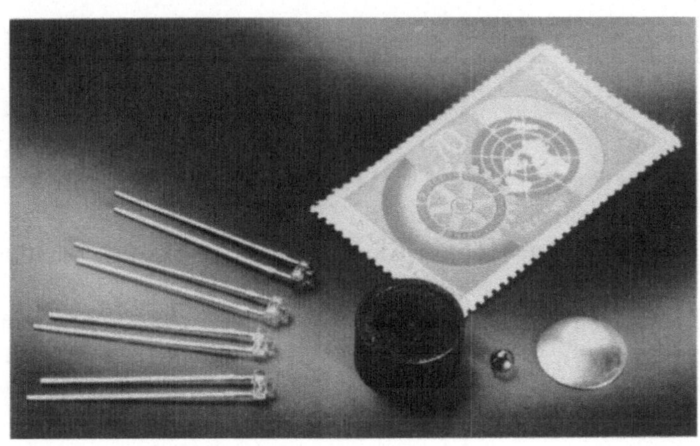

Abbildung 3:

Aufbau des Richtungssensors

Diese intelligente Fernbedienung ist beispielhaft einfach aufgebaut. Der Richtungssensor besteht aus nur sieben Teilen: 4 Fotoelementen, einem kleinen Kunststoffteil, einem Stück Blech und einer handelsüblichen Kugellager-Kugel, die sogar rostig sein darf.

Zur Funktion kurz folgendes: Referenz ist die Schwerkraft-Richtung. Die Kugel weiß das, rollt deshalb in ihrem Gehäuse beim Neigen immer zum tiefsten Punkt, und unterbricht dort jeweils eine Lichtschranke.

So liefert sie für jede Richtung ein binär codiertes 3-Bit-Ausgangssignal.

Bei einem analogen IR-Konzept veranlaßt ein zwischengeschalteter Multiplexer die Aussendung der fünf richtungsbezogenen IR-Befehle. Bei einem uP-Konzept kann sich der Richtungssensor sogar direkt mit dem Mikroprozessor unterhalten.

Die Frage nach der Lebenserwartung des Sensors beantwortet sich nach dem Grundsatz 'Was nicht vorhanden ist, kann auch nicht defekt werden'. Verschleißfestigkeit und Robustheit der wenigen Einzelteile sind hoch, die Schaltsicherheit liegt - konstruktiv bedingt - bei 100 %. Schalt- und Hysterese-Verhalten wurden nach ergonomischen Gesichtspunkten optimiert.

Das Konzept - immerhin entfallen ca. 60 Tasten samt Beschriftung, Kontaktmatte und Leiterplatte - folgt damit einem nicht typisch physikalischen, dafür aber typisch unterhaltungselektronischen Gesetz, das generell 'Mehr Leistung bei weniger Aufwand' fordert.

Zum Schluß drei Anmerkungen als Ausblick in die Zukunft:

Das realisierte Funktionsmuster ist noch keineswegs am Endpunkt seiner Entwicklung. Da eine Richtungs-Fernbedienung nicht auf das Fernsehgerät fixiert ist, sondern die Schwerkraftrichtung als neutralen Bezug verwendet, lassen sich beliebige weitere Geräte der Unterhaltungselektronik mit einer einzigen Fernbedienung steuern.

Lernfähige Systeme können sogar die Grundfunktionen von Geräten beliebiger Hersteller nach dem Richtungsprinzip bedienen. Die Gehäuseform läßt anwendungsoptimierte Varianten zu, die von der Stabform - gerade oder gebogen - bis zum Joystick-Styling reichen. Hauptsache, die Schwenkbewegung kommt locker aus dem Handgelenk.

Mit wenig Zusatzaufwand lassen sich die Funktionstasten darüber hinaus drucksensitiv ausführen, was bei Einstellvorgängen ein dosiertes "Gasgeben" wie beim Auto ermöglicht. Und das, auch im übertragenen Sinne, ohne Führerschein.

Spracheingabe für automatische Bestelldienste

B. Lochschmidt, H. E. Wolf

1. EINLEITUNG

Die automatische Sprachverarbeitung mit den Komponenten Spracherkennung und Sprachausgabe ermöglicht neue Kommunikationsformen zwischen Benutzern und technischen Systemen. Diese Technologie eröffnet unter Ausnutzung der Infrastruktur bestehender Fernsprechnetze einem großen Benutzerkreis den Zugang zu automatischen Informations–, Reservierungs– und Bestelldiensten.
Die Deutsche Bundespost TELEKOM hat bereits 1985 dieser Entwicklung folgend das Pilotprojekt SPREIN initiiert. Ziel dieses Projekts war die Entwicklung eines Sprachdialogsystems über Telefon mit sprecherunabhängiger Spracherkennung auf Einzelwortbasis und Sprachvollsynthese für großen Ausgabewortschatz.

Als praxisnahe Anwendung wurde die Realisierung eines Versandhausbestellsystems gewählt, bei dem der Benutzer Bestellaufträge in rein sprachlicher Form ohne zusätzliche Endgeräte an einen Bestellrechner erteilen kann. Ziel des vorliegenden Beitrags ist es, die zugrundeliegende Systemkonzeption und technische Realisierung darzustellen sowie Fragen der Leistungsbeurteilung und Benutzerakzeptanz zu behandeln. Die gewonnenen Erkenntnisse dienen dazu, derartige Systeme weiterzuentwickeln und zukünftige Einsatzmöglichkeiten zu untersuchen.

2. SPRACHVERARBEITUNGSTECHNOLOGIE IN DER TELEKOMMUNIKATION

Wesentliches Merkmal moderner Kommunikationsnetze ist die Integration von Sprache, Bild, Text und Daten in einem einheitlichen digitalen Übertragungssystem. Der Komfort und die Qualität einer gegenüber bisherigen Netzangeboten verbesserten Kommunikation wird durch die Leistungsmerkmale der Dienste einerseits und durch die Funktionalität der Endgeräte andererseits bestimmt. Mit wachsender Komplexität dieser Dienste bedürfen aber auch Fragen der ergonomischen Bedienung und geeigneter Zugangsformen einer erhöhten Aufmerksamkeit.

Die gesprochene Sprache über ihre Funktion als Nachrichtenträger hinaus auch direkt zur Steuerung von Geräten und für den Benutzerdialog mit Informationssystemen einzusetzen bietet hier zahlreiche Möglichkeiten ([1],[2],[3]). Die Sprachverarbeitungstechnologie mit den Komponenten Spracherkennung und Sprachausgabe muß daher zukünftig als integraler Bestandteil von Telekommunikationssystemen gesehen werden. Die Einsatzgebiete können dabei wie folgt gegliedert werden:

- Sprachgesteuerte Endgeräte (Komfort–Telefon, Behinderten–Telefon, Multifunktionsterminal ...)

- Sprachgesteuerte Vermittlungsanlagen und Netzdienste mit erweiterten Leistungsmerkmalen (Voice–Mailbox, zentraler Anrufbeantworter, autom. Operator ...)

- Kopplung von Netzen ("Gesprochenes Telex", Nachrichteneingabe für City-ruf ...)

- Buchungs– und Bestelldienste (Flugreservierung, Sitplatzreservierung, Katalogbestellung per Telefon ...)

- Ansage– und Auskunftsdienste (Auskunft über Gebühren, Entgegennahme von Störmeldungen, Rufnummernauskunft ...)

Die genannten Anwendungen unterscheiden sich ganz erheblich im Hinblick auf ihre Komplexität. Auf der einen Seite gehen die Anforderungen an die Sprachverarbeitungskomponenten noch weit über das hinaus, was nach heutigem Stand der Technik realisierbar ist (z.B. Rufnummernauskunft). Auf der anderen Seite sind bereits heute Lösungen möglich, die für bestimmte Benutzergruppen, wie z.B. ältere oder behinderte Menschen, hilfreich sind (Sprachwahl) oder in einfacher Weise die Nutzung von Telekommunikationsdiensten ermöglichen. Die Möglichkeit des Einsatzes von Spracherkennungs– und Sprachausgabetechniken sind daher gezielt für jeden Anwendungsfall neu zu untersuchen.

Gesprochene Sprache bietet gegenüber anderen Ein– und Ausgabeformen einen grundsätzlichen Vorteil: Sie ist eine für den Menschen natürliche, direkte und spontane Kommunikationsform, die keine zusätzlichen Geräte wie Tastatur oder Bildschirm benötigt. Für den Einsatz von Sprachdialogsystemen in der Telekommunikation sind darüberhinaus weitere Vorteile gegeben. Mit dem "Telefon als Terminal"[4] ist ein flächendeckender Zugang für einen großen und offenen Benutzerkreis gegeben, ohne zusätzliche Datenendgeräte und ohne den Nachteil einer mnemotechnisch ungünstigen Codierung von Eingabedaten. Da Sprachdialogsysteme von sich aus selbst erklärend sind, können Änderungen und Erweiterungen von Diensten jederzeit durchgeführt werden.

Im Gegensatz zu anderen Einsatzgebieten der Spracherkennung, wie z.B. bei der Bürokommunikation, stellen Anwendungen im Telekommunikationsbereich jedoch hohe Anforderungen an die Spracherkennungstechnologie [5]. Neben dem Problem wechselnder Leitungs– und vor allem Umweltgeräusche sind es die vielfältigen sprecherspezifischen Aussprachevariationen, bedingt durch Alter, Geschlecht und Dialektfärbungen, die nach heutigem Stand der Technik schwer beherrschbar sind. Hinzu kommt, daß die Telefonkunden als Benutzer in aller Regel unerfahren sind im Umgang mit automatischen Sprachdialogsystemen. Fehlende Schulung der Benutzer muß aus diesem Grund sehr weitgehend durch fehlertolerante Systeme aufgefangen werden.

Aus heutiger Sicht ist die Telekommunikation ein sinnvoller und interessanter Anwendungsbereich für die Sprachverarbeitungstechnologie. Allerdings schränken die bestehenden technologischen Grenzen bei der automatischen Spracherkennung, die sich aus der Forderung nach Sprecherunabhängigkeit und der Beherrschung größerer Wortschätze ergeben, die möglichen Einsatzgebiete noch stark ein. Aber auch psychologische Hemmnisse bei potentiellen Nutzern und das Mißverhältnis zwischen der hohen Erwartungshaltung des Benutzers und der noch bekanntermaßen ungenügenden Leistungsfähigkeit der Spracherkennung, erschweren den unmittelbaren Einsatz. Neben der Weiterentwicklung der Methoden für die Spracherkennung auf dem Spracherkennungsgebiet besteht die Notwendigkeit, die Besonderheiten derartiger Dialogformen zu studieren und intelligente und fehlertolerante Dialogstrukturen zu entwickeln [6]. Darüberhinaus ist die Integration der Sprachverarbeitung in z.T. komplexe Telefonanwendungen aufgrund fehlender Standards und Integrationshilfen aufwendig.

3. SPREIN – EIN PILOTPROJEKT DER DBP TELEKOM

Die DBP TELEKOM hat im Systemversuch SPREIN (SPRach–EINgabe) die Möglichkeit untersucht, eine einfache Dateneingabe über Telefon mittels Spracherkennung zu realisieren. Nach Definitionsphase und Erstellung eines Systemkonzepts wurden im Jahr 1986 vom FTZ die Aufträge an zwei Hersteller zur Erstellung von Dialogsystemen erteilt. Nach einer jeweils einjährigen Erprobungsphase kann der Systemversuch voraussichtlich im Jahr 1990 abgeschlossen werden.
Hauptziel des Projekts war es, die Leistungsfähigkeit von sprecherunabhängigen Einzelworterkennungssystemen zu ermitteln und neben allgemeinen Anwendungserfahrungen insbesondere auch Aussagen zur Benutzerakzeptanz zu erhalten. Ein weiteres Ziel war es aber auch, die Probleme der Integration in einer realitätsnahe Anwendung zu untersuchen. In Kenntnis der bestehenden technologischen Grenzen bei der automatischen Spracherkennung wurde dabei die Leistungsfähigkeit des Erkenners auf isoliert gesprochene Wörter bei gleichzeitig kleinem Wortschatz begrenzt.

3.1. Systemkonzept

Ziel des Systemversuchs SPREIN war es unter anderem, eine Systemstruktur zu realisieren, die einen möglichst universellen Einsatz für unterschiedliche Anwendungen erlaubt. Unter diesem Gesichtspunkt wurde ein Konzept entwickelt, bei dem das Sprachdialogsystem als Dialog–Interface zwischen Telefonkunden und Dienstleistungsanbietern fungiert und von der DBP als Dienst angeboten wird. Diese Funktion, auch mit dem Begriff "VOICE–SERVER" bezeichnet, ist in Bild 1 vereinfacht dargestellt.

Der Kunde wählt das System wie bei einem normalen Telefongespräch an. Das Sprachdialogsystem nimmt das Gespräch an und begrüßt den Teilnehmer. Im Zusammenspiel mit einem über ein Datennetz angeschlossenen Hintergrundrechner wird von dem Sprachdialogsystem der Dialog mit dem Kunden geführt.

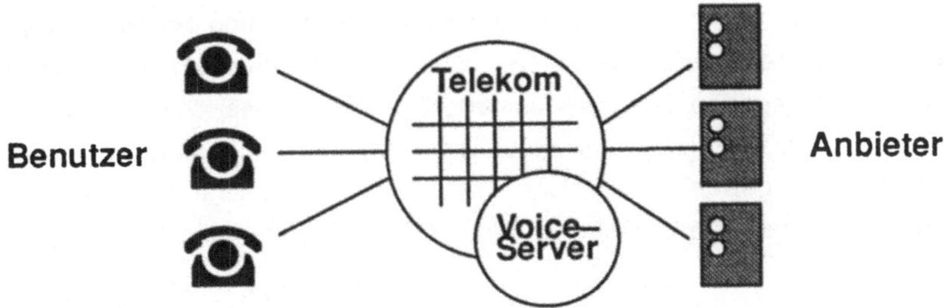

Bild 1 : Sprachdialogsystem als Dienst im Fernsprechnetz

Durch Einsatz eines Sprachsynthetisators sollte ein variabler und prinzipiell beliebig großer Ausgabewortschatz möglich sein, um somit unterschiedliche Anwendungen realisieren zu können. Für die Spracheingabe wurde ein begrenzter Wortschatz gewählt, der die Ziffern sowie einige Steuerkommandos wie z.B. "ja", "nein", "falsch" oder "stop" umfassen sollte.

Durch die Konzeption eines zentralen Voice–Servers, der von der DBP als Dienst betrieben, gepflegt und überwacht wird, wird der Anbieter von der Bereitstellung eines eigenen Sprachdialogsystems entbunden und damit einer größeren Zahl von Anbietern die Nutzung dieser Technologie ermöglicht.

3.2. Telefonische Bestellannahme bei einem Versandhaus als Pilotanwendung

Für den Systemversuch SPREIN wurde als Anwendung die Bestellannahme bei einem Versandhaus gewählt. In einem sprachlichen Dialog werden vom Bestellkunden die notwendigen Eingabedaten wie Kundennummer, Artikelnummer, Menge und Größe abgefragt, wobei mehrstellige Nummern Ziffer für Ziffer eingegeben und mögliche Erkennungsfehler sofort korrigiert werden können. Der notwendige Erkennungswortschatz für derartige Anwendungen umfaßt die zehn Ziffern von "null" bis "neun" sowie einige Steuerkommandos, die den Herstellern zur Auswahl freigestellt waren.

Als minimale Leistungsfähigkeit der sprecherunabhängigen Einzelworterkennungssysteme wurde eine mittlere Erkennungssicherheit von 95% über alle Wörter gefordert, die in einem speziellen Labortest nachzuweisen waren.

Zur Gewinnung von Vergleichswerten und zur Ermittlung des derzeitigen Stands der Technik wurde an zwei konkurrierende Hersteller der Auftrag zur Realisierung von je zwei Prototypensystemen erteilt.

3.3. Technische Realisierung

Aufbauend auf das zuvor beschriebene Systemkonzept wurde eine modulare Systemstruktur gefordert, bestehend aus den Komponenten Dialogsystem, Spracherkennungssystem und Sprachsynthetisator. Aus Kompatibilitätsgründen wurde für die Kommunikation und die Steuerung zwischen dem Dialogsystem und der Spracherkennungs– bzw. Sprachsyntheseeinheit jeweils eine serielle V.24–Schnittstelle vorgegeben. Der Datenaustausch mit dem Versandhaus–Bestellrechner sollte über das Datex–P–Netz erfolgen. Unter Berücksichtigung der Gegebenheiten wurde das BTX–Rechnerverbundprotokoll gewählt, das jedoch um SPREIN–spezifische Festlegungen erweitert werden mußte. Bild 2 zeigt die Grobstruktur des SPREIN–Dialogsystems.

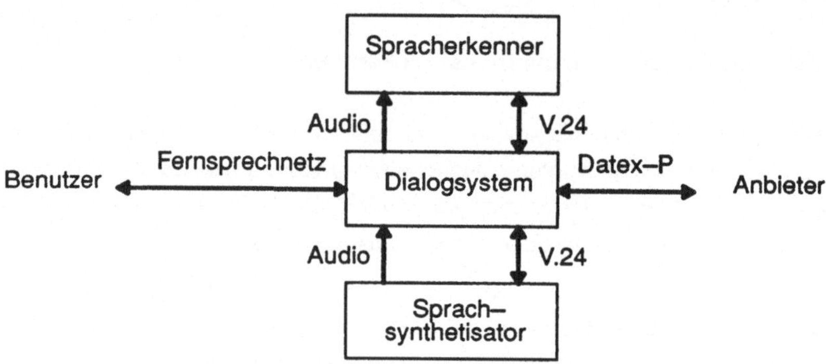

Bild 2 : Grobstruktur des SPREIN–Dialogsystems

Die Realisierung der sprecherunabhängigen Spracherkennung war den Herstellern überlassen. Abgesehen von Unterschieden in der Hardware–Realisierung sind jedoch ähnliche Methoden der Sprachsignalverarbeitung zum Einsatz gekommen. In beiden Systemen basiert die Worterkennung auf Filterbankdaten, die nach spektraler Normierung und dynamischer Zeitanpassung einem Mustervergleich unterzogen werden. In einem Fall kommt hier das Verfahren einer Polynom–Klassifikation zum Einsatz, im anderen Fall ein Cluster–Verfahren.
Als Sprachausgabeeinheit wurde der Sprachsynthetisator SAMT4 [7], ein vom Forschungsinstitut der DBP entwickelter Formant–Synthetisator mit 4 Ausgabekanälen, bereitgestellt. Für die Generierung des SPREIN–Dialogs war die Erzeugung eines 300 Wörter, Teilsätze und Sätze umfassenden Lautfolgeinventars zu erstellen. Die Erstellung dieses Inventars erfolgte unter Nutzung eines halbautomatischen Transkriptionsverfahren.

3.4. Sprachdialoggestaltung und –steuerung

Im Systemversuch SPREIN sollten über die spezielle Anwendung einer Bestellannahme hinaus universelle Dialogformen untersucht werden. Diese Zielsetzung hatte eine konzeptionelle Aufgabenteilung zur Folge, bei der der Hintergrundrechner die anwendungsspezifischen Dialogschritte vorgibt (Macro–Dialog) und dem Sprachdialogsystem die Umsetzung in zweckmäßige sprachliche Dialogschritte überläßt (Micro–Dialog). Nach Aufforderung zur Eingabe einer n–stelligen Bestellnummer durch den Bestellrechner übernimmt das Dialogsystem die Bedienführung und fragt vom Benutzer die Ziffernfolge ab. Dabei ist es dem Dialogsystem grundsätzlich freigestellt, wie eine

Bestätigung bzw. Korrektur der Benutzereingaben erfolgt. Aufgrund der Fehlerhäufigkeit und der Reaktion des Benutzers kann das Dialogsystem den Dialogablauf variieren und so z.B. ungeübten Benutzern zusätzliche Erklärungshilfen anbieten.

Der Dialogablauf für die Eingabe einer mehrstelligen Ziffernfolge ist bei beiden Systemen in etwa gleicher Weise realisiert. Nach Aufforderung zur Eingabe gibt der Benutzer eine mehrstellige Nummer Ziffer für Ziffer ein, wobei nach jeder Eingabe das System die jeweils erkannte Ziffer bestätigt. Bei fehlerfreier Erkennung kann sofort die nächste Ziffer eingegeben werden, andernfalls kann der Benutzer durch das Wort "Korrektur" oder "falsch" den Fehler signalisieren. Das Sprachdialogsystem bietet in diesem Fall den zweitbesten Erkennungskandidaten an. Bild 3 zeigt einen entsprechenden Ausschnitt aus einem Dialogablauf mit einem ungeübten Benutzer .

SPREIN	"Bitte geben Sie Ihre Kundennummer ein."
Benutzer	"Vier"
SPREIN	"Vier"
Benutzer	"Zwei"
SPREIN	"Drei"
Benutzer	*reagiert nicht*
SPREIN	"Bitte die dritte Ziffer der Kundennummer"
Benutzer	*antwortet nicht*
SPREIN	"Bei Fehlern können Sie mit <Korrektur> das letzte Zeichen und mit <Storno> die ganze Zahl löschen. Sonst geben Sie bitte die dritte Ziffer Ihrer Kontonummer ein. Bitte sprechen Sie jetzt."
Benutzer	"Korrektur"
SPREIN	"War die letzte Ziffer dann vielleicht eine <Zwo>?"
Benutzer	"Ja"
SPREIN	.. . .

Bild 3 : Dialogablauf mit einem ungeübten Benutzer (Ausschnitt)

Der hier skizzierte Dialogablauf ist insgesamt gewöhnungsbedürftig und insbesondere im Fehlerfall sehr zeitaufwendig. Die beschriebene Aufgabenteilung zwischen Hintergrundrechner und Dialogsystem hat sich jedoch bewährt und erlaubt die Realisierung ähnlicher Anwendungen ohne wesentliche Umgestaltung der Sprachdialogkomponente.

3.5. Einzelworttestverfahren und Ergebnisse

Zur Ermittlung der Leistungsfähigkeit der Einzelworterkennung und zur Ermittlung von Vergleichsdaten ist der Einsatz eines geeigneten Testverfahrens unumgänglich. Im Rahmen des Systemversuchs SPREIN wurde im Forschungsinstitut der DBP ein objektives Einzelwort-Testverfahren entwickelt, das eine herstellerunabhängige Beurteilung unter Laborbedingungen erlaubt [8]. Zu diesem Zweck wurden insgesamt 2600 Testwörter von 200 Mitarbeitern (100 weibl., 100 männl.) der DBP aus verschieden Sprachräumen aufgezeichnet und sowohl als hochqualitative Aufnahmen sowie nach Übertragung über eine geschaltete Orts– bzw. Fernsprechleitungen digital abgespeichert. Der Umfang des Sprachmaterials von 8400 Wörtern mit insgesamt 12 Stunden Dauer erforderte die Realisierung eines weitgehend automatischen Testverfahrens. Bild 4 zeigt die Testanordnung, wobei zur Durchführung eines automatischen Tests synchron zu den digital aufgezeichneten Sprachproben Identifizierungsinformationen mitgeführt werden. Bild 5 zeigt die mit

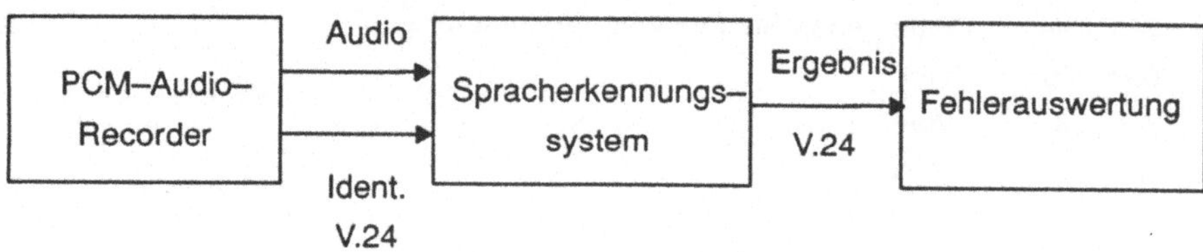

Bild 4 : Testanordnung für Einzelworttest

diesem Testverfahren ermittelten wortspezifischen Fehlerraten für den Zahlwortschatz beider Systeme. Die mittlere Fehlerrate von 3,0% (System A) bzw. 2,7% (System B) für den Ziffernwort-

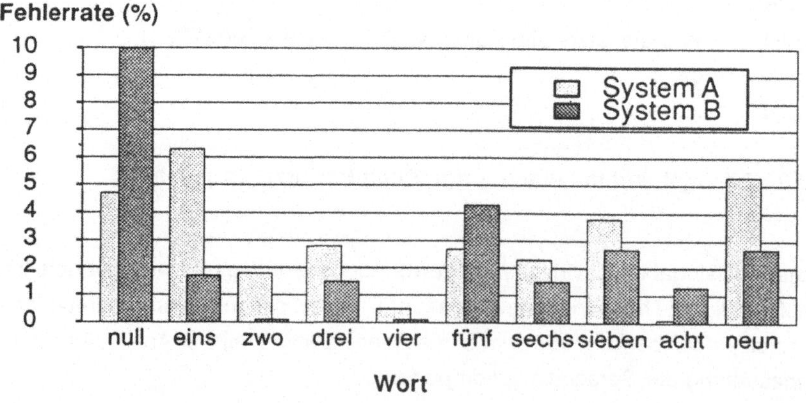

Bild 5 : Wortspezifische Fehlerraten der Spracherkennungs-systeme aus Einzelworttest

schatz über alle untersuchten Übertragungsbedingungen genügt damit formal dem von der DBP vorgegebenen maximalen Fehler von 5,0% (respektive 95,0% Erkennungssicherheit ohne Rückweisungen). Allerdings wurden bei einigen Wörtern wortabhängige Fehlerraten zwischen 5 und 10% ermittelt, die im Wirkbetrieb zu hohen Akzeptanzverlusten geführt haben.

3.6. Subjektive Beurteilung und Akzeptanzuntersuchung

Die Akzeptanz eines Sprachdialogsystems ist abhängig von zahlreichen Einflußfaktoren. So ist nicht nur die Erkennungssicherheit der Spracherkennung entscheidend sondern auch die Dialogform, die Realisierung von Hilfsfunktionen, die subjektive Einschätzung der Sprachausgabequalität sowie die Verfügbarkeit des Systems und der Zeitbedarf für die Eingabe. Für die Gesamtbeurteilung und die Ermittlung von systembedingten Schwachpunkten ist daher neben einem objektiven Einzelworttest und der Auswertung von Systemprotokollen auch der subjektive Eindruck der Benutzer ein wesentliches Beurteilungskriterium.

Im Systemversuch SPREIN wurde die Benutzerakzeptanz durch die Begleitstudie eines Meinungsforschungsinstituts untersucht. Die Versuchsteilnehmer wurden zu diesem Zweck in einer Einführungsveranstaltung über das Pilotprojekt informiert und in grundsätzliche Fragen der Bedienung eingewiesen. Die subjektiven Beurteilungen der insgesamt ca. 40 Testpersonen wurden in drei Befragungswellen in monatlichem Abstand mittels Interviews ermittelt. Im Interview selbst wurden in ca. 30 detaillierten Einzelfragen alle für die subjektive Beurteilung wichtigen Aspekte angesprochen.

Die vorläufigen Ergebnisse dieser Akzeptanzuntersuchung können im wesentlichen wie folgt zusammengefaßt werden:
Der Dialogablauf ist für viele Benutzer anfänglich verwirrend. Nach mehrfacher Benutzung des Systems wird dann aber der Dialogablauf als sinnvoll und verständlich akzeptiert. Auch die bestehenden Korrekturmöglichkeiten und Hilfefunktionen sind für den ungeübten Benutzer nicht selbstverständlich und durch die Verwendung falscher Steuerwörter entstehen schwierige Dialogzustände. Während einzelne Fehl–Erkennungen durchaus akzeptiert werden, führen häufige Fehl–Erkennungen zu einer Demotivierung der Benutzer. Besonders kritisch sind hierbei Fehler, bei denen ein Steuerwort anstelle einer Eingabeziffer oder umgekehrt erkannt wird. In diesem Fall ist der Dialog mißverständlich und eine Korrektur der Eingabe äußerst undurchsichtig.
Die synthetische Sprachausgabe wird als gut verständlich bezeichnet, da sie jedoch ungewohnt und gelegentlich zu langsam ist, ist die Akzeptanz bei einigen Benutzern nicht gegeben.
Als wesentlicher Kritikpunkt wird der Umstand genannt, daß die Dateneingabe die mehrfache Zeit (3– bis 5–fach) gegenüber der Bestellannahme durch eine Platzkraft benötigt. Dieser Nachteil wird teilweise durch die bessere Verfügbarkeit des Systems (24–Stunden Betrieb) ausgeglichen.

3.7. Gesamtbeurteilung

Der Systemversuch SPREIN bestätigt, daß eine überwiegende Zahl der Benutzer im Test einen sprachlichen Computerdialog grundsätzlich akzeptiert. Der bei einem Bestelldialog zwangsläufig strikt vorgegebene Dialogablauf wird nach einiger Übung akzeptiert und sogar als hilfreich betrachtet. Bedingt durch die im Systemversuch gegebenen Ausweichmöglichkeiten auf andere Bestellformen war die Nutzungshäufigkeit rückläufig, der Vorteil eines Zugangs außerhalb der üblichen Arbeitszeiten überdeckte jedoch bestehende Mängel.

Bei Anwendungen mit hohem Dateneingabebedarf, wie bei dem vorliegenden Bestellsystem, ist eine auf Einzelwörtern basierende Spracheingabe zeitaufwendig und damit wenig komfortabel. Die verbleibende Fehlerrate der Spracherkennung von ca. 3% im Labortest erhöht sich im Wirkbetrieb durch zusätzliche Einflüsse auf ca. 10%. Diese hohe effektive Fehlerrate beeinflußt die Akzeptanz erheblich, zumal in der Regel einige Personen hiervon besonders stark betroffen sind.

4. AUSBLICK

Sprachdialogsysteme werden in der Telekommunikation in absehbarer Zeit verstärkt Anwendung finden, da sie einem großen Benutzerkreis den Zugang zu Auskunfts– und Informationsdiensten eröffnen. Die Aufgabe der kommenden Jahre wird es sein, ausgehend von zunächst einfachen Anwendungen mit Fortschritten auf dem Gebiet der Spracherkennung komplexere Anwendungsbereiche zu erschließen. Der notwendige Forschungs– und Entwicklungsaufwand hierfür sollte jedoch nicht unterschätzt werden.

Der Systemversuch SPREIN hat gezeigt, daß einerseits die Erkennungsleistung von Einzelworterkennungssystemen deutlich gesteigert werden sollte und andererseits die Erkennung von kontinuierlich gesprochenen Wortfolgen eine wesentliche Forderung für zukünftige Systeme darstellt.

Für den Einsatz von Sprachdialogsystemen in bestehende und neuartige Dienste sind darüberhinaus Methoden optimaler Dialoggestaltung zu untersuchen und Integrationshilfen sowie Schnittstellendefinitionen bereitzustellen.

Literatur

[1]   Sickert,K.: Automatische Spracheingabe und Sprachausgabe. Verlag Markt & Technik (1983)

[2]   Kaspar,B.; Lochschmidt,B.: Wolf,H.E.: Spracherkennung– und Synthese in der Telekommunikation. in "Analyse und Synthese gesprochener Sprache", Linguistische Datenverarbeitung 9, G.Olms Verlag, 1987, S.4–9

[3]   Lochschmidt,B.: Anwendungen der Sprachverarbeitung bei der Deutschen Bundespost. Nutzung und Technik von Kommunikationsendgeräten, ITG–Fachbericht 101 (1988)

[4]   Wolf,H.E.: Telefon als Terminal. Telematik Magazin 5 (1985) 2, S.27–31

[5]   Lochschmidt,B.; Schuhmacher,K.: Sprecherunabhängige Erkennung gesprochener Wörter für Fernsprechauskunftsdienste. Der Fernmelde–Ingenieur, 38.Jahrg.(1984) Nr.1

[6]   Schuhmacher,K.; Lochschmidt,B.; Kaspar,B.: Teleton – Erfahrungen mit einem auf Einzelworterkennung basierenden Sprachdialogsystem. BIGTECH 1988 "Elektronische Sprachdialogsysteme" (1988) S.242–249

[7]   Wolf,H.E.: Sprachvollsynthese mit automatischer Transkription. Der Fernmelde–Ingenieur, 38.Jahrg.(1984) Nr.10

[8]   Schuhmacher,K.; Lochschmidt,B.: Ein Testverfahren für sprecherunabhängige Spracherkennungssysteme. ITG–Fachtagung "Digitale Sprachverarbeitung – Prinzipien und Anwendungen", ITG–Fachbericht 105 (1988), S.117–122

Videotex in France: Success and Evolution

F. Kretz

INTRODUCTION

Videotex is an interactive service part of "telematic" services [1]. It allows users to have access through a telecommunication network to information stored in distant data bases. Although all major countries have developped a videotex service, France is the only one where it is a definite success. The author feels honoured to be invited to present the situation of videotex in France and explain the reasons for this success at the Münchner Kreis conference on "User-Friendly Communication" (München, FRG, March 12-13, 1990).

Indeed, part of the success is due to a deep consideration of human factors issues, but this would have been unsufficient *per se*. The success also requires a strategy, high investments and time.

The first chapter will recall the history and describe the present situation of the videotex business in France. The second and third chapters will be devoted to more technical descriptions : the TELETEL network and traffic, the different models of MINITEL terminals. The last chapters will summarize the reasons for the success and sketch the main lines of evolution.

HISTORY and PRESENT SITUATION

History

Mid 1978, an important report was published [2] about the computerisation of French society. Technical developments were available in French laboratories (CCETT and

CNET) after the first ones coming from United Kingdom, but no plan was yet decided. This report invented a new word for a new service concept, *"télématique"*, a truncation and combinaison of two French words, *"télé-communications"* (telecom-munications) and *"infor-matique"* (computers). Another combination would have given a more user-oriented meaning by retaining *"info-"* and *"com-"*. *"Télématique"* has a technical connotation, the idea being to combine both sectors of telecommunications and computers at homes and offices, including videotex, facsimile and generally speaking office automation. This was strong and it had a major impact on politicians : end of 1978, the French Goverment announced the set-up of two videotex experiments, one in Rennes (close to CCETT) for an Electronic Directory service and another close to Paris for all other types of videotex services.

The second major event came quite soon : in Dallas on February 1979, the General Director of Telecommunications, Gérard Théry, announced a strategic development plan based on the Electronic Directory service and a compact dedicated terminal. He succeeded before that in convincing the French Ministry of Finances that this was a profitable investment to replace the expenses for Paper Directory. Years 1980 and 1981 were devoted to industrial developments and to some preliminary experiments (Saint-Malo in July 1980 with 50 users and an experimental Electronic Directory service). Years 1981 and 1982 saw the start of the real experiments : four towns around Rennes in May 1981 with 1000 users for the Electronic Directory service and following this a continuous distribution of terminals in Britanny ; July 1981, start of Vélizy experiment with 2500 users. A commercial name was found for the terminal (MINITEL, April 1982), TELETEL being already chosen since mid 1978 for the whole videotex service commercial name.

Next steps were to open the TELETEL network with a national coverage (november 1982) and to open commercially the Electronic Directory service (february 1983). In Vélizy experiment, information was largely free. Necessity and urgency for information providers to gather money from the use of services gave rise to an original solution known as *"Kiosque"*. This highly value-added function was implemented in "PAVI" (videotex access points) starting february 1984. In the meanwhile, terminals (MINITEL M1) were produced and distributed regions by regions, in Britanny first, then in Picardie and soon in Paris (mid 83). In June 1985, the number of MINITEL had reached 800,000 and the number of access codes 1100 (each code corresponds to one commercial information application) and the traffic was increasing exponentially due to some too much user-friendly applications known as "messageries roses" (chat lines). The TRANSPAC public packet-switched network used for the TELETEL network broke down mid June.

At that time the success was already obvious and the organisation of the videotex service was drawn. The following phases showed the industrial maturation : the basic terminal MINITEL M1B was first produced and distributed may 1986 (this model will then be produced by two manufacturers by more than 4 millions). The next step closer to us was the diversification of the network (introduction of the "multilevel Kiosque" october 1987) and recently of terminals (MINITEL M12 in april 1989, M2 in november 1989 and M5 in december 1989).

The reader will find in references 3, 4 and 5 a deeper insight into the MINITEL [3] and TELETEL [4,5] history and sociological aspects.

Among the reasons for this success which will be given below, is the major research effort in applied human factors made in France Telecom laboratories, especially for the design of the Electronic Directory application. The author was involved in this. He set up a multidisciplinary team end of 1979 and many experiments, assessments and design feedback were conducted on the MINITEL keyboard, display (design of the character set and legibility) and user-application dialog. Iterative design/assessment method was conducted for the Electronic Directory user dialog design in relation with a team in CNET Lannion [6]. The CCETT team was also responsible for psychosociological studies aiming at marketing decisions. Experience gained by the Vélizy project team for the design of more diversified applications was gathered in a guide book [7]. Another reason for success was the pragmatic approach chosen by most actors to enter the videotex market. Many partnerships were settled in a flexible way which allowed partners positionning themselves and establishing their development plans. This was refered to as social experiments and is analysed in detail in [8].

Since that time, many other researches have been done in France, many books and magazines are available (each issue of La lettre de TELETEL [9] gives information on such publications).

Present situation

Table 1 summarises the main aspects of the videotex market in France mid 1989. Two markets are usefull to be distinguished : the residential and the professional ones. They significantly differ in terms of penetration and of use. As for telephone the professional use per terminal is much higher, but in total the residential traffic is still bigger. Part of the professional use corresponds to grand public information ; so, if the development strategy has been oriented towards only the professional market, traffic and revenues would have been one third or less of the present figure.

VIDEOTEX MARKET in FRANCE (mid 1989)	RESIDENTIAL (20 millions homes) (70% of MINITEL) (55% of traffic)	PROFESSIONAL (3.3 millions companies) (30% of MINITEL) (45% of traffic)
Equipment (penetration)	16%* (24% with office)	75% (small companies)
Satisfaction	92%	93%
Utility *(absolute necessity)*	77% (11%)	70% (20%)
Frequency of calls, total duration	12 calls/month, 60 min/month	48 calls/month, 228 min/month
Main application	Electr. Directory (96%)	Electr. Directory (97%)
The next three major applications	teleshopping (42%+**), transportation (42%=), banking (32%=)	transportation (38%++), professional data bases (35%++), banking (33%+)
Other applications	news (23%-), games (20%-), admin. and local info (19%=), radio-TV (19%=), ...	legal/commercial/ financial info (20%), internal messag. (15%), ordering (10%+), ...

* no use = 3%, return = 1%.
** "+" means that the related figure is increasing,
"++" quickly increasing, "-" decreasing, "=" stable.

TABLE 1 : Use and applications in residential and professional markets (January 1989)
(Source : La lettre de TELETEL [9], n°18, 3rd trim. 1989).

Other parameters are similar for the two markets : subjective satisfaction and utility (videotex has become a gain of productivity in companies). Declared use of applications is also similar for the main applications. Electronic Directory is by far the leading application. The use of games and news is decreasing relatively to other applications, although they are still increasing in absolute. Chat lines are even less important now (only 9% of declared use). Professional use is increasing faster than the residential one : information and booking of transportation (trains and airplanes), specialised data bases for professional users, banking and ordering.

Traffic and commercial figures

At the end of 1989 (Source : La lettre de TELETEL [9], Hors série n°5, "les chiffres de 1989", March 1990), the total videotex traffic reached the value of 7.5 millions hours/month (+17% in comparison with 1988). This includes 1.4 million for the Electronic Directory, 2.6 for lower access rates ("3613", "3614", "3605" and MGS, the catalog of services), 2.8 for the main Kiosque access "3615" and 0.6 for the higher rates. The total amount of money that France Telecom is paying back to the information providers was 1.77 billions French Francs in 1989 including TVA (+30% from 1988). The total revenues from the videotex business is now more than 3 billions FF per year. Almost half billion FF comes from the rent of terminal ; indeed 505,000 are rented, most of them being MINITEL 10, 10B or 12 with an integrated telephone set rented 85 FF/month TVA included. As the total number of MINITEL at the end of 1989 was 5.06 millions, this means that 10% of terminals are rented and this figure has a fast rate of increase (+32% from 1988). Only a marginal number of terminals are bought by users including "only" some 30,000 PC boards with TELETEL emulator (they cost around 2000 FF and are not very much handy).

The traffic distribution per type of information is known : professional applications generate a traffic of 29.5% in volume, the Electronic Directory 19.5% (calls are short, 2 min in average, so this traffic corresponds in fact to 39.5% of calls), message handling 15% (5% of calls), games and leisure 10%, banking and stock exchange information 11%, everyday life information 9% and general information 6%. Note that this is traffic in volume (hours/month) as measured on the network globally for all users, residential and professional ; figures of Table 1 were declared use derived from interviews (percentage of users declaring having used such and such services).

Another interesting figure is the monthly call duration which is slightly decreasing (110 min in 1987, 97 in 1988 and 93 in 1989), although the number of calls is stable (22/month). This is averaged on all users and services ; it shows that the skill of users is improving.

Since 1985, videotex in France is thus a significant business, although yet small in comparison with telephone traffic (5 hours/month in 1987) or television use (3 hours/day). The number of employees in the area of videotex is estimated to 15-20 000. A large diversity of professions is involved : industry for terminals, access points, servers and peripherals ; service managers and information providers ; marketing and strategic experts ; designers. This represents a considerable know-how developped in only a few years.

The TELETEL network and FRANCE TELECOM APPLICATIONS

The TELETEL network

The network structure is described in Figure 1. Users access to information servers through the local telephone network by reaching a PAVI (videotex access point, already more than one hundred at the end of 1988) with a simple telephone number "36xy". Each PAVI manages the different levels of tariff (free access "3605" and several levels only based on duration "3613", "3614", "3615", "3516", "3617"...see Table 2). In total, there are 18 different access modes and 15 levels of tariff for the user, ranging from 0 to more than 500 FF per hour.

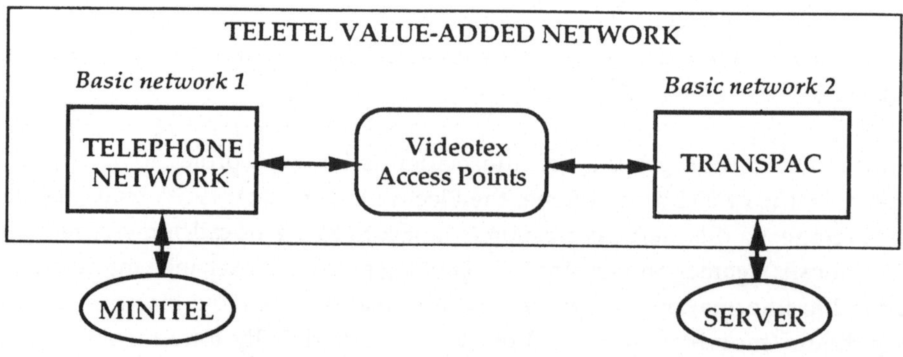

Figure 1 : the value-added videotex network for TELETEL.

ACCESS *(level of tariff)*	3605...	3613	3614	3615/6 *(t32)*	3615/6 *(t34)*	3615/6 *(t36)*	3617	3628...	3629...
TARIFFS (FF/h with TVA)	0	7.8	22.2	50.4	58.8	75.0	131.4	328.5	543.5

Table 2 : France Telecom tariffs for the main TELETEL network accesses.
These are tariffs for the user (April 1990). The accesses 3605, 3628 and 3629 require four more digits for dial. There are other accesses for international access, MINITEL to MINITEL dialog, direct dial with eight digits and some specific services (radiomessaging, MINICOM)...

France Telecom revenue is 22.2 FF/hour for the network service (28.8 for 3617 access, higher for accesses 3628 and 3629), plus 0.12 FF per access to a server. The information provider is paying the difference for accesses 3605 and 3613.

The TELETEL network is the largest open value-added network in the world. End of 1989, the access to TELETEL services required 50,500 peers (+19,020 for the Electronic Directory application which has a separate access network). The number of access codes was 12,377 (this number indicates the number of applications, because a server or an information provider may manage several access codes). The videotex traffic (see above) corresponds to half the TRANSPAC total one. The TELETEL network started with three levels of tariff (3613, 14 and 15). Since September 1987, higher rate levels were opened and more recently (october 1989), a new functionality is offered to servers, rerouting : during a call a server can reroute on the network to another one and transfer necessary information to pursue the call. Reverse rerouting is available to go back to the first server. Access control and telepayment functions are examples of the use of this new function which is performed transparently to the user.

The TELETEL network values (see [10] for definitions) are multiple : the PAVIs offer an user-friendly access with key-words avoiding long digits that cannot be memorised, they offer simple tariffs easy to remember and access with no subscription, they allow a gateway close to the user to access to servers through an efficient data network avoiding end to end calls on the telephone network, they offer standardised open access to terminals and servers and also, which is not of least importance, they make possible for the information providers (especially the small ones) to share the heavy burden of invoicing. Videotex expenses appear separately on telephone invoices.

The Electronic Directory service

This service is accessed by all users and it produces itself one fifth of the videotex traffic. Its use is free for the first 3 minutes and then the tariff is the one of "3614". It is implemented on a dedicated system, the largest distributed data base in the world : 78 dedicated local access points, 19,020 peers, 42 Dialog centers and 22 regional Directory centers (end of 1989). The main functions of presentation, dialog and query are thus separated in different equipments for optimal efficiency. As already said, the application was carefully designed and submitted to iterative human factors assessments. Its design had a fundamental impact on the videotex market through the guidelines that were drawn from this first experience of a widely distributed grand public service. Searching through the name of a person or company is 83% of the use, 15% of search is through professional items (hotels, doctors...). The number of promotional modules inserted in response pages now reaches 100,000. The use is still increasing significantly (+26% from 1988).

MGS, the catalog of TELETEL services

The "Minitel Guide des Services" started in 1986. Its traffic is still limited (0.05 million hours/month) but its increase rate is high, mainly due to the enhancement of documentation quality and recently (mid 1989) to the implementation of a natural language access dialog (before, MGS could answer to only 30% of questions ; this figure is now 80%). This intelligent access is also studied for the Electronic Directory Yellow Pages [14].

MINICOM

This new service is a mail box messaging system. It opened regionally in may 1989 and will be open nationally mid 1990. It allows any telephone subscriber to have a mail box in the system. The use does not imply any subscription, the tariff is 58.8 FF/h to write or read messages. One message can be sent to 10 different mail boxes.

MINITELNET, the international access

This is the extension of the TELETEL network abroad. In 1989, the traffic was 30,000 hours, which is a small figure but now increasing very quickly (3 times more than in 1988) ; 45% of the traffic comes from Belgium, 21% from other European countries and 20% from the States and Canada.

MINITEL M1B, M12, M5, M2 and the LECAM

There are several MINITEL models : the first industrial terminal M1 was optimised into a model M1B (B for bi-standard) the distribution of which started mid 1986. Soon the integration of a telephone set led to MINITEL 10 then M10B and now M12 ; a portable one, M5, is now available along with the new basic terminal M2. France Telecom also rent a peripheral device to be connected to the MINITEL, LECAM, a microcircuit card drive. The evolution of terminal functionalities took high benefit of many marketing surveys and recently the ergonomics of the keyboards was reconsidered in detail by CCETT [11].

The basic terminal : M1B

This is by far the most developped model (more than 4 millions are in use). It is compact (see Figure 2), dedicated to videotex and optimised for minimum price and maximum functionalities. It is distributed free, the France Telecom revenues coming from the TELETEL traffic. A cheap microprocessor (a 8052) is the heart of the terminal with only 8K of software (1.5 for videotex decoding, 1.5 for the 80 column ASCII mode, 5K for all terminal functions). It can be noticed that data decoding is only one third of the software, the rest being for network interface, periminitel external connector, keyboard etc. Two dedicated ICs were developped, one for the 75/1200 bauds modem, one for controlling the display. The videotex standard is CEPT2. The keyboard was extended to 65 keys for allowing full access to computers along with the 80 column ASCII standard (X3 coding, VT100 and VT200 compatibility). The periminitel connector allows 4800 bit/s speed (locally) and can supply peripheral devices with 8W dc power.

The technical design took into account the need for some adaption to specific uses. For this an add-on board can be plugged into the terminal. One application is to offer non-latine character sets such as chinese or japonese (see Figure 3). It is also much usefull to experiment new functionalities on a small scale. Later on they may be integrated into the terminals main board.

Figure 2 : MINITEL M1B (model from PHILIPS).

Figure 3 : MINITEL M1B (model from ALCATEL-TÉLIC)
with japonese character set board designed by CCETT.

The perfect communicator : M12

The proximity of a telephone set for dialling and the significant use of the Electronic Directory service among the many videotex services soon asked for a first level of integration. This led already end of 1983 to MINITEL 10, a simple multiservice terminal, combining telephone functions and automatic dialling from an Electronic Directory screen or from the local repertoire. This synergy between telephone and videotex [10] proved to be much efficient and the terminal was a great commercial success being almost profitable in its own for France Telecom (it is only 50% more expensive than the M1B and rented 85 FF/month TVA included).

Figure 4 : MINITEL M12 (model from ALCATEL-TÉLIC).

It was extended to computer access (M10B) and then redesigned to offer a new service, namely message handling. The resulting terminal M12 (see Figure 4) has appealling new features : a repertoire of 51 numbers, a message editor and transmission from the terminal at 1200 bauds, a watching mode with low power consumption enabling messages to be received, a blinking light to tell the user that a message was received and a password protection. All this is implemented also with the 8052 microprocessor, now with 64K of software. The advertisement documents call the M12 "the perfect communicator". Success is very high : within 8 months, 100,000 are already rented.

The new basic terminal : M2

This is the new basic MINITEL for the 90s (see Figure 5). The same microprocessor is used with 16K. New functions are implemented from the M1B : automatic dialling, a 10 number repertoire, flicker-free display and DRCS mode (two dynamically redefinable character sets with 94 characters each), a watching mode enabling a peripheral device to be informed of a distant command. This last function opens a new field of applications, home automation.

Figure 5 : MINITEL M2 (model from ALCATEL-TÉLIC).

All these new functions do not increase the price of the terminal for France Telecom. This terminal is rented for 20 FF/month including TVA.

The portable MINITEL : M5

Figure 6 shows the portable Minitel, rented 273 FF/month including TVA. It has a low power consumption (3 hour battery), a 640x250 LCD flat screen, automatic dialling, local repertoire of 51 numbers... It weights only 2 Kg and have a watching mode. It can be connected to France Telecom radiotelephones (Radiocom 2000). It is very helpfull for professional use in travel.

Figure 6 : MINITEL M5 (model from MATRACOM).

Other terminals

Some other terminals can be quoted : public access terminals with payment by coins or card ; Minitel M1D to allow direct dialog between terminals for the deaf (a significant success in this market), PC boards...

The microcircuit card drive : LECAM

A LECAM can be seen in Figure 7. This small peripheral device can be directly connected and powered by a Minitel terminal. It allows to read a microcircuit card ("smart card"). Since may 1987 it is rented 50 FF TVA included. Some 15,000 are now distributed but the rate is slow. Applications deal with access control, encryption of data and recently telepayment experiments are starting (ex. SNCF, the French railway company, aiming at 5,000 users for a first step). A new optimised model will come soon, LECAM2.

Figure 7 : LECAM (model from PHILIPS).

REASONS for SUCCESS, LINES of EVOLUTION

Why such a success ?

Videotex is a complex system. It was mentionned above that many expertise are necessary. It is thus clear that the reasons for the success in France are diversified and that each factor alone would not be sufficient. Videotex is a new market, it is a major change from current telecommunication services : the applications content is not produced by the users during a call (except for messaging). A third party between the user and the telecommunication operator is essential, the videotex information provider.

There is no doubt that a major reason for the success was the decision of a long term strategic plan that was announced soon and that was effectively followed. Its impact is to allow only one standard and only one market (otherwise many standards imply many markets each one too limited in size to develop). This allows for a low cost terminal due to larger industrial production series. But someone must largely invest and anticipate to kill the "chicken and egg" dilemna. Indeed the number of terminals is the first factor in the profit plan of any information provider. The market became really dynamic when 500,000 terminals were distributed.

The commercial structure is the second factor : direct access to services with no subscription, tariffing simple for the user and easy to implement in the network. Also an economical factor is of importance although not often quoted, the use of a packet-switched network : this allows a network cost of 22 FF/hour instead of 154 FF/h for a long distance telephone call. Also the TRANSPAC network offers a price independent of distance which has helped the development of services, any information provider taking benefit immediately of all the potential users. It also allowed to reduce the network interface investment cost for the server managers by using multiplexed lines for connection to the TELETEL network.

Other factors are more qualitative but nethertheless important. The Electronic Directory service design was carefully done, it was taken as a reference by information providers and designers to learn about how to design applications on such a new media. As this service is by far the most used, it served also the users to learn and improve their skill.

At last, the approach by all actors was much pragmatic, implying joint experimentations, large emulation and many marketing surveys and advise from France Telecom. The France Telecom approach was much liberal from the beginning in the sense that information providers are free to connect to the network and implement their applications on private servers. Also the legal framework was settled little by little, more by following the market evolution than by constraining it with some a priori decisions.

Main trends of evolution

Three main lines of evolution are foreseen for the next few years :

- integration in terminals of a <u>microcircuit drive</u> allowing at offices and homes in the future to be able to pay for a good, a service or an invoice, directly from the terminal. Other functions will be also more widely used like personal access control to servers, security of (tele-)transactions, signing of orders and data encryption. This may well give a new impulse to the videotex market ;

- improved network interface : <u>4800/9600 bauds</u> access through the telephone network with modems or through ISDN on channel B or later D. This is yet usefull for the alphamosaic standard but will also allow still pictures and graphics ;

- evolution towards <u>multimedia videotex</u>. The increase of speed in the network allows the transmission of still pictures with low resolution (a 160x240 picture - half a Minitel screen - encoded with the new ISO algorithm will only need 4s of transmission at 9600 bit/s, 8s at 4800, which is much acceptable). Furthermore, ISDN with the B channel of 64 kbit/s allows the transmission of high resolution still pictures - 640x480 in 3.5s - and the transmission of sound sequences. This is multimedia videotex [12,13] which is under development presently in France in several pilot applications (teleshopping, publicity, internal or external business communication...). Implementation is done on PC boards at the moment due to the only professional impact of ISDN and limited number of ISDN subscribers and thus limited market in comparison with videotex on telephone network.

CONCLUSION

Télématique, mostly understood in the French public as TELETEL and MINITEL, is a cultural revolution in France, not only at homes but well also in companies. Gain of time and increase of productivity are the two key factors pushing the development. Five millions users are now familiarised with computerised information, but this information has undergone also a deep transformation from past esoteric computer presentation to easy-to-use telematic dialog. The function keys of the MINITEL keyboards are now unavoidable for any application aiming at large usage. Children have quickly learn the use of the terminal and services through games at home and not at school where computer availability is still limited. Of course the videotex market and use is still small as compared to telephone or television. But it is now a well established mass-media.

It is also a cultural revolution for the telecommunication operator who before only delt with telephone and data or facsimile, all situations where the users make the information themselves. In this respect, videotex is closer to television but with a large number of possible information providers. So videotex in France is a splendid example of successfull diversification of a telecommunication operator towards open value-added networks and information services. This diversification is foreseen to become even more complex in the future with teletransaction and related telepayment functions which implies a fourth party, the banking system along with its security constraints.

Service managers and information providers have developed a considerable know-how. The business is profitable for them (much quicker than for France Telecom). They are efficient in exploiting soon new functionalities. Telematic designers also can exploit their skill for the future evolution like multimedia videotex on ISDN and already France Telecom chose the same approach of partnership with information providers, service managers and industry to start applications on NUMÉRIS, the commercial name for ISDN in France. More than 50 pilot applications are yet under use or under development to take benefit of ISDN potentialities. Within the 1990s textual and keyboard telematics will become multimedia, offering pictures, sound along with icons and designation tools for the high benefit of users.

References

[1]   ***, Recommendation F300, "Videotex service", CCITT, Vol.II, Fascicle II.5, Blue book, IXth Plenary Assembly, MELBOURNE, 14-25 Nov. 1988, published by ITU, GENEVA, 1989.

[2]   S. NORA, A. MINC, "L'informatisation de la société", Documentation Française, PARIS, 1978.

[3]   M. MARCHAND, "La grande aventure du MINITEL", LAROUSSE, 1987, 197 p.

[4]   M. MARCHAND et le SPES, "Les paradis informationnels : du MINITEL aux services du futur", MASSON (coll. CNET-ENST), 1987, 245p.

[5]   C. ANCELIN et M. MARCHAND, Ed., "Le vidéotex ; contribution aux débats sur la télématique", MASSON (coll. CNET-ENST), 1984, 240 p.

[6]   M. BARDOUX, B. MARQUET, G. POULAIN, "On the methodological aspects of the assessment of the French Electronic Directory system", Pr. of the HFT'83 (Human Factors in Telecommunications, HELSINKI, June 6-10, 1983), Vol.2, 19 p.

[7]   M. PONJAERT, P. GEORGIADES, A. MAGNIER, "Communiquer avec TELETEL : les acquis des expériences de TELETEL 3V et de l'Annuaire Electronique en Ille-et-Vilaine", La Documentation Française, PARIS, 1983, 243 p.

[8]   S. CRAIPEAU, F. KRETZ, "Methodological analysis of experiments with communication services", in "Social experiments with information technology and challenges of innovation" (Proc. of the EEC Conference on Social Experiments with Information Technology, ODENSE, Danemark, Jan. 13-15, 1986), D. REIDEL Publishing Company, 1987, pp. 191-230.

[9]   ***, La lettre de TELETEL, FRANCE TELECOM (four issues per year that can be ordered at La lettre de TELETEL, BP N°3, 75721 PARIS, France).

[10] F. KRETZ, "Typologies for telecommunication network, services and values", in "Telecommunications, economics and policy", Ed. by S. SCHAFF, North Holland, 1990 (Proc. of International Chair in computer science, Bruxelles, Dec. 1988 to March 1989).

[11] M. BLANDEL, "MINITEL keyboard ergonomics", submitted to HFT'90 (Human Factors in Telecommunications), TURIN, Sept. 10-14, 1990.

[12] H. LAYEC, P-L. MAZOYER, "Implementing multimedia videotex ", Telecommunications, May 1989, pp. 57-60.

[13] F. KRETZ, H. LAYEC, C. BERTIN, P-L. MAZOYER, "Multimedia videotex on ISDN", submitted to publication, 33p.

[14] G. CLEMENCIN, "Querying the French Yellow pages : natural language access to the directory", Proc. of RIAO'88, (Conference on User-oriented content-based text and image handling), M.I.T., U.S.A., March 21-24, 1988, pp. 286-312.

Der Fernsehempfänger als multifunktionales Endgerät?

F. Müller-Römer

1.   Einführung

In der Vergangenheit wurde in der Fachpresse immer wieder über Vorstellungen berichtet, wonach das klassische Fernsehgerät in Zukunft zusätzliche Funktionen übernehmen solle. Es werde sich zu einem **multifunktionalen Endgerät** entwickeln. In vielen Darstellungen wurden immer wieder Szenarien entworfen und auf diese Tendenz hingewiesen.

Neben dem Empfang terrestrischer sowie über Satelliten und Kabel verbreiteter Programme (einschl. Pay TV) werde der Bildschirm des Fernsehgerätes zunehmend auch zur Darstellung von Videospielen und zum Betrachten der mit Camcordern selbst aufgenommenen Videofilme verwendet werden. Hinzu kämen Videorecorder und Bildplatte, um gekaufte (oder geliehene) Programme anschauen zu können. Aber auch völlig neue Dienste und Anwendungen wie Bildschirmtext, Homecomputer, Überwachung von Kinderspielplätzen, Sicherungs- und Haustechnik usw. sollen künftig den klassischen Fernsehempfänger als multifunktionales Endgerät nutzen.

Geräte für die Massenkommunikation sind von der zentralen Zielrichtung dieses Kongresses besonders betroffen, wenn es dort heißt "...die Hersteller von Geräten und die Betreiber von Diensten für eine möglichst benutzerfreundliche Gestaltung zu gewinnen...". Fernsehgeräte bilden nach den Radios weltweit die zweitstärkste Endgeräte-Gruppe überhaupt: Ende 1989 gab es etwa 800 Millionen Fernsehgeräte - übrigens mehr als Telefonapparate. Hinzu kommt, daß die Frage der benutzerfreundlichen Kommunikation nicht nur die "Schnittstelle Mensch-Maschine" und damit die einfache Handhabung der Geräte, sondern auch die "Benutzerfreundlichkeit" einzelner Systeme an sich beinhaltet. So lag es nahe, in diesem Kongreß auch den Bereich der Fernsehempfänger anzusprechen: **Der Fernsehempfänger als multifunktionales Endgerät ?**

Wird der normale Bildschirm, z.B. als Monitor, mit Multivisionsfunktionen zu einer Zentraleinheit für Information und Kommunikation? Welche Rolle spielen die unterschiedlichen Anforderungen einzelner Dienste
an die Bildqualität und an den Standort des Gerätes? Welche Schlußfolgerungen sind aus den unterschiedlichsten Versuchen und Überlegungen
für ein multifunktionales Home-Terminal zu ziehen?

2.   Nutzung von Bildschirmen

Für die Beantwortung der Frage, inwieweit der Bildschirm des Fernsehgerätes auch für andere Anwendungen genutzt werden könnte, soll zuerst eine Betrachtung angestellt werden, welche **Nutzungspotentiale** sich
prinzipiell dafür ergeben könnten. Das Heinrich-Hertz-Institut für
Nachrichtentechnik (HHI), Berlin, hat 1986 das Ergebnis einer Studie
**Vermittelte Breitbandkommunikation - Technik, Nutzung, Wirtschaftlich-
keit**, veröffentlicht, auf die hier verwiesen werden soll.

Der Gesichtssinn des Menschen kann in Kombination mit anderen Sinnen
außerordentlich viele Informationen aufnehmen. Das Verhältnis der benötigten Bandbreite zwischen Sprach- bzw. Bildübertragung drückt dies
sehr deutlich aus.

Die mittelbare Kommunikation, wie Wahrnehmung über Bild, Zeichnung oder
Wort, ist eine Beschreibung der unmittelbaren Kommunikation, um räumliche und zeitliche Entfernungen zu überwinden. Erst Fernsprechen, Radio und Fernsehen kommen - im Vergleich zu den zur Perfektion entwik-
kelten Zeichensprachen - den natürlichen Kommunikationsformen wieder
näher. Die weltweit gleich große Attraktivität von Film und Fernsehen
ist damit wohl zu erklären.

Es ist daher anzunehmen, daß auch das Bildtelefon eine breite Akzeptanz finden würde, wenn es technisch und wirtschaftlich zu realisieren
ist. Die Darstellung von Bewegtbildern liegt aber neben dem Bildtelefon auch der Videokonferenz, sowie allgemein der Fernbeobachtung zugrunde. Künftige Breitbandvermittlungsnetze sowie neue Möglichkeiten
der Informationsspeicherung und des Informationsabrufes werden dazu die
noch teilweise vorhandene zeitliche Distanz zwischen Aufzeichnung und
Wiedergabe überwinden. Die individuelle Nutzung des Bewegtbildes in
der Individualkommunikation wird mittelfristig zu einer Revolution in
der Kommunikationslandschaft führen. Natürlich wird die Nutzung dieser
neuen Möglichkeiten zu allererst von ihrer "Nützlichkeit" abhängen.
Die drei Nutzungsbereiche Bildung, geschäftlicher Einsatz und per-

Wird der normale Bildschirm, z.B. als Monitor, mit Multivisionsfunktionen zu einer Zentraleinheit für Information und Kommunikation? Welche Rolle spielen die unterschiedlichen Anforderungen einzelner Dienste an die Bildqualität und an den Standort des Gerätes? Welche Schlußfolgerungen sind aus den unterschiedlichsten Versuchen und Überlegungen für ein multifunktionales Home-Terminal zu ziehen?

2. Nutzung von Bildschirmen

Für die Beantwortung der Frage, inwieweit der Bildschirm des Fernsehgerätes auch für andere Anwendungen genutzt werden könnte, soll zuerst eine Betrachtung angestellt werden, welche **Nutzungspotentiale** sich prinzipiell dafür ergeben könnten. Das Heinrich-Hertz-Institut für Nachrichtentechnik (HHI), Berlin, hat 1986 das Ergebnis einer Studie **Vermittelte Breitbandkommunikation - Technik, Nutzung, Wirtschaftlichkeit**, veröffentlicht, auf die hier verwiesen werden soll.

Der Gesichtssinn des Menschen kann in Kombination mit anderen Sinnen außerordentlich viele Informationen aufnehmen. Das Verhältnis der benötigten Bandbreite zwischen Sprach- bzw. Bildübertragung drückt dies sehr deutlich aus.

Die mittelbare Kommunikation, wie Wahrnehmung über Bild, Zeichnung oder Wort, ist eine Beschreibung der unmittelbaren Kommunikation, um räumliche und zeitliche Entfernungen zu überwinden. Erst Fernsprechen, Radio und Fernsehen kommen - im Vergleich zu den zur Perfektion entwickelten Zeichensprachen - den natürlichen Kommunikationsformen wieder näher. Die weltweit gleich große Attraktivität von Film und Fernsehen ist damit wohl zu erklären.

Es ist daher anzunehmen, daß auch das Bildtelefon eine breite Akzeptanz finden würde, wenn es technisch und wirtschaftlich zu realisieren ist. Die Darstellung von Bewegtbildern liegt aber neben dem Bildtelefon auch der Videokonferenz, sowie allgemein der Fernbeobachtung zugrunde. Künftige Breitbandvermittlungsnetze sowie neue Möglichkeiten der Informationsspeicherung und des Informationsabrufes werden dazu die noch teilweise vorhandene zeitliche Distanz zwischen Aufzeichnung und Wiedergabe überwinden. Die individuelle Nutzung des Bewegtbildes in der Individualkommunikation wird mittelfristig zu einer Revolution in der Kommunikationslandschaft führen. Natürlich wird die Nutzung dieser neuen Möglichkeiten zu allererst von ihrer "Nützlichkeit" abhängen.

Die drei Nutzungsbereiche Bildung, geschäftlicher Einsatz und persönliche Bedürfnisse spielen dabei eine besondere Rolle.

An dieser Stelle sei daher auch auf das Nutzungspotential im privaten Bereich hingewiesen: Private Haushalte verwenden heute Bildschirme von Fernsehgeräten einmal für die Darstellung der Fernsehprogramme selbst und zum anderen für die Wiedergabe auf Videorecorder aufgezeichneter Fernsehprogramme oder gekaufter Videobeiträge. Die tägliche Nutzungsdauer von über zwei Stunden pro Person macht etwa 35 % der verfügbaren Freizeit von etwa sechs Stunden pro Tag insgesamt aus.

Schwerpunkt bei der Nutzung des Fernsehens bilden Unterhaltung und Sport. Fernseh- und Videorecordernutzung sind für die Menschen offenbar ideal, weil die Nutzung dieser Medien unmittelbar zugänglich und preiswert ist. Anforderungen nach einem aktiven Verhalten sind damit nicht verbunden.

2.1   Fernsehen

Das Wort "Massenprodukt" kennzeichnet wohl am treffendsten die heutige Welt der Fernsehempfänger. 90 % aller Haushalte im Bundesgebiet nutzen 1990 einen oder mehrere Fernsehempfänger.

Fernsehgeräte gibt es in allen Formen, Farben und Preisklassen. Sowohl für den Empfang terrestrischer Programme mit oder ohne stationäre Antenne als auch für den Empfang von über Satellit und Kabel verbreiteter Programme können wir geeignete Geräte kaufen. Vielfach werden schon Zweit- und Drittgeräte - oft ohne Anschluß an eine Antennensteckdose - genutzt, nicht zuletzt auch für Videospiele oder zum Betrachten des Videofilms vom letzten Urlaub.

2.2   Bildschirmtext (Btx)

Die ursprünglichen Überlegungen der Deutschen Bundespost Anfang der 70er Jahre gingen davon aus, für den Mehrwertdienst Bildschirmtext das häusliche Videotext-Fernsehgerät als preiswertes Endgerät (für Bildschirmtext zusätzlich ausgerüstet und über ein Modem angeschlossen) mit zu benutzen. Der Zeichenvorrat sowie die grafische Darstellung auf dem Bildschirm (24 Zeilen à 40 Zeichen) wurden zwischen Deutscher Bundespost und den Rundfunkanstalten für Bildschirmtext und Videotext einheitlich festgelegt.

Die bisherige Entwicklung des Dienstes Bildschirmtext - mit knapp
200 000 Teilnehmern Ende 1989 - hat gezeigt, daß dieser Dienst nahezu
ausschließlich für die geschäftliche Kommunikation genutzt wird. Überwiegend werden spezielle Bildschirmtext-Geräte eingesetzt: Ein geschäft-
lich genutztes Gerät hat selten denselben Standort wie das Fernsehgerät, muß unabhängig von den Fernsehwünschen der übrigen Familie genutzt
werden können und daher für den Arbeitsplatz gestaltet werden. Für
viele Arbeitsplätze wäre der Fernsehempfänger auch zu groß.

2.3   Videokonferenz

In Abhängigkeit von den Einsatzfällen werden beim Dienst Videokonferenz
unterschiedliche Endgeräte genutzt: Im Videokonferenz-Studio z.B. normale Fernsehgeräte (allerdings mit separaten Lautsprechern und sehr
guter Tonwiedergabe); für die Dokumentenübertragung wiederum spezielle
Monitore.

Insbesondere Forschung und Entwicklung setzen ein hohes Maß an Kommunikation voraus. Das Heinrich-Hertz-Institut (HHI) weist in der bereits erwähnten Studie darauf hin, daß - einerseits neue Ideen in aller
Regel die Neukombination schon vorhandener Vorstellungen sind und andererseits die Forschungsgebiete in fast keinem wissenschaftlichen Bereich mehr von einzelnen Wissenschaftlern vorangebracht werden, sondern
von Gruppen, die häufig an verschiedenen Orten arbeiten. Bei der wissenschaftlichen Kommunikation spielten wieder der persönliche Kontakt,
z.B. bei Fachgesprächen, Arbeitstreffen und Kongressen eine sehr wichtige Rolle und natürlich auch die Veranschaulichung von Projekten, Vor-
gängen und dynamischen Zusammenhängen. Der Dienst Videokonferenz über
das Breitband-Vorläufernetz (VBN) der Deutschen Bundespost TELEKOM
wird daher sehr an Bedeutung gewinnen.

2.4   Bildfernsprechen

Die Grundüberlegung der Deutschen Bundespost für das integrierte Breit-
band-Fernmeldenetz (IBFN) Anfang der 80er Jahre ging davon aus, das
Fernsehgerät als preisgünstiges Terminal für Bildfernsprechen zu nutzen.
Nachdem es den Dienst Bildfernsprechen bisher auch noch nicht gibt,
haftet allen Überlegungen und Aussagen eine mehr oder minder große Unsicherheit an.

Im Gegensatz zum Fernsprechen, bei dem nur akustische Signale übertragen werden können, ermöglicht das Bildfernsprechen nicht nur die zusätzliche Übertragung eines Bildes sondern durch die "Kombination" von
gesprochenem Wort und gleichzeitig zum Ausdruck gebrachter Körpersprache eine wesentlich intensivere Kommunikation - nämlich die **nonverbale
Kommunikation.** Gesprochenes Wort und nonverbale Äußerungen laufen dabei gleichzeitig ab und bilden eine komplexe Abhängigkeitsfolge. Zu
diesen nicht verbalen Ausdrucksmitteln zählen u.a. gestenreiche oder
verhaltene Hand- und Distanzbewegungen, ein verneinendes Kopfschütteln
und ein die Sache in Zweifel ziehender oder ermunternder Blickkontakt.
Auch die differenzierenden mimischen Ausdrucksweisen des Gesichts als
ein umfangreiches Repertoire an Botschaften, die in enger Wechselwir-
kung zu den jeweiligen sprachlichen Äußerungen stehen, tragen dazu bei.

Bis zu 80 % und mehr an Informationen werden über Auge und Ohr aufgenommen. Die mehrdimensionale Informationsaufnahme ist offenbar geeignet, ein Maximum an Informationen zu übernehmen. Beispiele für eine
ganz neue Qualität der Informationsvermittlung sind der Übergang vom
Stummfilm zum Tonfilm sowie vom Hörfunk zum Farbfernsehen.

Die Frage, ob wir diese intensiven Kontakte über die Entfernung hinweg wollen und bereit sind, dafür auch zu bezahlen, soll an dieser
Stelle nicht näher untersucht werden. Das Heinrich-Hertz-Institut warnt
in der bereits erwähnten Studie vor einer Überschätzung der künftigen
Nutzung des Bildfernsprechens durch private Haushalte. Man könne an
der Telefonnutzung ablesen, daß die Möglichkeit zu kommunizieren zwar
als richtig angesehen werde, die tatsächliche Nutzung aber sehr schnell
an Geldbudget-Grenzen stoße.

Ein interessanter Anwendungsbereich für die individuelle Bildkommunikation könnte künftig der Bildungsbereich werden. Laborexperimente im
Heinrich-Hertz-Institut haben gezeigt, daß ein Tele-Unterricht mit
guten Lernerfolgen möglich ist und auch von den Teilnehmern akzeptiert
wird. Das Bildtelefon könnte besonders für die berufliche Aus- und
Weiterbildung Vorteile bringen, weil hier die Versorgungsschwierigkei-
ten vor allem auch wegen der fortgeschrittenen Spezialisierung regional
besonders hervortreten. Fachlehrer und Experten können auf diese Weise
effektiver eingesetzt werden und sich auch um relativ kleine Gruppen
von Lernenden kümmern.

Mit Blick auf die Fragestellung "...der Fernsehempfänger als multifunktionales Endgerät ...?" interessiert an dieser Stelle lediglich,

ob das häusliche Fernsehgerät für den künftigen Fernmeldedienst Bildfernsprechen geeignet ist und verwendet werden könnte.

Bei der Beantwortung dieser Fragestellung sind besonders die optogeo-
metrischen Verhältnisse zu beachten:

- Vom Körper des Gesprächspartners sollte auf dem Bildschirm möglichst
  viel zu sehen sein, um die nonverbale Kommunikation mit zur Geltung
  kommen zu lassen. Dies bedeutet für die Bildschirme eine möglichst
  hohe Auflösung, um Einzelheiten (z.B. des Gesichts) deutlich sehen
  zu können.

- Sehr wichtig ist auch der gegenseitige Blickkontakt, da er die Bereitschaft zum Dialog signalisiert und - meist unbewußt - das Wechselspiel zwischen beiden Gesprächspartnern steuert und kontrolliert.
  Die früher angestellten Überlegungen gingen davon aus, die Kamera
  über dem Bildschirm anzuordnen. Wird ein Grenzwinkel überschritten
  entsteht der Eindruck, daß der Partner "vorbeischaut". Dieser Nachteil behindert, wie Untersuchungen bei ITT in Stuttgart ergeben haben,
  ganz entscheidend die Akzeptanz vom Fernsehtelefon.

  ITT hat daher vorgeschlagen, das Bild an einer Glasscheibe vor der
  Kamera einzuspiegeln, damit immer der Eindruck entsteht, beide Partner schauten einander direkt an. Im Fernsehstudio ist diese Einrichtung - als Teleprompter bezeichnet - schon seit vielen Jahren im Einsatz, um z.B. einen längeren Kommentar, ohne auf das Manuskript zu
  schauen, sprechen und dabei die Teilnehmer direkt ansehen zu können.

2.5   Bildschirmarbeitsplätze in der Bürokommunikation

Die Entwicklung der optischen Nachrichtenübertragung wird nach Ansicht
vieler Fachleute schon in wenigen Jahren die Errichtung eines integrierten Breitband-Fernmeldenetzes (IBFN) - zuerst für die geschäftliche, später auch für die private Kommunikation - ermöglichen. Bald
werden 140 Mbit/s.-Übertragungsleistungen zu Tarifen zur Verfügung
stehen, wie sie früher für eine Bandbreite von 3,4 kHz im Fernverkehr
gezahlt werden mußten. Der Anschluß an das IBFN und die Verwendung von
Büroarbeitsplätzen in Firmen und kleineren Büros sowie bei freiberuf-
lich tätigen Arbeitnehmern werden dann möglich sein, aber natürlich
von der Verfügbarkeit preisgünstiger Endgeräte abhängen.

Die DETECON stellt im Berliner Kommunikationsprojekt BERKOM derzeit
Untersuchungen zur späteren Nutzung hochwertiger Bildschirmarbeits-
plätze der Bürokommunikation (natürlich auch für Heimarbeitsplätze) an.
Dabei wird besonders geprüft, ob die Technologie der Endgeräte des
künftigen Massenmarktes für hochauflösendes Fernsehen - HD MAC - aus
Kostengründen mitgenutzt werden kann:

> Bildseitenverhältnis 16 : 9
> 1 250 Zeilen Auflösung
> Flimmerfreie Bildschirmdarstellung (70 - 100 Hz)

Derartige **Multimedia-Dokumentations-Arbeitsplätze** mit spezieller Bedienoberfläche könnten dann natürlich auch Fernsehprogramme wiedergeben. Verwendung und Einsatzort werden jedoch von der Bürokommunikation
- in der Firma oder zu Hause bei Heimarbeitsplätzen - geprägt.

Eine **Multifunktionalität** wäre wie folgt vorstellbar:

- Bildfernsprechen in einem Breitband-Wählnetz (zwischen einzelnen
  Teilnehmern und auch Teilnehmergruppen) einschl. Fernzeichnen

- Videokonferenz in Betrieben (einzelne Teilnehmer und Arbeitsplatzkonferenz)

- Informationsabruf aus öffentlichen und betriebsinternen Bild-, Text-
  und Datenbanken

- Text- und Datenverarbeitung

- Abruf von Bewegtbildszenen

- Fernsehsprogramme und Pay TV

- Videotext

- Kabeltext

Bereits vor Jahren hat Siemens derartige Vorschläge für ein **multifunktionales** Bildkommunikationsgerät VICOSET 200 zur Diskussion gestellt.

Über diese Nutzungsmöglichkeiten hinaus lassen sich mit Hilfe von Zu-
satzgeräten weitere spezifische Anforderungsprofile kombinieren. So

würde eine zweite Kamera eine größere Freizügigkeit bei den Aufnahme-
motiven bringen und ein zweiter Monitor eine simultane Dokumentenübertragung oder einen Informationsabruf ermöglichen. Videorecorder und
optische Bildplatten werden für das Speichern sowie für Wiederausle-
sen von Fest- und Bewegtbildern eingesetzt werden. Schließlich ermöglichen Hardcopie-Geräte das Ausdrucken der am Bildschirm nur flüch-
tig sichtbaren Informationen.

Natürlich wäre auch vorstellbar, Funktionen eines PC's in das multifunktionale Bildkommunikationsgerät noch mit zu integrieren; der Markt
wird entscheiden müssen, welche Funktionen an welchen Arbeitsplätzen
benötigt werden.

2.6   CAD-/PC-Anwendungen

Zur Vervollständigung der Nutzung von Bildschirmen sollen noch die
Einsatzfälle

        CAD   und
        PC

erwähnt werden. Gemeinsamkeiten mit dem Bildschirm des Fernsehgerätes
gibt es kaum.

3.   Anforderungsprofile für Bildschirmgeräte

Die zum Teil sehr unterschiedlichen Einsätze und Verwendungen von "Bildschirmen" führen natürlich auch zu ganz verschiedenen Anforderungsprofilen. Die Tabelle 1 zeigt dies sehr deutlich:

Tabelle 1

	Anforderungsprofile	
	Bildseitenverhältnis	**Auflösung** (Zeilen)
Fernsehen	4 : 3 —> 16 : 9	625 —> 1250
Bildschirmtext (Btx) (soweit nicht im PC integriert)	4 : 3	625
Videokonferenz	4 : 3 —> 16 : 9	625 —> 1250
Bildfernsprechen (IFBN)	4 : 3 eigentlich 3 : 4 bzw. 4 : 4 erforder- lich	625 —> 1250
Büroarbeitsplatz (Heimarbeitsplatz)	4 : 3 eigentlich DIN A 4 senkrecht	sehr hoch min. 1250 und flimmer- frei
CAD **PC**	4 : 3 aus "Tradition"	> 2048 bis zu 1024

für Bildschirmgeräte

Aufstellungsort	Preis (DM)	Bandbreite (digital)
Wohn-/Schlafräume Kinderzimmer Hobbyraum	< 2.000 bis < 5.000	< 140 Mbit/s. bis < 560 Mbit/s.
Arbeitszimmer Büro	1.000 bis 1.500	64 kbit/s.
Videokonferenz-studio	wie Fernsehgerät	2 x 140 Mbit/s. (VBN)
Wohnzimmer Büro Anordnung wie Tele-prompter	?	< 140 Mbit/s.
Büro Arbeitszimmer	? (> 5.000 ?)	140 Mbit/s.
Büro Arbeitszimmer	> 70.000 > 6.000	100 - 500 kbit/s.

3.1   Bildseitenverhältnis

Entsprechend dem menschlichen Gesichtsfeld hat sich beim Fernsehen ein
Bildseitenverhältnis entwickelt, welches der Breite (gerade bei einem
künftigen hochauflösenden Fernsehen) mehr Raum als der Höhe einräumt.
Das Querformat wird darüber hinaus bei der künftigen Großbildprojektion
(HDTV) den Betrachter mehr in das Geschehen einbeziehen und ihm so zu
einem unmittelbaren visuellen Erlebnis verhelfen (Telepräsenz).

Beim Lesen hingegen werden das Hochformat und eine wesentlich geringere Betrachtungsdistanz bevorzugt. Dieses Format hätte auch für das
künftige Bildtelefon den Vorteil, viel "Nonverbale Informationen" zu
übertragen; vielleicht wäre auch ein quadratisches Format anzustreben.
Hier werden die grundsätzlichen Unterschiede zwischen den Anforderungen
an Bildschirmgeräte großer Stückzahl - einmal für Fernsehen und zum
anderen für Bildfernsprechen - deutlich.

3.2   Auflösung

Insbesondere bei den speziellen Anwendungsfällen Büroarbeitsplatz und
CAD besteht die Forderung nach einer hohen Auflösung.

3.3   Aufstellungsort

Die Aufstellungsorte (Raum, Platz im Zimmer) für das Fernsehgerät auf
der einen Seite und für alle anderen Bildschirmgeräte sind sehr unterschiedlich. Alle Geräte an Arbeitsplätzen werden eher kleinere Bildschirme nutzen; bei HD MAC und HDTV (hochauflösendes Fernsehen) geht
der Trend zu Großbildschirmen.

4.   Der Fernsehempfänger - kein multifunktionales Endgerät

Vergleicht man die unterschiedlichen Nutzungsarten der Bildschirme und
die Anfordungsprofile, muß der Schluß gezogen werden, daß es künftig
ein Bildschirmgerät für alle Anwendungen, also das multifunktionale
Fernsehgerät **nicht** geben wird. Es ist davon auszugehen, daß der End-
gerätemarkt sich stark in einen "Konsummarkt" für die private Nutzung
und in einen Markt für die berufliche Nutzung, also einen "Investi-
tionsmarkt entwickeln wird. Sowohl bei der beruflichen, als auch bei

der privaten Nutzung der Endgeräte wird es verschiedene Lösungen geben,
die sich nach den unterschiedlichen Anforderungen - auch in preisli-
cher Hinsicht - richten werden.

Am Beispiel des Fernsehgerätes und des künftigen Dienstes Bildfernsprechen sei dies noch einmal dargestellt: Zwar eignet sich die Fernsehnorm (derzeit 625 Zeilen, künftig beim Satellitenfernsehen auch
1 250 Zeilen) gut für das Bildfernsprechen; aus den geschilderten Gründen werden sich jedoch völlig getrennte Geräteformen (Fernsehgerät auf
der einen Seite und spezielles Bildfernsprechgerät mit in die Kamera-
achse eingespiegelter Bildwiedergabe andererseits) entwickeln. Für den
Fall der Dokumentenübertragung muß auf jeden Fall eine hohe Auflösung
vorgesehen werden.

Auch das **Preis-/Leistungsverhältnis**, bezogen auf die technische Bildqualität, muß mitbetrachtet werden: "Kombinationsgeräte" für Fernsehen und für Bildfernsprechen wären mit Sicherheit wesentlich teurer,
als in großer Serie hergestellte Fernsehempfänger.

Kürzlich berichtete die Funkschau über Untersuchungen in Japan, künftig alle Kontroll-, Meß- und Überwachungsfunktionen im Haus zu automa-
tisieren. Der erste Schritt zum "intelligenten Haus" sei die Verab-
schiedung eines Standards für ein **Home-Bus-System**. Darin sollen alle
Informationen für im Haus eingesetzte Systeme - einschließlich Audio-
und Video-Bereich - übertragen werden. Mit Interesse wird zu beobachten sein, ob dieser erneute Vorschlag für ein Multi-Visionsgerät kon-
kretere Lösungsansätze als bisher bieten wird.

5. **Der Fernsehempfänger - ein multifunktionales Endgerät für die
    Massenkommunikation**

So wenig der Fernsehempfänger ein multifunktionales Endgerät für alle
möglichen Dienste ist und sein kann, um so mehr entwickelt sich das
Fernsehgerät der gehobenen und oberen Preisklasse zu einem **multifunktionalen Endgerät für die Massenkommunikation**. Alle Programmangebote
und zusätzlichen Servicedienste der Rundfunkanstalten sowie des Video-
marktes werden integriert.

In den letzten Jahren waren dies, über die Darstellung der Programme
hinaus, folgende Schritte:

5.1   Videotext (Fernsehtext)

Als Teil des Fernsehsignals werden in sieben Zeilenpaaren der Austastlücke pro Programm etwa 250 bis 300 Tafeln übertragen. Videotext
(Fernsehtext) ist als "geschriebener Hörfunk" besonders gut geeignet
für

- **programmbegleitende Informationen** (Programmvorschau; Fernsehen und
  Hörfunk; kurzfristige Programmänderungen; Inhaltsangaben, Angaben
  über Sender und Frequenzen, etc.)

- **programmergänzende Informationen** (Wetterbericht, Verkehrsinforma-
  tionen, Presseschau, Nachrichten, Sport, etc.)

- **Untertitelung** für Hörgeschädigte.

Am 01.06.1980 wurde Videotext (Fernsehtext) mit drei Zeilenpaaren der
Austastlücke gestartet; seit 01.01.1990 ist Videotext ein operatio-
neller Dienst (Beendigung des Videotext-Feldversuches). Zwischenzeit-
lich gibt es auch in allen Dritten Programmen eigene Videotext-Dienste.
SAT 1 hat ebenfalls einen eigenen Dienst eingerichtet.

Ende 1989 waren 20 % aller Fernsehhaushalte mit videotexttauglichen
Fernsehgeräten (4,9 Mio. Stück) ausgerüstet.

5.2   Table of Pages (TOP)

Schon heute verfügen viele Fernsehgeräte mit Videotext über Decoder mit
Seitenspeichern, aus denen bevorzugte Tafeln ohne Wartezeit abgerufen
werden können. Nachdem diese Möglichkeit auf wenige Seiten begrenzt
ist, haben ARD und ZDF das Verfahren **Table of Pages (TOP)** entwickelt,
welches eine wesentliche Verbesserung bei der Nutzung des Dienstes
Videotext (Fernsehtext) darstellt.

Kernstück des TOP-Systems ist eine Tabelle, auf der das Programmange-
bot zu thematischen Gruppen und Blöcken gebündelt zusammengefaßt ist,
die von der Fernsehtext-Redaktion in den Tafelzyklus mit eingegeben
wird. Der Zuschauer kann dann eine bestimmte Information durch Drücken
einer von drei farbigen Funktionstasten auf der Fernbedienung anwählen
und fast ohne Wartezeit abrufen, anstatt wie heute noch eine dreistel-
lige Nummer anwählen zu müssen.

Mit der grünen Taste auf der für TOP entsprechend ausgerüsteten Fernbedienung kann die jeweils nächste **Seite** im Videotext-Programm angewählt werden. Wird das nächste **Thema** gewünscht, muß die gelbe Taste gedrückt werden. Ein Sprung zum nächsten **Themenbereich** wird durch Drücken der blauen Taste erzielt. So kann z.B. direkt vom Themenbereich Nachrichten zum Themenbereich Sport umgeschaltet werden.

Das Verfahren **TOP** bietet damit folgende **Vorteile:**

- Anwahl der Seiten durch Drücken einer einzigen Taste

- Effiziente Benutzerführung durch schrittweise Wahl des Themenbereiches, des Themas bis hin zur gewünschten Information

- Verkürzung der Wartezeit

- Kein unnützes Warten bei Fehlangaben durch Drücken der roten Taste.

Mit diesem neuen Zusatzdienst haben die Rundfunkanstalten den Nutzern des Dienstes Videotext eine entscheidende Verbesserung angeboten, die die Attraktivität des Dienstes selbst erhöhen wird. Ein Stück "echte Benutzerfreundlichkeit".

5.3   Pay TV

Unabhängig von der medienpolitischen Streitfrage, ob Pay TV unter den Medienbegriff fällt - wie die Bundesländer meinen - oder nicht - wie der Bundesminister für Post und Telekommunikation formuliert - werden künftig die Pay TV-Decoder ferngesteuert und von Hackern nicht knackbar mit in die Fernsehgeräte integrierbar sein. Vorsatzlösungen, wie heute praktiziert, werden eines Tages aus Qualitätsgründen der Vergangenheit angehören.

5.4   Kabeltext

Verwendet man alle Zeilenpaare eines Fernsehsignals nur für Videotext (z.B. in einem Kanal in Kabelnetzen), so sind bei einer maximalen Wartezeit (Zykluszeit) von

10 Sekunden	7.500 Seiten
oder bei	
15 Sekunden	1.250 Seiten

möglich.

Bei einer weiteren Entwicklungsstufe von Videotext mit hohen grafischen Auflösungen können bis zu 800 Seiten in einem Kanal anstelle eines Fernsehsignals übertragen werden.

Bei einem künftigen Ausbau der BK-Netze der Deutschen Bundespost für eine größere Übertragungskapazität ergeben sich mit Kabeltext völlig neue Nutzungs- und Anwendungsfälle.

6.   Ausblick - Entwicklungstendenzen.

Die künftige Verbesserung und Verbilligung von Fernsehgeräten hängt eng mit der Weiterentwicklung der Mikro-Elektronik und mit der Anwendung der Digitaltechnik zusammen. Die inzwischen klar erkennbare Entwicklung der Fernsehgeräte verläuft über die Verbesserung der Darstellung durch digitale Zwischenspeicherung, die eine flimmerfreie Wiedergabe durch z.B. verdoppelte Bildwiedergabefrequenzen und bessere Bildqualität durch erhöhte Zeilenzahlen über Interpolationsverfahren ermöglicht.

Die künftige Entwicklung der Mikro-Elektronik ermöglicht aber auch ein "re-design" der seit vielen Jahren verwendeten Farbfernsehnorm PAL einschließlich eines breiteren Bildformates mit dem Bildseitenverhältnis von 16 : 9 (PAL Plus).

Übereinstimmende Auffassung ist heute, daß die Bildröhrentechnologie allein schon von Größe und Gewicht her an ihre Grenze stößt. Für die Darstellung eines "echten" hochauflösenden Fernsehens (High Definition Television, HDTV) muß auf den großen Bildschirm oder auf eine Projektion übergegangen werden. HDTV ist also auf größere Bildformate und entsprechende Abstände der Betrachter angewiesen, so daß die höhere Bildinformation in ein breiteres Bild mit höherer Auflösung umgesetzt werden kann. Das heutige Fernsehgerät kann dem Teilnehmer nur einen sehr eingeschränkten Eindruck von der Wirklichkeit des Geschehens vermitteln. Erst wenn sich anstelle des schmalen Blickwinkels des heutigen Fernsehzuschauers von 12° ein Blickwinkel von über 30° - beim gleichen

Betrachtungsabstand und bei gleicher Auflösung - ergibt, kann ein
qualitativer Sprung beim Fernseherlebnis stattfinden ("Telepräsenz").
Die Betrachtungsfläche verhält sich wie 1 : 9. Für eine echte Telepräsenz ist deshalb der große Bildschirm mit einer Abmessung von etwa 1,8
x 1 m unabdingbar notwendig. Ein derartiges Bilderlebnis ist ein völlig
neues Fernsehen. Nur dies rechtfertigt Milliardeninvestitionen bei
Programmherstellern, Rundfunkanstalten und der Industrie. Dabei ist
aber völlig klar, daß die Stichworte "großer Bildschirm" und "durchschnittliche Wohnzimmergröße" noch viele Unsicherheitsfaktoren in sich
bergen.

Anläßlich der Funkverwaltungskonferenz 1992 soll die Entscheidung über
die Zuweisung eines Frequenzbereiches im 22 GHz-Bereich für ein "echtes" Satellitenfernsehen für den Direktempfang fallen. Nach bisherigen
Vorstellungen könnte Deutschland mit einer Zuteilung für etwa 12 Kanä-
le für die Ausstrahlung je eines digitalen Fernsehprogramms in HDTV-
Qualität rechnen. Der Direktempfang wird mit Antennenanlagen von nur
90 cm Durchmesser möglich sein. Eine Realisierung könnte Ende dieses
Jahrhunderts erfolgen.

Ein derart "revolutionäres" Fernsehsystem sollte an der Technologie
von heute und morgen orientiert und nicht durch Zwangskompatibilität
zu bestehenden Systemen an der Optimierung gehindert werden. Inkompa-
tibilität ist geradezu eine unabdingbare Forderung an ein echtes HDTV-
System.

Das künftige Fernsehgerät mit der Großbilddarsellung wird daher mehr
der eigentlichen Aufgabe, einem möglichst wirklichkeitsnahen Eindruck
des Ereignisses zu vermitteln, entsprechen und kaum andere, nicht
rundfunktypische Anwendungen, beinhalten.

Das Fernsehgerät - **kein** multifunktionales Endgerät.

Multimedia Terminals für das Breitband-ISDN

W. Andrich

<u>Einleitung</u>

Wenn man sich heute die Aufgabe stellt, die Anwendungen für künftige Breitbandnetze zu untersuchen, stößt man auf eine Reihe von Problemen.

- Eine breite Nutzung öffentlicher Netze ist nicht möglich. Zwar stehen Versuchsnetze wie das Breitbandvorläufernetz oder das Berkomtestnetz zur Verfügung, doch ist die Anzahl der nutzbaren Teilnehmeranschlüsse zur Zeit noch sehr begrenzt.

- Realistische Anwendungs- und Nutzungsuntersuchungen sind nur durchführbar, wenn Verkehr durch echten Bedarf zustande kommt.

- Anreizen der Kreativität zukünftiger Benutzer zur Lösung ihrer Probleme erfolgt erst richtig durch Pilotanlagen, welche die Möglichkeiten von Breitbandnetzen und Multimedia Terminals anschaulich darstellen.

- Die Ideen für Anwendungen kommen meist von zukünftigen Benutzer und nicht vom Netz- oder Terminalhersteller.

- Um ähnliche Schwierigkeiten wie bei der Einführung anderer Dienste zu vermeiden, müssen sinnvolle Endgeräte gefunden werde, bevor Breitbandnetze installiert sind oder ihrer Installation durch fehlende Anwendung auf Widerstand stößt.

Im Vortrag werden Möglichkeiten beschrieben, wie man trotz der genannten Problematik sinnvolle Untersuchungen durchführen kann. Einige Anwendungen und ihr Nutzen werden erläutert.

<u>Videokonferenz</u>

Eine bereits seit einigen Jahren bekannte Breitbandeinrichtung sind die Videokonferenzzentren.
(Bild 1)

Der Nutzen ist allerdings umstritten weil:

- Benutzungszeitpunkt und Dauer vorgeplant werden müssen.

- Das "ad hoc" Hinzuziehen von anderen Gesprächsteilnehmern schwierig ist.

- Meist auch längere Anmarschwege oder sogar Reisen erforderlich sind.

- Die zunächst als Vorteil gepriesene Disziplin bei der Konferenz Umgewöhnung gegen normalen Gesprächsablauf erforderlich macht und damit die Akzeptanzschwelle höher setzt und u.U. auch die Kreativität während eines Gesprächs einschränkt.

Das wird auch durch Untersuchungen des Max-Planck Instituts bestätigt [1] Bild 2 zeigt das Subtitutionspotential von Reisen durch Videokonferenzen.

(Bild 2)

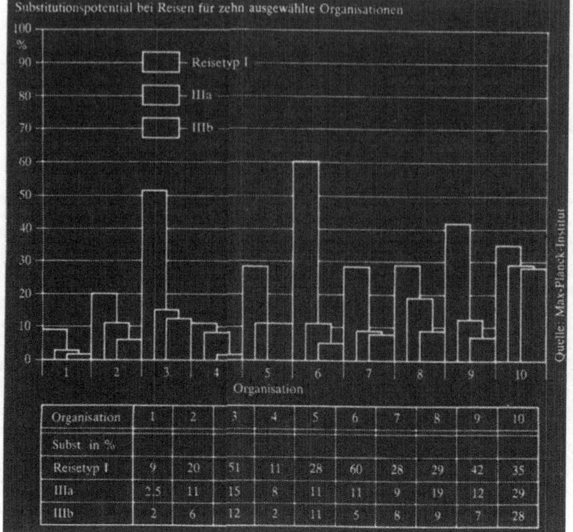

Organisation	1	2	3	4	5	6	7	8	9	10
Subst. in %										
Reisetyp I	9	20	51	11	28	60	28	29	42	35
IIIa	2,5	11	15	8	11	11	9	19	12	29
IIIb	2	6	12	2	11	5	8	9	7	28

Substitutionspotential von Reisen durch Videokonferenz.

Typ I: Reisen zur innerorganisatorischen Abstimmung, Entwicklungs- und Fertigungsbesprechung

Typ II: Expertenhearings

Typ III: vertrauliche Gespräche

Ein Teil der genannten Nachteile kann durch die Videokonferenz vom Arbeitsplatz vermieden werden (Bild 3). Hier erfolgt das Zusammenbringen der Teilnehmer nicht indem sie sich in Videokonferenzräumen versammeln, sondern jeder bleibt in seinem Büro (oder zumindest in der Nähe davon) und die Konferenz wird durch die Vermittlungseinrichtung zusammengeschaltet. Dabei sollte jeder Teilnehmer freie Wahl des Bildmix auf seinen Bildschirm haben.[2]

(Bild 3)

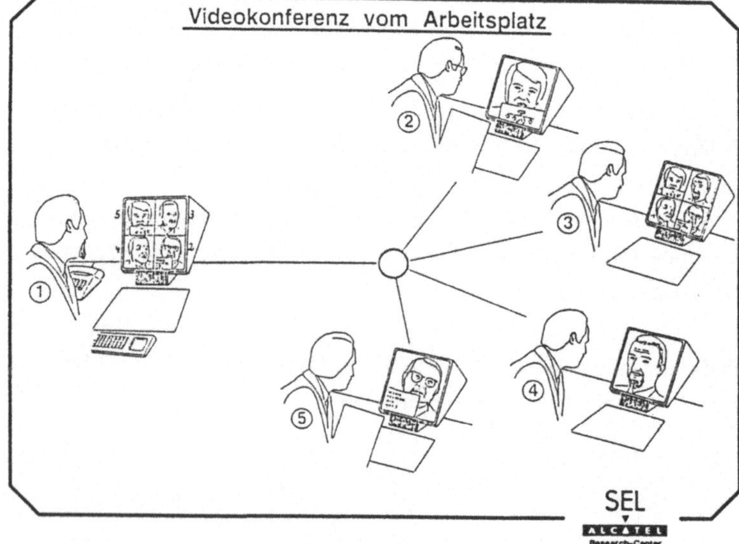

Beispiel 1: Videokonferenz vom Arbeitsplatz

Im ersten Beispiel wird gezeigt wie es möglich ist, trotz der noch begrenzten Anzahl von Breitbandanschlüssen eine interessante Zahl von Anwendern miteinander zu verbinden, die auch wirklich etwas miteinander zu tun haben.

(Bild 4)

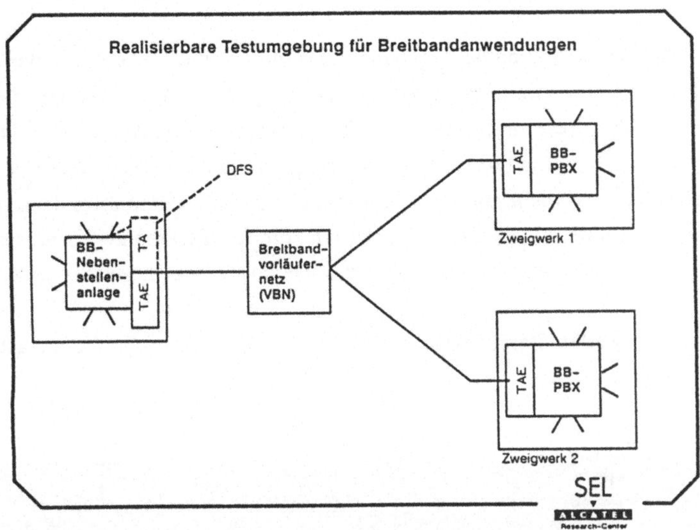

Mit geeigneten Breitbandnebenstellenanlagen (BB–PBX) können viele Teilnehmer mit wenigen Verbindungen über das öffentliche Netz in Verbindung treten. Aus Kostengründen (Einsparen von Codecs) und der gewünschten Unabhängigkeit von noch nicht ausspezifizierten digitalen Übertragungsstandards werden im Teilnehmerbereich analoge Breitbandsignale geschaltet.

(Bild 5)

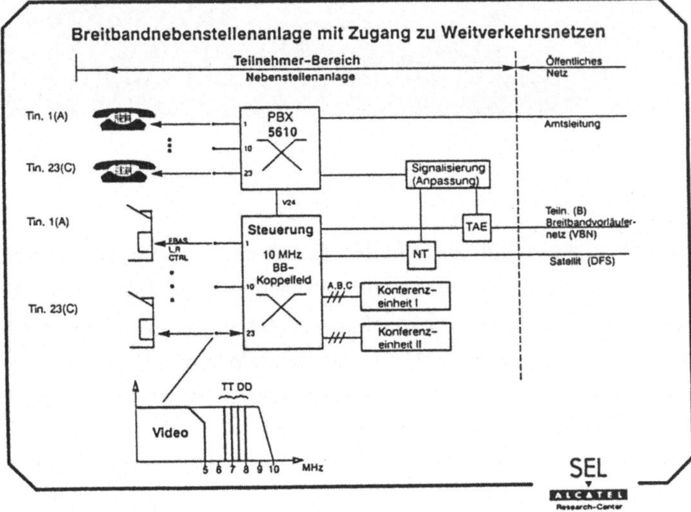

Bild 5 zeigt schematisch den Aufbau. Eine schmalbandige PBX steuert ein Breitbandkoppelfeld an dem über geeignete Übertragungswege Breitbandendgeräte angeschlossen sind. 2 simultane 3er Konferenzen sind möglich. Der Zugang zu anderen Teilnehmern und zum öffentlichen Netz (VBN) wird durch Wahl mit dem Handapparat hergestellt.

Ist man sich solchermaßen schmalbandig näher gekommen und hat entschieden Bildverbindung aufzunehmen, wird auf eine zweite Inband–Signalisierungsebene umgeschaltet, die von den Breitbandendgeräten ausgeht. Diese sind (latent) bereits miteinander verbunden, weil das Breitbandkoppelfeld bei Anwählen der schmalbandigen Verbindung „mitgelaufen" ist. Wie Bild 5 zeigt, enthält das analoge Breitbandsignal nicht nur ein Videosignal und zwei breitbandige Tonsignale für stereophones Freisprechen, sondern auch zwei Datenkanäle, die für die Inband–Signalisierung verwendet werden. Vom Terminal aus wird darüber in der Videokonferenzeinheit der gewünschte Bildmix geschaltet.
Die Steuerung dieser zweiten Signalisierungsebene erfolgt durch eine Funktionstastatur am Endgerät.
(Bild 6)

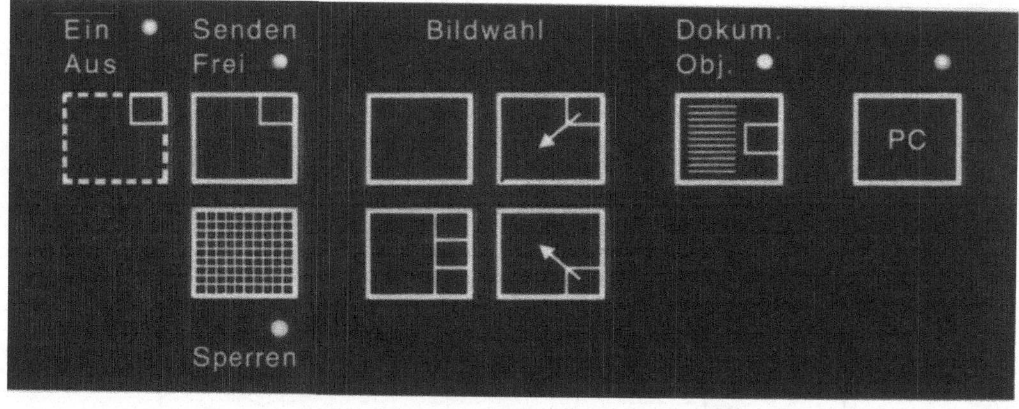

Nach dem Einschalten zeigt der Bildschirm in der rechten oberen Ecke das Eigenbild des Benutzers und zwar so, wie er sich im Spiegel sehen würde. Nach Sendefreigabe durch beide Teilnehmer (bei Zweier–Konferenz), die über den Tonkanal abgesprochen wird, erscheint der Gegenteilnehmer als großes Bild, während das Eigenbild eingeblendet bleibt. Wird ein 3. Teilnehmer durch Anwählen mit dem Telefon in Konferenz zugeschaltet, erscheint er zunächst als Hauptbild. Der bereits vorher geschaltete Teilnehmer rutscht in die rechte untere Ecke. Danach kann durch die entsprechend bezeichneten Funktionstasten jedes Teilbild, auch eine Objektkamera als Hauptbild geschaltet werden. Umschaltung des Bildschirms als VGA–PC–Schirm erfolgt ebenfalls mit dieser Funktionstastatur.

(Bild 7)

Das Resultat ist in Bild 7 dargestellt.

(Bild 8)

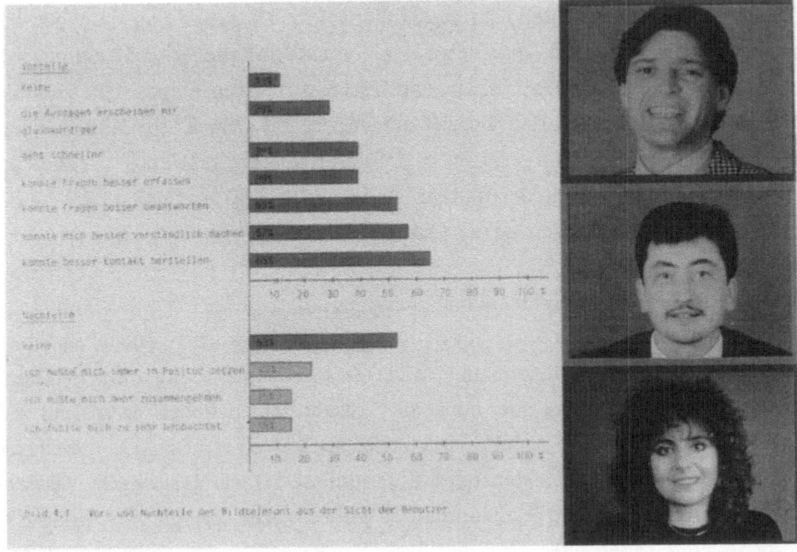

Hier sind 3 Teilnehmer in Konferenz, im Bild 8 wird zusätzlich die Objektkamera eines Teilnehmers eingeschaltet. Der Tonkanal jedes Teilnehmers wird durch die Konferenzeinheit auf die Stereobasis verteilt, damit ein Teilnehmer auch verständlich bleibt, wenn alle durcheinander reden. Das setzt allerdings auch eine vollduplexfähige Freisprecheinrichtung (nicht Waageprinzip) mit hoher Sicherheit gegen akustische Rückkoppelung voraus [3].

(Bild 9)

Bild 9 zeigt einen so aufgebauten Kommunikationsplatz. Derartige Einrichtungen befinden sich bereits im Einsatz. Sie verbinden Angehörige der Vorstandsmitglieder und Leitungsebene eines Großunternehmens in verschiedenen, vorwiegend intern vernetzten Standorten. Das Terminal erlaubt neben Bildfernsprechen auch den Zugriff auf andere Medien. Dafür sind PC, Facsimilie Gerät, Drucker und Teleschreiber vorgesehen. Die Bildfernsprecheinrichtung arbeitet parallaxfrei. Die Auflösung des Bildschirms und der Kamera sind so hoch, daß eine halbe DIN A4 Seite Schreibmaschinentext einwandfrei gelesen werden kann.

Beispiel 2: "Just in Time" Kundendienst-Schulung.
Wenn neue anspruchsvolle Produkte auf den Markt gebracht werden, entstehen meist Anlaufprobleme, die durch Unvollkommenheiten am Produkt, falsche Handhabung durch den Benutzer, Informationslücken beim Kundendienst oder meist alles zusammen entstehen. Es ist sehr wichtig diese Probleme sofort zu erkennen und Abhilfe zu schaffen am besten vor Ort in der Werkstatt – am Objekt. Immer müssen diese daraus entstehenden Erkenntnisse zentral ausgewertet werden um systematische Fehler auszumerzen und Maßnahmen zu koordinieren. Durch gemeinsame Diskussion von problembehafteten Teilen oder Abläufen zwischen Kundendienstwerkstatt und Zentrale läßt sich schneller Abhilfe schaffen, als beispielsweise durch Aufsammeln von Reklamationen. Für diese Diskussion müssen allerdings Medien zur Verfügung stehen, die eine "Telepresenz" der Zentrale in der Werkstatt ermöglicht. Zusätzlich zum Terminal mit Bildfernsprechern, PC-Funktionen und Facsimilie werden hier weitere Kameras und Sprechgarnituren benötigt, um direkt an das Objekt zu gehen.

(Bild 10)

Zweckmäßigerweise sollten andere Werkstätten mit ähnlichen Problemen in die Diskussion mit einbezogen werden können. In einer späteren Ausbaustufe kann das System reiseintensive Lehrgänge des Kundendienstpersonals in der Zentrale ersetzen. Schulung ist dann von der Zentrale aus möglich. Bei dieser und ähnlichen Anwendungen ist auch eine Art Rundfunkfunktion des benötigten Breitbandnetzes sinnvoll, mit der von der Zentrale eine größere, ausgewählte Zahl von Teilnehmern gleichzeitig angesprochen werden kann („Morgenappell"). Obwohl bei dieser Anwendung Verbindungen im Breitbandvorläufernetz benötigt werden, die ja nur in eingeschränkter Menge zur Verfügung stehen, lassen sich doch aussagekräftige Resultate erzielen, die Hinweise für eine spätere breite Einführung liefern können.

Beispiel 3: Betreuung von älteren oder behinderten Menschen. (R1054 – Application pilot for people with special needs)

(Bild 11)

Bei diesem Projekt ist zunächst eine Kommunikation innerhalb abgeschlossener Einheiten wie Alten- oder Pflegeheime, Seniorenhotels oder ähnlichen Einrichtungen geplant. Das Servicezentrum kommuniziert mit den Teilnehmern in ihren Räumen über die dort befindlichen Fernsehgeräte und eine Zusatzeinrichtung, welche eine Videokamera, die Freisprecheinrichtung und die zur Steuerung erforderliche Elektronik enthält. Durch eine "Wenigknopf"-Fernbedienung kann Kontakt mit dem Servicezentrum hergestellt werden. Z.Zt. wird noch untersucht, ob es sinnvoll ist auch die wichtigsten Steuerfunktionen für das Fernsehgerät miteinzubeziehen, da FS-Fernbedienungen mit ständig mehr z.T. überflüssigen Funktionen ausgestattet werden und damit insbesondere für den hier betrachteten Personenkreis unbrauchbar werden. Damit sich der Benutzer nicht in seiner Intimsphäre belästigt fühlt, indem er sich durch das "drohende" Kameraobjektiv ständig einem Big-brother-is-watching-you-Effekt ausgesetzt sieht, wird die Kamera bei Nichtbenutzung durch eine motorisch bewegte Klappe nach außen sichtbar abgedeckt.

Die Übertragung aller im Gebäude zu übertragenden Signale erfolgt trägerfrequent über ein Coaxialkabel. Zugang zum externen Breitbandnetz ist vorgesehen.

Multimedia Terminals

Alle bisher beschriebenen Anwendungen beschreiben keine Multimedia Terminals im strengen Sinn, sondern die parallele Handhabung verschiedener Medien, für die für das zu lösende Problem Endgeräte sinnvoll zusammengestellt und zum Teil über ein gemeinsames Design und Handhabungsfeld miteinander verbunden sind. An dieser Stelle erscheint es sinnvoll, zu definieren was hier unter dem in vieler Weise benutzten Wort Medien zu verstehen ist.
(Bild 12)

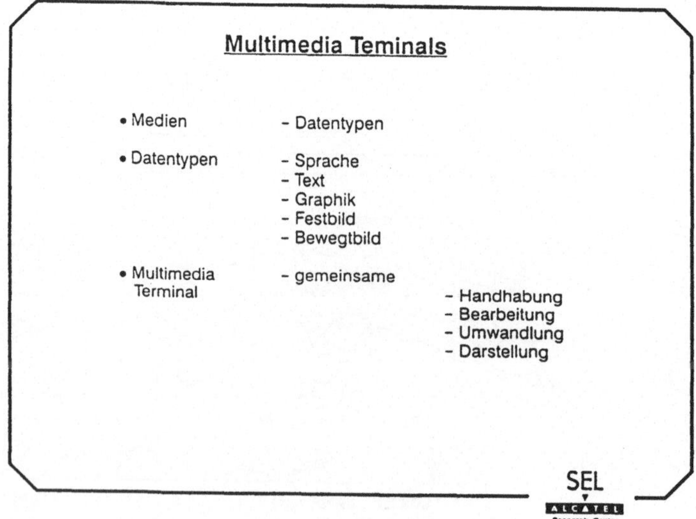

Wie aus Bild 12 hervorgeht sind Multimedia Terminals demnach in der Lage, unterschiedliche Datentypen gleichwertig zu behandeln. Von dieser Art Endgeräte kann man erwarten, daß ihre Handhabung selbst bei zunehmender Komplexität leichter zu erlernen sein wird als eine Zusammenstellung von Geräten. Die Basis solcher Geräte werden PCs oder Workstations sein, welche die für das Handhabungsfeld erforderliche Rechenleistung zur Verfügung stellen können.

(Bild 13)

Auf dem Bildschirm erscheinen neben Text und Grafiken auch Bewegtbilder die von einer externen Videoquelle stammen. Diese lassen sich dann nicht nur gleichartig handhaben, bearbeiten und auch umwandeln, sondern auch als gemeinsame Dokumente ablegen, darstellen oder versenden. Sprache bzw. andere Audioinformationen können natürlich nicht über den Bildschirm hergestellt werden, werden aber in der Handhabung in das Dokument voll einbezogen.

(Bild 14)

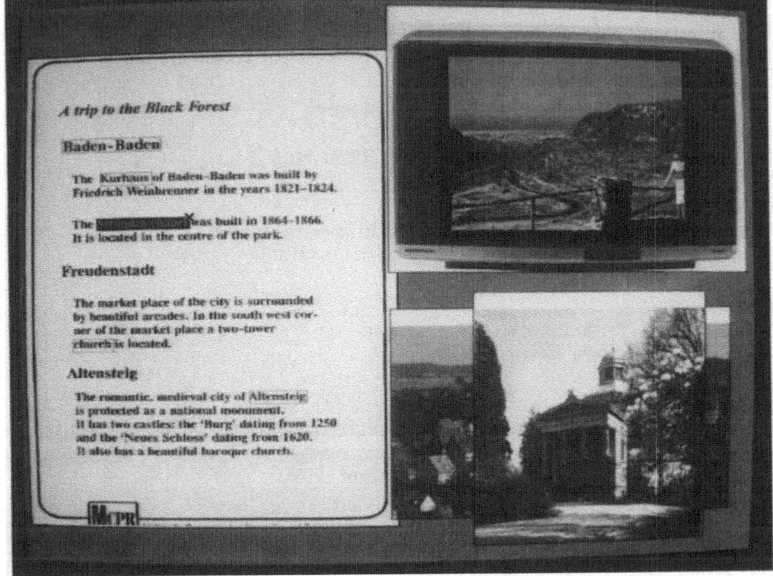

In Race Projekt 1038 – Multimedia Communication, Processing and Representation – entsteht eine Testeinrichtung mit der Anwendungsscenarien und deren Handhabbarkeit auch durch ungeübte Benutzer untersucht werden sollen.

Zusammenfassung

Es werden Möglichkeiten beschrieben, wie trotz derzeit nur eingeschränkt verfügbarer Übertragungswege Untersuchungen von Breitbandanwendungen problembezogen durchgeführt werden können. An drei Beispielen wird gezeigt, daß hier wünschenswerte Dienste entstehen können. Auf die Handhabung der Endeinrichtungen wird besonders eingegangen, da sie durch unmittelbaren Kontakt mit dem Benutzer die Akzeptanz einer Anwendung schwerpunktmäßig beeinflußt. Sie wurde deshalb bei den erläuterten Beispielen den zu lösenden Problemen und dem erwarteten Benutzerkreis angepaßt. Mit einer weiteren Entwicklung soll es möglich werden alle benutzten Medien gleichartig zu betrachten, um für zukünftige Multimedia Terminals zu einer allgemeinen Handhabung zu kommen.

Literaturhinweise

[1] Die Spareffekte sind umstritten;
Funkschau 26/1989 S. 27–28

[2] Götz Rohmann, Angela Prüssog, Lothar Mühlbach:
"Bildfernsprechen am Arbeitsplatz"
Nachrichtentechnische Zeitung, ntz, Bd 40 (1987) Heft 3

[3] Günther Köhler, Michael Walker:
"Freisprecheinrichtung für hochwertige Sprachübertragung"
ITG–Fachbericht 110, 1988, VDE–Verlag, ISBN 3-8007-1575-9

[4] Hans–Jürgen Mosel:
"Eigenschaften und Technik von Bildtelefonen"
Online 90, Tagungsbericht, Febr. 1990

[5] Rolf Kotthaus:
"Einführung von zukunftsorientierten Breitbandkommunikations-Anwendungen unter
Einbeziehung zukunftsorientierter technischer Lösungen: Von der Planung zur Realisierung"
(Praxisbericht) Online 90, Tagungsbericht, Febr. 1990

[6] Wolfgang Andrich, Dieter Unger:
"Funktionalität und Gestaltung von Endgeräten"
ITG Fachbericht 104, 1988, VDE, Verlag ISBN 3-8007-1593-7

[7] Wolfgang Andrich, Gerd Bostelmann, Adolf Weygang:
"Planung und Verwirklichung des Breitband–ISDN"
Nummer 1, 1987, S. 110–117

[8] M. Broßmann:
Breitband–Informationssysteme für den Kundendienst:
Informationssysteme der 3. Generation.
Online 90, Tagungsbericht Feb. 1990

Liste der Autoren/Index of Authors

Dr. M. Allerbeck
Siemens AG - SP VMS 133
Hofmannstr. 51

8000 München 70

Dr.-Ing. W. Andrich
SEL AG - Forschungszentrum
ZFZ/PF/T
Hirsauer Str. 210

7530 Pforzheim-Dillweißenstein

Dr.-Ing. C. Benz
Siemens AG - ZFE EPO
Paul-Gossen-Str. 100

8520 Erlangen

Dr.rer.pol. D. Beschorner
Lehrstuhl f. allgem. u. industrielle
Betriebswirtschaftslehre TU München
Arcisstr. 21

8000 München 2

Dipl.-Wirtsch.-Ing. R. Bierhals
Fraunhofer-Institut f. Systemtechnik
u. Innovationsforschung
Breslauer Str. 48

7500 Karlsruhe 1

I. McClelland
Corporate Industrial Design
Philips
P.O. Box 218

NL-5600 ND Eindhoven

Dr.rer.nat. W. Doster
Daimler-Benz AG
Sedanstr. 10

7900 Ulm

Dipl.-Ing. K. Durst
NOKIA Unterhaltungselektronik GmbH
UEP/TVR
Östliche 132

7530 Pforzheim

Dipl.-Ing. W. Flohrer
SEL AG - Forschungszentrum
ZFZ/TE
Lorenzstr. 10

7000 Stuttgart 40

Dr. R. Helmreich
Siemens AG - PN SP
Hofmannstr. 51

8000 München 70

Dr. W. Hudetz
Fraunhofer-Institut f. Systemtechnik
u. Innovationsforschung
Breslauer Str. 48

7500 Karlsruhe 1

Prof. B. Jablonski
produktentwicklung-produktdesign-
forschung
Gartenweg 57

7530 Pforzheim-Eutingen

Dipl.-Ing. H. Jakubowski
Institut für Rundfunktechnik
Floriansmühlstr. 60

8000 München 45

Dr.-Ing. K.-F. Kraiss
Forschungsinstitut f. Anthropotechnik
Neuenahrer Str. 20

5307 Werthoven

F. Kretz
Centre Commun d'Etudes de Télévision
et Télécommunication (CCETT)
BP 59

F-35512 Cesson-Sevigne

Prof. R. Lippmann
Fachhochschule Darmstadt
Fachbereich Gestaltung
Olbrichweg 10

6100 Darmstadt

Dr.-Ing. B. Lochschmidt
Fernmeldetechnisches Zentralamt
der Deutschen Bundespost
Am Kavalleriesand 3

6100 Darmstadt

Dr.phil. L. Mühlbach
Heinrich-Hertz-Institut für
Nachrichtentechnik Berlin GmbH
Einsteinufer 37

1000 Berlin 10

Dipl.-Ing. F. Müller-Römer
Technischer Direktor des
Bayerischen Rundfunks
Rundfunkplatz 1

8000 München 2

Prof. F.L. van Nes
Institute for Perception Research
P.O. Box 513

NL-5600 MB Eindhoven

Dr.-Ing. H. Ohnsorge
SEL AG - Forschungszentrum ZFZ
Lorenzstr. 10

7000 Stuttgart 40

Dipl.-Psych. A. Prussog
Heinrich-Hertz-Institut für
Nachrichtentechnik Berlin GmbH
Einsteinufer 37

1000 Berlin 10

Prof.Dr. R. Reichwald
Lehrstuhl f. allgem. u. industrielle
Betriebswirtschaftslehre TU München
Arcisstr. 21

8000 München 2

Dr.-Ing. W. Reinicke
Forschungsinstitut der
Deutschen Bundespost
Ringbahnstr. 130

1000 Berlin 42

Prof.Dr.-Ing. J. Schürmann
Daimler-Benz AG
Sedanstr. 10

7900 Ulm

Dr.-Ing. P. Sieber
Stiftung Warentest
Technik 1 Geräte
Lutzowplatz 11-13

1000 Berlin 30

Dr.-Ing. R. Vollmer
Robert Bosch GmbH
Entwicklung Autoradio
Robert-Bosch-Str. 200

3200 Hildesheim

Dr.-Ing. H.E. Wolf
Fernmeldetechnisches Zentralamt
der Deutschen Bundespost
Am Kavalleriesand 3

6100 Darmstadt

Sitzungsleiter/Session Chairmen

Dr.-Ing. G. G e i s e r
Fraunhofer-Institut f. Informations-
u. Datenverarbeitung - IITB
Fraunhoferstr. 1

7500 Karlsruhe

Prof.Dr.-Ing.Dr.-Ing. E.h.
W. K a i s e r
Institut f. Nachrichtenübertragung
Universität Stuttgart
Breitscheidstr. 2

7000 Stuttgart 1

Prof.Dr.-Ing. W. K r a n k
Technischer Direktor
Südwestfunk
Postfach 820

7570 Baden-Baden

Dr. Th. P f e i f f e r
ANT Nachrichtentechnik GmbH
Gerberstr. 33

7150 Backnang

Prof.Dr. G. P l e n g e
Institut f. Rundfunktechnik GmbH
Floriansmühlstr. 60

8000 München 45

Prof.Dr. R. R e i c h w a l d
Lehrstuhl f. allgem. u. industrielle
Betriebswirtschaftslehre TU München
Arcisstr. 21

8000 München 2

Prof.Dr.Dres.h.c. E. W i t t e
Institut für Organisation der
Universität München
Ludwigstr. 28 Rgb.

8000 München 22

Teilnehmer an der Podiumsdiskussion/
Participants in the Panel Discussion

Prof.Dr.-Ing. B. Cramer
TH Darmstadt
Elektromech. Konstruktionen
Merkstr. 25

6100 Darmstadt

Dipl.-Ing. J. Kanzow
DETECON Berlin GmbH
Voltastr. 5

1000 Berlin 65

Dipl.-Ing. F. Müller-Römer
Technischer Direktor des
Bayerischen Rundfunks
Rundfunkplatz 1

8000 München 2

Dr.-Ing. H. Ohnsorge
SEL AG - Forschungszentrum ZFZ
Lorenzstr. 10

7000 Stuttgart 40

S. Regenberg
Hauptbereichsleiter f. Warenprüfung
Großversandhaus QUELLE
Gustav Schickedanz KG
Fürther Str. 205

8500 Nürnberg

Prof.Dr. W.E. Sammer
Siemens AG - ZFE IS KOM
Otto-Hahn-Ring 6

8000 München 83

G. Scheloske
Institut f. Angewandte Büro-
kommunikation u. Führungstechnik
Gollierstr. 86a

8000 München 2

Programmausschuß/Program Committee

Prof. B o e r g e r
Heinrich-Hertz-Institut für
Nachrichtentechnik Berlin GmbH
Einsteinufer 37

1000 Berlin 10

Prof.Dipl.-Ing. G. B o l l e
Robert Bosch GmbH
Robert-Bosch-Str. 200

3200 Hildesheim

Dipl.-Ing. K.J. F r e n s c h
Siemens AG - OEVM
Hofmannstr. 51

8000 München 71

Dipl.-Ing. H. K r a h m e r
Philips Kommunikations Industrie AG
Postfach 49 43

8500 Nürnberg 10

Prof.Dr. W. K r a n k
Technischer Direktor
Südwestfunk
Postfach 820

7570 Baden-Baden

Dipl.-Ing. F. M ü l l e r - R ö m e r
Technischer Direktor des
Bayerischen Rundfunks
Rundfunkplatz 1

8000 München 2

Prof.Dr. R. R e i c h w a l d
Lehrstuhl f. allgem. u. industrielle
Betriebswirtschaftslehre TU München
Arcisstr. 21

8000 München 2

Telecommunications

Veröffentlichungen des/Publications of the
Münchner Kreis
Übernationale Vereinigung für Kommunikations-
forschung
Supranational Association for Communications
Research

Band/Volume 1
W. Kaiser, H. Marko, E. Witte (Eds.)

Two-Way Cable Television

Experiences with Pilot Projects in North America, Japan, and Europe

Proceedings of a Symposium Held in Munich,
April 27–29, 1977.

1977. V, 292 pp. 70 figs, 8 tabs. Brosch. DM 54,–
ISBN 3-540-08498-3

Band/Volume 3
E. Witte (Hrsg./Ed.)

Telekommunikation für den Menschen

Individuelle und gesellschaftliche Wirkungen

Human Aspects of Telecommunication

Individual and Social Consequences

Vorträge des Kongresses 29.–31. Oktober 1979, München

Proceedings of the Congress October 29–31, 1979,
Munich

1980. XX, 335 S. (52 S. in Englisch). 71 Abb.
Brosch. DM 68,– ISBN 3-540-10036-9

Band/Volume 4
K. H. Vöge (Hrsg./Ed.)

Telekommunikation für Bildung und Ausbildung

Telecommunication for Education and Vocational Training

Vorträge des vom 11.–12. Juni 1980 zur VISODATA '80
in München abgehaltenen Kongresses

Proceedings of a Congress Held in Munich During
VISODATA '80, June 11–12, 1980

1981. VII, 108 S. (10 S. in Englisch) Brosch. DM 38,–
ISBN 3-540-10645-6

Band/Volume 5
G. Seegmüller (Hrsg./Ed.)

Neue Formen der Datenkommunikation

New Forms of Data Communication

Vorträge des am 1./2. Juli 1980 in München abgehaltenen Symposiums

Proceedings of a Symposium, Held in Munich,
July 1/2, 1980

1981. XIV, 159 S. (72 S. in Englisch) Brosch. DM 54,–
ISBN 3-540-10736-3

Band/Volume 6
W. Kaiser, U. Lohmar (Hrsg./Eds.)

Kommunikation über Satelliten

Communication via Satellites

Vorträge des am 23./24. Oktober 1980 in München abgehaltenen Kongresses

Proceedings of a Congress Held in Munich,
October 23/24, 1980

1981. XIV, 219 S. (47 S. in Englisch). Brosch. DM 64,–
ISBN 3-540-10751-7

Band/Volume 7
W. Kaiser (Hrsg./Ed.)

Telekommunikation als Berufschance

Professional Chances in Telecommunications

Vorträge des am 19./20. April 1982 in München abgehaltenen Kongresses

Proceedings of a Congress Held in Munich,
April 19/20, 1982

1982. XV, 348 S. (88 S. in Englisch) Brosch. DM 74,–
ISBN 3-540-11726-1

Band/Volume 8
W. Kaiser

Interaktive Breitbandkommunikation

Nutzungsformen und Technik von Systemen mit Rückkanälen

Unter Mitarbeit von H. Armbrüster, H. G. Bauer,
K. Brepohl, J. Gerlach, H. T. Hagmeyer, L. I. Issing,
H. Knüttel, H. Krahmer, W. Kurz, P. Mahnkopf,
R. Schnee, R. Scholz, W. J. Thurl, W. Tinnefeldt, G. Vogt,
M. Welzenbach, B. Wiest

1982. IX, 192 S. Brosch. DM 54,– ISBN 3-540-11895-0

Band/Volume 10
E. Witte, W. Lämmle (Hrsg./Eds.)

Elektronische Textkommunikation in Deutschland und Japan

Konzepte, Anwendungen, Soziale Wirkungen, Einführungsstrategien

Electronic Text Communication in Germany and Japan

Concepts, Applications, Social Impacts, Implementation Strategies

Vorträge des am 3./4. November 1983 in München durchgeführten 4. Deutsch-Japanischen Kommunikationswissenschaftlichen Seminars

Proceedings of the 4th German-Japanese Seminar on Communication Science Held in Munich, November 3/4, 1983

1984. X, 231 S. Brosch. DM 58,– ISBN 3-540-13647-9

Band/Volume 11
W. Kaiser (Hrsg./Ed.)

Integrierte Telekommunikation
Integrated Telecommunications

Vorträge des vom 5.–7. November 1984 in München abgehaltenen Kongresses/Proceedings of a Congress Held in Munich, November 5–7, 1984

In Zusammenarbeit mit der/In Cooperation with Nachrichtentechnische Gesellschaft im VDE (NTG)

1985. IX, 549 S. (127 S. in Englisch) Brosch. DM 78,– ISBN 3-540-15073-0

Band/Volume 12
C. Baack, W. Kaiser (Hrsg./Eds.)

Wege zu besseren Fernsehbildern
Ways Towards High Definition TV

Vorträge des vom 21.–22. Januar 1987 in München abgehaltenen Kongresses

Proceedings of the Congress Held in Munich, January 21–22, 1987

Unter Mitwirkung von R. Evers

1987. XII, 332 S. Brosch. DM 78,– ISBN 3-540-17987-9

Band/Volume 13
F. Baur (Hrsg./Ed.)

Nutzungsbilanz moderner Informations- und Kommunikationssysteme aus Anwendersicht

User Experience in the Application of Modern Information and Communication Systems

Vorträge des am 15./16. Juni 1988 in München abgehaltenen Kongresses

Proceedings of the Congress Held in Munich, June 15/16, 1988

1988. X, 375 S. (82 S. in Englisch). Brosch. DM 78,– ISBN 3-540-19411-8

Band/Volume 14
G. Bolle (Hrsg./Ed.)

Mobilkommunikation
Mobile Communication

Telekommunikation, Information und Navigation für den Autofahrer

Telecommunication, Information and Navigation for the Car Driver

Vorträge des am 17./18. April in München abgehaltenen Kongresses

Proceedings of the Congress, Held in Munich, April 17/18, 1989

1989. IX, 308 S. 50 Abb. Brosch. DM 78,– ISBN 3-540-51355-8